D1869029

REDLINE WIRTSCHAFT
bei ueberreuter

Monika Haunerdinger

# Unternehmensrating leicht gemacht

## Wohin führt der Weg nach Basel II?

REDLINE WIRTSCHAFT
bei ueberreuter

Monika Haunerdinger
Unternehmensrating leicht gemacht
Wohin führt der Weg nach Basel II?
Frankfurt/Wien: Redline Wirtschaft bei Ueberreuter, 2003
ISBN 3-8323-1021-5

**Unsere Web-Adressen:**
http://www.redline-wirtschaft.de
http://www.redline-wirtschaft.at

1 2 3 / 2005 2004 2003


Umschlag: INIT, Büro für Gestaltung, Bielefeld
Coverabbildung: Mauritius Images, Mittenwald

Druck: Himmer, Augsburg
Printed in Germany

# Inhaltsverzeichnis

# Vorwort: Rating – nicht nur für Insider

Waren früher Bonitätsprüfungen eine Sache von Spezialisten und betrafen nur einen begrenzten Kreis von Mitarbeitern in einem Unternehmen, so ist jetzt das Thema Rating viel weiter gefasst. Im Rahmen des Rating werden umfassende betriebswirtschaftliche Fragen angesprochen, so dass praktisch jeder im Unternehmen direkt oder indirekt mit Ratingfragen zu tun hat. Rating ist somit nicht nur ein Thema für Insider, z.B. Bankmitarbeiter oder die klassischen Betroffenen in einem Unternehmen, die mit Kreditfinanzierung zu tun haben (Geschäftsführer, Buchhalter), sondern es ist ein interessantes Thema für jeden Mitarbeiter. Für sie ist dieses Buch geschrieben. Es geht also nicht um komplizierte Rechenformeln, mit deren Hilfe bankintern das Rating berechnet wird (auf die verschiedenen Ansätze hierzu wird kurz eingegangen), sondern das Buch ist als Einstiegshilfe für jeden gedacht, der sich über das Thema Rating informieren möchte. Es wendet sich insbesondere an Interessierte, die ihr Unternehmen auf ein Rating durch die Bank oder eine externe Ratingagentur vorbereiten möchten.

Das Thema Rating wird heftig diskutiert. Das Spektrum der Diskussion reicht von Horrorszenarien („Der Mittelstand stirbt“) bis hin zu Verharmlosungen („Es ändert sich eh nichts“). Letztlich geht es ums liebe Geld: Wer bekommt Kredite zu welchen Konditionen? Damit ist das Thema schon grob umrissen.

In Zukunft werden die Kreditkonditionen enger an der Bonität der Firmenkunden ausgerichtet: Wer sich bewerten lässt, hat künftig bessere Chancen, seine Finanzierungskosten zu senken.

Dieses Buch beantwortet folgende Fragen:

- Was ist Rating?

- Wie läuft ein Rating konkret ab?
- Wie wird ein Unternehmen fit für ein Rating?

Das Buch ist ein Leitfaden zur realistischen Einschätzung der eigenen Situation und der gezielten Vorbereitung auf das Rating. Das Buch dient als „Hilfe zur Selbsthilfe", um bei diesem Thema mitreden zu können und nicht von diversen Beratern abhängig zu sein. Es soll Sie in die Lage versetzen, auf Augenhöhe mit dem Bankmitarbeiter reden zu können.

Natürlich behandelt das Buch in erster Linie alles, was mit dem Thema „Rating" zu tun hat. Letztendlich kommt aber bei der Kreditwürdigkeitsprüfung eines Unternehmens eine ganze Menge Betriebswirtschaft ins Spiel: von der Unternehmensstrategie über die Bilanzanalyse bis hin zur Bewertung qualitativer Faktoren wie z.B. Managementqualität. So beleuchtet dieses Buch neben der fachspezifischen Behandlung des Themas Rating auch die betriebswirtschaftlichen Hintergründe. Ganz im Sinne des Mottos „leicht gemacht" werden die betriebswirtschaftlichen Hintergründe des Rating klar erläutert. Auch wenn Sie keine Vorkenntnisse haben, werden Sie die Inhalte dieses Buches verstehen, und wo immer ein wenig betriebswirtschaftliche Theorie notwendig ist, wird diese verständlich erklärt.

Zudem behandelt das Buch Themen wie z.B. Gesprächsführung und Präsentation. Denn es kommt beim Rating nicht nur auf die so genannten „hard facts" an, z.B. gute Finanzkennzahlen, sondern es geht auch darum, das Unternehmen „gut zu verkaufen", d.h. sich der Bank als gesundes und verlässliches Unternehmen zu präsentieren. Auch Trendthemen wie z.B. Balanced Scorecard werden behandelt. Mit diesen neuen Steuerungsinstrumenten können Sie sich optimal auf ein Rating vorbereiten.

Im Anhang finden Sie zudem nützliche Arbeitshilfen, darunter ein Rating-Lexikon, das die gängigen Fachbegriffe zum Thema Rating erläutert.

*Monika Haunerdinger*

# 1. Was ist Rating?

## Überblick über das Wesentliche

Wenn die Stichworte Basel II und Rating fallen, dann geraten viele Fachleute oder auch Unternehmer in eine Art Endzeitstimmung. Das Ende zahlreicher Betriebe wird heraufbeschworen, gerade der kleineren und mittelständischen Unternehmen, wenn Kredite schwerer und teurer vergeben werden. Auch wenn diese Befürchtungen teilweise übertrieben sind, die Kreditvergabepraxis wird sich in folgenden Dingen ändern:

- Die Banken werden zukünftig ein noch stärkeres Augenmerk auf Risiko, Ertrag und Cashflow richten.
- Materielle Sicherheiten und vergangenheitsorientierte Zahlen werden nicht mehr der alleinige Maßstab für die Bonitätsprüfung sein. Ein stärkeres Gewicht wird auf die Zukunftsprognosen für das Unternehmen gelegt werden.
- Für Unternehmen mit unzureichendem Eigenkapital oder schlechten Ertragsaussichten werden die Kreditvolumina verknappt bzw. die Kreditkonditionen drastisch verteuert. Es wird zu einer Ausweitung der so genannten Konditionsspreizung für „gute" und „schlechte" Unternehmen kommen.
- Unternehmen mit schlechter Bonität müssen sich unter Umständen nach anderen Kreditgebern oder Alternativen zur Kreditfinanzierung umschauen.
- Die Unternehmen müssen zukünftig mehr Offenheit und Transparenz an den Tag legen, um Ratingkriterien erfüllen zu können. Das Unternehmen wird noch „gläserner". Kreditgeber werden noch schärfer auf ein aussagekräftiges Controlling achten.
- Ratings verursachen in den Unternehmen, aber auch in den Kreditinstituten, zusätzlichen Zeitaufwand und Kosten. Dies wird sich auch in den Kreditkonditionen niederschlagen.

Versetzen Sie sich einmal in die Situation eines Geldgebers, z.B. einer Bank, die über einen Kredit entscheiden soll. Nehmen wir an:

- Der Inhaber eines Unternehmens kommt zu Ihnen ohne konkrete Vorstellungen über die Strategie und Ausrichtung seiner Geschäftstätigkeit.
- Die Geschäftsführung scheint nur mäßig qualifiziert und ist sich über wichtige Fragen vielleicht nicht einig.
- Die Produktpalette gleicht einem Bauchladen, es sind keine Kernkompetenzen zu erkennen.
- Und zu guter Letzt sind wichtige Bilanzkennzahlen aus dem Ruder gelaufen und das Eigenkapital ist ständig gesunken.

Würden Sie diesem Unternehmen überhaupt einen Kredit einräumen, und wenn ja, würden Sie die Zinsen jetzt nicht auch höher ansetzen? Es gibt also gute Gründe, ein Unternehmen vor Kreditvergabe eingehend zu prüfen.

Und so neu ist das alles nicht: Eine Art Rating gab es doch schon immer! Seit eh und je wurden Unternehmen unter die Lupe genommen, wenn es um Kredite ging. Die Kreditinstitute führten hierzu intern eine Kreditwürdigkeitsprüfung, auch Bonitätsprüfung genannt, durch. Die Bewertungskriterien, mit denen die Bank das kreditsuchende Unternehmen einschätzte, waren jedoch nicht immer transparent. Jetzt sollen diese Bewertungskriterien durch Basel II standardisiert werden und z.B. auch auf qualitative Bewertungskriterien hin ausgeweitet werden.

## Kleine Geschichte des Rating, Fahrplan nach Basel II

Im Dezember 1974 setzten die Zentralbankpräsidenten der 10 Mitgliedsländer des Internationalen Währungsfonds (IWF) sowie der Schweiz, auch Ländergruppe G10 genannt, den **Basler Ausschuss für Bankenaufsicht** ein. Deutschland ist im Basler Ausschuss für Bankenaufsicht mit Vertretern der Bundesanstalt für Finanzdienstleistungsaufsicht (BAFin) und der Deutschen Bundesbank vertreten. Das Sekretariat dieses Ausschusses wird von der Bank für Internationalen Zahlungsausgleich (BIZ) in Basel gestellt. Der Basler Ausschuss dient als Diskussionsforum für bestimmte bankenaufsichtliche Probleme. Er koordiniert die Aufteilung der Zuständigkeit für die Bankenaufsicht zwischen den Behörden der einzelnen Länder, um weltweit eine wirksame Aufsicht über die Bankengeschäfte zu gewährleisten.

Ziel des Ausschusses ist es, für Sicherheit, Solidität und Effizienz im Bankenwesen zu sorgen. Hierzu ist der Ausschuss laufend bemüht, die bankenaufsichtlichen Standards zu verbessern, insbesondere bezüglich der Solvenz, um die Bonität und Stabilität des internationalen Bankenwesens zu stärken. Der professionelle Umgang mit Kredit-, Markt-, Liquiditäts- und anderen Risiken ist eine der wichtigsten Leistungen von Finanzinstitutionen. Solche Risiken dürfen jedoch nicht zu Instabilitäten im Finanzsektor führen. Über die eigene Risikovorsorge der Institute hinaus wurden deshalb besondere Aufsichtregeln für Kreditinstitute geschaffen, unter denen die Eigenkapitalregeln eine herausragende Rolle einnehmen.

Die Basler Eigenkapitalvereinbarung von 1988 (Basler Akkord oder **Basel I**) stellt einen Meilenstein in der internationalen Harmonisierung der bankenaufsichtlichen Eigenkapitalanforderungen dar. In diesem Regelwerk wurde festgelegt, dass die **Mindest-Eigenkapitalausstattung** einer Bank **acht Prozent** bezogen auf die von einer Bank vergebene Kreditsumme beträgt. Jede Bank muss also zur Absicherung der von ihr erteilten Kredite mit Eigenkapital in der Höhe von acht Prozent der Kreditsumme ausgestattet sein. Bei einem Kredit von einer Million Euro muss das Kreditinstitut 8 % der Summe, also 80.000 Euro, an Eigenkapital vorhalten. Dieses Eigenkapital dient quasi als „Risikopuffer". Dieser Puffer soll sicherstellen, dass eine Bank nicht in Schwierigkeiten kommt, wenn ihre Kreditnehmer zahlungsunfähig werden. Die nach den Regelungen von Basel I bemessene Eigenkapitalausstattung einer Bank soll die Risiken aus der Kreditvergabe abdecken. So soll das Insolvenzrisiko der Bank selbst begrenzt werden. Die Banken sollen alle Kreditausfälle mit Eigenkapital decken können, ohne selbst Insolvenz anmelden zu müssen.

Dies ist im Wesentlichen der Inhalt der Vereinbarungen von Basel I, die Ende 1992 in Kraft getreten sind.

An die Regelungen von Basel I waren zuerst nur die international tätigen Banken der Mitgliedsstaaten des Basler Ausschusses gebunden. Inzwischen hat sich jedoch Basel I als weltweit anerkannter Kapitalstandard für Banken entwickelt. Die Harmonisierung des Bankrechts im EU-Raum wurde ebenfalls maßgeblich von den Basler Vorgaben geprägt.

## Kritik an Basel I

Die Crux dieser Regelung (Basel I) ist, dass der Bank für ihre gewährten Kredite immer die gleichen Kosten für die Unterlegung des Kredits mit Eigenkapital entstehen. Die Kosten der Bank für einen Kredit bleiben also unabhängig davon, ob sie den Kredit einem gesunden Unternehmen einräumt, das ganz sicher nicht in Zahlungsschwierigkeiten kommen wird, oder einem „windigen" Unternehmen, wo der Bankdirektor bei jedem Zahlungseingang von Zinsen und Tilgung vor Erleichterung eine Kerze stiftet. Die Eigenkapitalunterlegung von 8% gilt für jeden Kredit, unabhängig von der Bonität des Kreditnehmers. Die Kreditkonditionen sind also für alle Kreditnehmer theoretisch dieselben (dass es schon heute die ein oder andere Ausnahme gibt, bleibt unter uns).

Die Folge dieser Regelungen nach Basel I ist, dass Unternehmen mit besserer Bonität die Kreditkonditionen von Unternehmen mit schlechter Bonität letztlich subventionieren. Die Unternehmen mit schlechter Bonität müssten eigentlich einen höheren Risikoaufschlag auf ihre Kreditkonditionen bekommen und die Unternehmen mit besserer Bonität könnten wegen des geringeren Risikos des Zahlungsausfalls bessere Konditionen erhalten. Genau dies soll mit einer Neuauflage von Basel I, also mit Basel II, möglich werden.

## Basel II

Im Juni 1999 veröffentlichte der Basler Ausschuss für Bankenaufsicht einen neuen Vorschlag, Basel II, um Basel I durch eine risikogerechtere Regelung zu ersetzen. Und jetzt kommt der Begriff Rating ins Spiel. Nach Basel I musste jeder Kredit an ein Unternehmen mit 8 % Eigenkapital der Bank unterlegt und somit abgesichert werden. Nach Basel II kann dieser Prozentsatz von 8 % durch Rating erhöht oder gesenkt werden. Wie viel Eigenkapital die Bank in Zukunft für die Unterlegung der von ihr gewährten Kredite einsetzen muss, soll wesentlich stärker von der Bonität des Kreditnehmers abhängen, und diese wird durch Rating ermittelt. Damit sind die Kosten für einen Kredit je nach Risiko eines Zahlungsausfalls unterschiedlich hoch.

Den Unterschied zwischen den Regelungen nach Basel I und Basel II verdeutlicht die folgende Abbildung:

## Übersicht Basel I + II

| **Kreditvergabe nach Basel I (derzeitiger Stand)** | **Kreditvergabe nach Basel II (zukünftig)** |
| --- | --- |
| Kreditvergabe und Eigenkapitalunterlegung:<br>– Pauschale Eigenkapitalunterlegung von 8% bei Krediten an inländische Unternehmen<br>– Keine Differenzierung nach der individuellen Bonität des Kreditnehmers | Kreditvergabe und Eigenkapitalunterlegung:<br>Eigenkapitalunterlegung von 8% bei Krediten an inländische Unternehmen, jedoch<br>– stärkere Differenzierung der Gewichtungsfaktoren nach der individuellen Risikoeinstufung durch ein Rating<br>– Differenzierung der Bonität nach Länderrisiko, Branchenrisiko, Geschäftsrisiko usw. |
| **Beispiel:**<br>1.000.000 EUR Kredit an ein Unternehmen<br><br>Eigenkapitalunterlegung = 8% von 1.000.000 EUR<br><br>Gewichtung = 100%<br>Eigenkapitalunterlegung = 80.000 EUR | **Beispiel:**<br>1.000.000 EUR Kredit an ein Unternehmen<br><br>Rating – Gewichtung – Eigenkapitalunterlegung<br><br>AAA bis AA- – 20 % – 16.000 EUR<br>A+ bis A- – 50 % – 40.000 EUR<br>BBB bis BB- – 100 % – 80.000 EUR<br>unter BB- – 150 % – 120.000 EUR<br>oder gar kein Kredit |
| **Das bedeutet:**<br>– Kunden mit guter Bonität werden benachteiligt, da für sie dieselben Konditionen gelten, wie für Kunden mit schlechter Bonität<br>– Schlechte Bonitäten erhalten im Verhältnis zum Risiko zu gute Kreditkonditionen | **Das bedeutet:**<br>Schlechte Bonität (z.B. B-Ratings)<br>= hohes Risiko<br>= hohe Unterlegung des Kredits mit Eigenkapital der Bank<br>= hohe Keditzinsen oder kein Kredit<br>Gute Bonität<br>= geringes Risiko<br>= niedrigere Kreditzinsen |

**Abbildung 1**

Da ein Kreditinstitut bei höheren Zahlungsausfallrisiken zukünftig mehr „teures" Eigenkapital vorhalten muss, ist mit ungünstigeren Kreditkonditionen zu rechnen. Die Spielregeln im Firmenkunden-Kreditgeschäft werden sich also erheblich ändern!

Die einfache Formel lautet:

- Gute Bonität – gutes Ratingergebnis – niedrige Kreditzinsen
- Schlechte Bonität – schlechte Ratingeinstufung – hohe Kreditzinsen oder gar kein Kredit

Ein Kredit an ein Unternehmen mit einem guten Rating, das also als sehr kreditwürdig eingestuft wird, profitiert von günstigeren Kreditzinsen. Ein Unternehmen mit einem schlechten Rating wird höhere Kreditzinsen in Kauf nehmen müssen. Unterschiedliche Konditionen für unterschiedlich eingestufte Unternehmen nennt man Konditionenspreizung bzw. Credit Spreads. Allgemein wird davon ausgegangen, dass sich die Konditionenspreizung bzw. die Credit Spreads durch Basel II wesentlich verstärken werden, d.h., dass die Kreditkonditionen weit auseinander liegen werden.

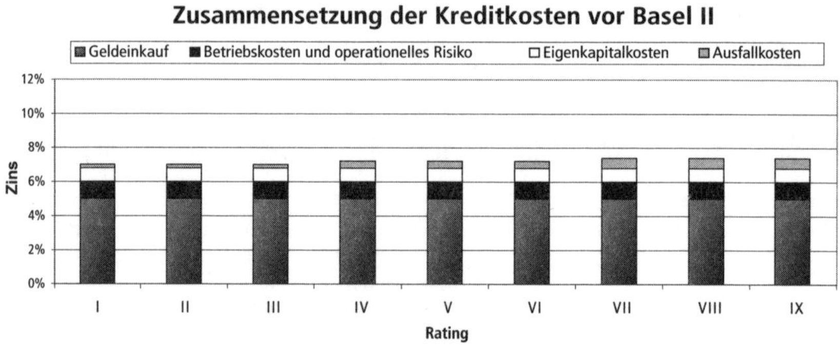


**Abbildung 1a**

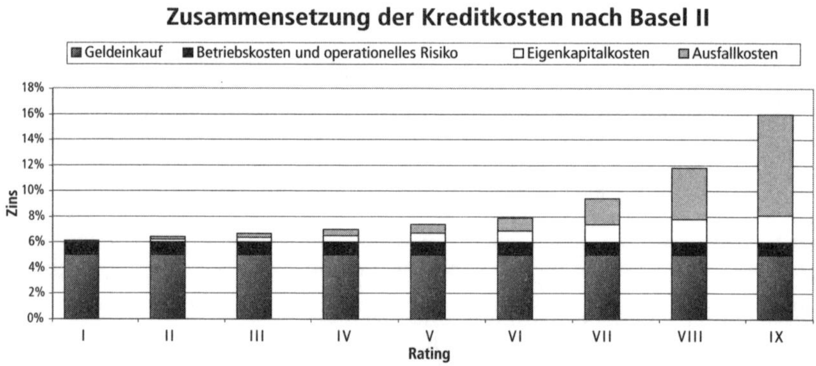


**Abbildung 1b**

Natürlich bedeutet Rating einen nicht unerheblichen Mehraufwand für die kreditprüfenden Banken. Die Kreditwürdigkeitsprüfung erfordert mehr Zeit, die Prüfung des Einzelfalls ist umfangreicher als bisher und auch der Kundenkontakt muss intensiver gepflegt werden. Die Bank muss über die Entwicklung des Unternehmens auf dem Laufenden bleiben. Die Mitarbeiter der Bank müssen umfassender in betriebswirtschaftlichen Fragen geschult werden und auch das bankeigene Ratingsystem muss erst etabliert werden.

Der Basler Ausschuss für Bankenaufsicht vertritt allerdings die Auffassung, dass die Vorteile des neuen Ratingsystems wesentlich größer sind als der Aufwand, der damit verbunden ist. Rating werde dazu führen, dass das Bankensystem an Sicherheit und Effizienz gewinnt, und das sei auf alle Fälle den Aufwand wert.

## Drei-Säulen-Konzept von Basel II

Die neue Regelung nach Basel II beruht auf drei tragenden Elementen, so genannten „Säulen", auch Drei-Säulen-Konzept genannt. Im Wesentlichen geht es um die Anforderungen, die eine Bank erfüllen muss, um ein eigenes bankinternes Rating, z.B. eines Unternehmens, als Basis für die Kreditvergabe durchführen zu dürfen.

Im ersten Ansatz stellt Basel II damit eine Herausforderung für die Banken dar. Ein kreditsuchendes Unternehmen muss diese internen Prozesse der Bank nicht im Detail kennen. Zum besseren Verständnis der Handlungsmöglichkeiten, die Rating und Basel II für die Banken mit sich bringen, werden diese Inhalte jedoch kurz dargestellt.

**Säule 1: Mindestkapitalanforderungen:**
Mindeststandards für die Eigenkapitalausstattung bei Kreditinstituten

**Säule 2: Aufsichtliches Überprüfungsverfahren:**
Überprüfung der Eigenkapitalausstattung durch die Bankenaufsicht, d.h,. Kreditinstitute werden sich künftig laufend einer Prüfung unterziehen müssen

**Säule 3: Marktdisziplin (erweiterte Offenlegung):**
Diverse weitere Empfehlungen und Vorschriften zur Offenlegung der Eigenkapitalausstattung und der Risikoeinlagen der Institute

### Säule 1: Mindestkapitalanforderungen

Nach den Regelungen von Basel II müssen sich Banken wie bisher verpflichten, für das von ihnen gewährte Kreditvolumen eine Eigenkapitalquote von mindestens 8% vorzuhalten. Diese 8 % Eigenkapitalausstattung gelten allerdings nicht mehr pauschal, sondern sind abhängig vom Risikograd des Kreditgeschäfts. So kann die Eigenkapitalquote mal höher und mal geringer als 8 % ausfallen. Insgesamt, über alle von der Bank vergebenen Kredite gesehen, müssen dann allerdings wieder mindestens 8% der gesamten Kreditsumme mit Eigenkapital unterlegt sein. Die Eigenkapitalunterlegung wird sich am Kreditrisiko bzw. an der Bonität des Kreditnehmers orientieren und damit wird klar, dass Banken ihre Kunden verschärft prüfen, also einem Bewertungsprozess unterziehen (Rating).

Zur Bestimmung der Eigenkapitalquote sieht Basel II eine Reihe von einfachen und fortgeschrittenen Ansätzen zur Messung folgender Risiken vor:

- **Kreditrisiko:**
  Risiko durch möglichen Zahlungsverzug oder Zahlungsausfall beim Kreditnehmer
- **Marktrisiko:**
  Risiko bei Verlusten in Handelspositionen bei ungünstiger Preisentwicklung, z.B. Zinsänderungsrisiko, Aktienkursrisiko, Währungsrisiko usw.
- **Operationelles Risiko:**
  Gefahr von unmittelbaren oder mittelbaren Verlusten, die infolge der Unangemessenheit oder des Versagens von internen Verfahren, Menschen und Systemen oder von externen Ereignissen eintreten

Das Marktrisiko ist ein typisches Bankrisiko, dessen Einschätzung bei den Banken schon lange Routine ist. Das Neue an Basel II ist, dass die Banken nun auch eine Schätzung ihres internen Betriebsrisikos (Operationelles Risiko) vornehmen müssen. Wie hoch ist das Risiko bankintern durch mögliche kriminelle oder nicht autorisierte Handlungen der Bankmitarbeiter oder wie groß wird das Risiko eingeschätzt im Zusammenhang mit der eingesetzten Technologie und EDV-Systemen? Und wie sind Risiken, die von außen auf die Bank wirken, wie z.B. rechtliche Entwicklungen oder gesellschaftliche Veränderungen, zu werten? Spannende Fragen!

Im Zusammenhang mit Unternehmensrating ist jedoch das Kreditrisiko, das Risiko der Bank aus der Kreditvergabe, der entscheidende Faktor. Gerade in der Vergangenheit haben unerwartete Verluste im Firmenkundengeschäft den Banken arg zu schaffen gemacht.

Die Bestimmung der Kreditrisiken kann entweder über einen Standardansatz auf der Grundlage externer Ratings (verwendet in Abbildung 1: Übersicht Basel I + II) oder über einen Ansatz auf der Basis interner Ratings (Internal Ratings Based Approach; IRB-Ansatz) erfolgen. Eine wichtige Neuerung des zweiten Konsultationspapiers zu Basel II war die Anerkennung der Bemessung des Kreditrisikos über bankinterne Ratingverfahren. Damit wurde eine Gleichstellung von bankintern durchgeführten Ratings und externen Ratings (Durchführung des Rating z.B. durch eine Ratingagentur) erreicht. So wird es möglich, dass Banken und auch Bankenverbände ihre eigenen Lösungen für ein internes Rating und ein internes Risikomanagementsystem entwickeln können bzw. schon im Einsatz haben.

Das dritte Konsultationspapier zu Basel II, das im April 2003 veröffentlicht wurde, erlaubt eine Reduzierung der Eigenkapitalunterlegung für Kredite an kleine und mittelständische Unternehmen. Kredite an Unternehmen mit einem Kreditbedarf von unter 1 Mio. EUR dürfen wie Retailkredite (= Kredite an Privatkunden) behandelt werden. Für diese Kredite gelten geringere Mindestkapitalanforderungen und die Kreditkonditionen können folglich günstiger ausfallen. Zudem sind die Informationsanforderungen im Rahmen des Rating für diese Gruppe der Kleinunternehmer geringer. Entscheidend für die Festlegung der Kreditkonditionen ist und bleibt aber auch bei diesen Unternehmen die Beurteilung der Bonität des kreditsuchenden Unternehmens.

**Standardansatz**

Der Standardansatz basiert auf externen Ratings. Je nach Bonitätsbeurteilung der Ratingagentur sind laut Basel II bestimmte Zu- und Abschläge auf die generelle Eigenkapitalunterlegung der Kreditsumme von 8 % erlaubt. Dieser Ansatz gilt speziell für die Forderungen an Staaten, Banken und Unternehmen.

Folgende Abbildung zeigt die Risikogewichte für Kredite an Unternehmen:

**Standardansatz für Forderungen an Unternehmen**

| Bonitätsbeurteilung | AAA bis AA- | A+ bis A- | BBB+ bis BB- | Unter BB- | Nicht beurteilt |
|---|---|---|---|---|---|
| Risikogewicht | 20% | 50% | 100% | 150% | 100% |

Quelle: 3. Konsultationspapier zu Basel II

**Abbildung 2**

Die Anwendung des Standardansatzes wurde in Abbildung 1: Übersicht Basel I + II gezeigt.

**Der IRB-Ansatz (Internal Ratings Based Approach)**
Hier kann die Bank zwischen dem Basisansatz (Foundation Approach) und dem Fortgeschrittenen Ansatz (Advanced Approach) wählen.

Bei der Anwendung des Basisansatzes muss eine Bank die Ausfallwahrscheinlichkeiten von Kreditnehmern intern schätzen, während sie sich bei den anderen Risikoparametern auf die Regeln der Bankenaufsicht für deren Schätzung verlassen kann.

Beim Fortgeschrittenen Ansatz kann die Bank neben der Ausfallwahrscheinlichkeit auch ihre Schätzungen für drei weitere Risikoparameter verwenden:

- Verlust bei Ausfall
- Erwartete ausstehende Forderung zum Zeitpunkt des Ausfalls
- Behandlung von Garantien und Kreditderivaten

Die Schätzungen der Banken sollen konservativ und langfristig orientiert sein.

Die Anerkennung von bankinternen Schätzungen für jeden Risikoparameter sind an gewisse Mindestanforderungen geknüpft, z.B. Anforderungen an die Datenerhebung, Dokumentation, Mitarbeiterqualifikation, Vollständigkeit und Glaubwürdigkeit der Ratingzuordnung etc. Die Verbesserung des bankinternen Risikomanagements wird gefördert und gezielt belohnt durch geringere Eigenkapitalanforderungen.

Mehr Details hierzu können Sie bei Bedarf im Regelwerk Basel II nachlesen bzw. können Sie weiter vertiefen auf der Internetseite der Bundesanstalt für Finanzdienstleistungsaufsicht www.bafin.de / Menüpunkte - Rechtliche Grundlagen und Schreiben, Internationales, Bankenaufsicht, Basler Ausschuss für Bankenaufsicht, Risikogewichtsrechner nach Basel II.

Generell gilt:
Basel II gibt einen flexiblen Rahmen vor, innerhalb dessen eine Bank den für ihre Möglichkeiten geeigneten Ansatz verwenden kann, ob Standardansatz oder Etablierung eines bankinternen Ratingverfahrens nach dem IRB-Ansatz (Basisvariante oder Fortgeschrittener Ansatz). Kernpunkt ist immer die möglichst genaue Schätzung des mit der Kreditvergabe verbundenen Risikos, d.h. die möglichst genaue Einschätzung der Zahlungsfähigkeit des kreditsuchenden Unternehmens. Wer als Unternehmen gegenüber der Bank aussagekräftige Daten und Kennzahlen vorweisen kann, hat schon den ersten Pluspunkt gesammelt.

Weitere Inhalte von Basel II:
Oft spricht man im Rahmen von Basel II nur von der Eigenkapitalunterlegung der Kredite und dem damit verbundenen Rating (Säule 1). Neben dieser Säule von Basel II gibt es aber noch zwei weitere Säulen. Sie rücken weniger in den Vordergrund der öffentlichen Aufmerksamkeit, da sie bankinterne und bankenaufsichtliche Prozesse betreffen. Der Vollständigkeit halber sollen diese Inhalte hier aber kurz skizziert werden.

### Säule 2: Aufsichtliches Überprüfungsverfahren

Beim aufsichtlichen Prüfungsverfahren geht es um das Verhältnis zwischen Bankenaufsicht und Banken. Die Banken sollen ermutigt werden, ihre internen Verfahren zum eigenen Risikomanagement kontinuierlich zu verbessern. Maßstab der Beurteilung einer Bank durch einen Bankenaufseher wird sein, ob die Bank ein zuverlässiges Verfahren entwickelt hat, ihre eingegangenen Risiken zu identifizieren, zu quantifizieren, zu steuern und zu überwachen. Einer Bank entstehen Risiken nicht nur durch die Kredite, die sie vergibt (der Kreditnehmer könnte zahlungsunfähig werden), sondern z.B. auch durch die Konjunkturentwicklung in dem Land, in dem sie tätig ist. Eine schlechte Konjunkturlage führt zu mehr Zahlungsausfällen der Bankkunden, sorgt aber auch generell für ein schlechteres Geschäftsklima der Bank. Keiner möchte mehr Kredite. Die Unternehmen wollen nicht investieren und brauchen daher keine Kredite. Auch ein Privatkunde beansprucht keinen Kredit mehr, um sich z.B. ein schönes Auto oder einen tollen Urlaub zu leisten, wenn er nicht weiß, ob er morgen noch einen Arbeitsplatz hat. Diese gesamtwirtschaftlichen Rahmenbedingungen beeinflussen das Kreditgeschäft und damit den Hauptgeschäftszweig einer Bank. Daher muss eine Bank ein geeignetes System zur Frühwarnung entwickeln, um kommende Risiken für ihre Geschäftstätigkeit zu erkennen.

### Säule 3: Marktdisziplin (erweiterte Offenlegung)

Die Banken sollen durch eine erweiterte Offenlegung ihrer bankinternen Daten zur eigenen Eigenkapital- und Risikolage zu mehr Transparenz im Bankenbereich beitragen. Dem liegt die Erwartung zu Grunde, dass gut informierte Bankkunden eine risikobewusste Geschäftsführung und ein wirksames Risikomanagement von Kreditinstituten in ihren Anlage- und Kreditentscheidungen honorieren werden. Nach dem Motto: „Dieser Bank kann man vertrauen."

Basel II verfolgt mit dieser Vorschrift also das Ziel, die Banken noch stärker zu einem effizienten Risikomanagement zu motivieren, das so gut ist, dass man es auch öffentlichkeitswirksam präsentieren kann.

Konkret geht es bei der dritten Säule von Basel II um Transparenzvorgaben zu folgenden Bereichen:

- Anwendung der Eigenkapitalvorschriften
- Eigenkapital der Bank (Ausstattung und Struktur)
- Quantitative und qualitative Darstellung des eingegangenen Risikos

### Für wen gilt Basel II?

Basel II ist für die international tätigen Banken verpflichtend. Die Brüsseler EU-Kommission arbeitet aber an einem inhaltlich sehr eng an Basel II angelehnten bankaufsichtlichen Regelwerk, das dann für alle Banken im EU-Gebiet gelten wird.

Und wann ist es soweit? Wann tritt ein Rating verbindlich in Kraft?

**Fahrplan nach Basel II:**

| | |
|---|---|
| Juli 1988 | Veröffentlichung der Basler Eigenkapitalvereinbarung (Basel I) |
| Ende 1992 | Inkrafttreten von Basel I |
| Januar 1996 | Basler Marktrisikopapier |
| Juni 1999 | Erstes Konsultationspapier zur Neufassung der Eigenkapitalvereinbarung (Basel II) |
| Januar 2001 | Zweites Konsultationspapier zu Basel II |
| Dezember 2001 | Änderung des ursprünglich vorgesehenen Zeitplans für die Fertigstellung des neuen Akkords |
| April 2003 | Drittes Konsultationspapier zu Basel II |
| Herbst 2003 | Veröffentlichung der neuen Eigenkapitalvereinbarung |
| Ende 2006 | Inkrafttreten von Basel II |

## Warten, bis das Rating kommt?

Verbindlich tritt Basel II voraussichtlich erst Ende 2006 in Kraft und alle Einzelheiten, die im Zusammenhang mit Basel II rechtskräftig werden, stehen auch noch nicht fest. Wer sich bis dahin in Sicherheit wiegt und sich nicht vorbereitet, der kann unter Umständen von den Ereignissen überrollt werden. Was tun, wenn die Hausbank plötzlich keinen Kredit mehr einräumen möchte? Wird ein Kredit nach Basel II verweigert oder nur zu teureren Konditionen gewährt, so liegt die Schuld nicht bei Basel II oder einem neuen Ratingverfahren. Vielmehr hat dieses Unternehmen wohl keine erkennbare Geschäftsstrategie, keine transparente Kostenrechnung und ihm fehlen dadurch stichhaltige Argumente, um die Bank von seiner langfristig profitablen Geschäftstätigkeit zu überzeugen. Basel II wird diesen Umstand nur transparent machen, die Ursachen aber für die fehlende Kreditwürdigkeit hat das Unternehmen selbst verschuldet.

Vor diesem Hintergrund sind auch die Schreckensszenarien, die manche Wirtschaftsfachleute aufbauen, bezeichnend. Was heißt es denn, wenn gejammert wird, „einem Großteil des deutschen Mittelstands droht das Aus mit Basel II"? Das kann ja offensichtlich nur heißen, dass ein erheblicher Teil der deutschen mittelständischen Unternehmen nicht gut für die Zukunft aufgestellt ist, so dass bei der Kreditvergabe Probleme befürchtet werden müssen. Als Mittelständler sollte man sich gegen diese Miesmacherei wehren! Es ist doch wohl unstrittig, dass ein Großteil mittelständischer Unternehmen durchaus gut gerüstet ist für die Zukunft. Natürlich gibt es große Herausforderungen für den Mittelstand: der Wandel der Märkte, die Globalisierung, die zunehmende Konzentration der Unternehmen zu „global playern", die Dynamik der Informationstechnologie. Aber nicht alle Mittelständler ignorieren diese Auswirkungen auf ihr Kerngeschäft, sondern setzen sich mit den Veränderungen auseinander und versuchen sich den Herausforderungen zu stellen.

Die Neuordnung des Kreditgeschäfts durch Basel II ist eine Aufforderung an alle Unternehmen, sich noch nachdrücklicher um eine erfolgreiche Geschäftsstrategie und eine kompetente Unternehmensführung zu kümmern. Diejenigen, die schon heute glaubhaft und überzeugend argumentieren können, dass ihr Unternehmen gut für die Zukunft aufgestellt ist und dass sie den Laden gut „im Griff" haben, können einem Rating gelassen entgegensehen.

Also stellen sich diese Fragen an einen Unternehmer:

- Ist die Aufbereitung Ihrer Unternehmensdaten so gut, dass Sie alle Fragen der Bank ausreichend und ohne große Nachforschungen beantworten können?
- Können Sie eine qualifizierte Planung für die nächsten Jahre vorlegen?
- Wissen Sie, mit welchen Produkten Sie den meisten Gewinn machen?

- Kennen Sie Ihre Kunden? Wohin geht der Trend des Kundenverhaltens in den nächsten Jahren?
- Wie qualifiziert sind Ihre Mitarbeiter? Wie kompetent ist das Management?

**Tipp:** Wäre es nicht eine gute Idee, ein Rating z.B. mit der Hausbank schon einmal durchzuspielen, damit Sie sehen, wo eventuell noch Informationslücken bestehen?

Machen Sie sich fit für ein Rating!

## Rating, Ratingklassen, Ratingarten

Rating ist aus dem Englischen „to rate“ (einschätzen, taxieren, rechnen, veranschlagen) abgeleitet. Rating im Sinne einer Leistungsbeurteilung gibt es schon seit langer Zeit. Da gibt es z.B. die Michelin-Sterne oder Kochmützen für außergewöhnlich gute Restaurants oder generell die Unterteilung der Hotels nach verschiedenen Kategorien (Hotel mit einem Stern, 3-Sterne-Hotel, 5-Sterne-Hotel etc.). Das ist auch ein Rating im Sinne der Einstufung von Unternehmen in eine Art Reihenfolge, die Einordnung in unterschiedliche Qualitätsklassen. Eine Einstufung in A, AA, AAA oder das Alphabet hinunter nach BB, B, C oder D ist nur eine andere Art der Einstufung, aber letztendlich geht es um dasselbe: Unternehmen werden an einem bestimmten Kriterium gemessen und in eine Art Rangfolge gebracht. Und beim Rating geht es eben nicht um saubere Betten oder schmackhafte Menüs, sondern das Kriterium zur Einstufung heißt Kreditwürdigkeit, Bonität eines Unternehmens.

Wie könnte nun ganz grundsätzlich so ein Rating aufgebaut werden? Man könnte sich als Erstes an dem Schulnotensystem orientieren und verschiedene Bereiche/ Aspekte eines Unternehmens benoten. Aus vielen Einzelfaktoren entsteht so ein Gesamtrating für die Bonität des Unternehmens.

Modellhaft verkürzt wird hier ein Ratingbeispiel gezeigt, um zu verdeutlichen, wie Rating grundsätzlich funktioniert:

| Eckdaten | Wert | Note |
|---|---|---|
| **Bisherige wirtschaftliche Entwicklung** | | **3.3** |
| Eigenkapitalquote | 14.0% | 3 |
| Liquidität (Schuldtilgungsdauer in Jahren) | 10 Jahre | 4 |
| Gesamtkapitalrentabilität | 9.5% | 3 |
| Cash-Flow-Leistungsrate | 6.5% | 3 |
| **Zukünftige Entwicklung (mittelfristig)** | | **2.6** |
| Eigenkapitalquote | 15.0% | 3 |
| Liquidität (Schuldtilgungsdauer in Jahren) | 9 Jahre | 4 |
| Gesamtkapitalrentabilität | 13.0% | 2 |
| Cash-Flow-Leistungsrate | 9.0% | 2 |
| **Qualitative Erfolgsfaktoren** | | **2.8** |
| Unternehmensstrategie | | 2 |
| Managementqualität | | 2 |
| Marktstellung | | 4 |
| Produkte | | 3 |
| **Ratinggesamtnote** | | **2.9** |

**Abbildung 3: Modell für ein Rating (verkürzt)**

Diese modellhafte Darstellung zeigt mehrere Aspekte der Beurteilung:

- Quantitative und qualitative Beurteilungskriterien
  Es können unterschiedliche Kriterien zum Ansatz kommen, quantitative Kriterien wie Eigenkapitalquote oder Gesamtkapitalrentabilität, aber auch qualitative Kriterien wie Unternehmensstrategie und Managementqualität.
- Vergangenheitsorientierte und zukunftsorientierte Kriterien
  Der Blick in die Vergangenheit ist bei der Beurteilung eines Unternehmens immer sehr beliebt, weil man sich hierbei auf sichere Zahlen, wie z.B. den Jahresabschluss, beziehen kann. Der Blick in die Zukunft ist aber mindestens genauso wichtig, da ein Rating ja keine Momentanaufnahme des Zustands eines Unternehmens sein soll, sondern auch eine gewisse Prognose über die Zukunft eines Unternehmens mit beinhalten soll.

- Branchenabhängigkeit der Beurteilung
  Hier wird es für die Ratinganalysten nun richtig schwer. Was bedeutet z.B. eine Eigenkapitalquote von 14 % oder 15 %? Ist das gut oder schlecht? Diese Frage stellt sich ja bei jeder für das Rating abgefragten Kennzahl. Die Eigenkapitalquote sagt aus, wie hoch der Anteil des Eigenkapitals am Gesamtkapital ist. Sind 14 % passabel oder schon ein Warnsignal? In der einen Branche kann das ganz gut sein, in einer anderen schon bedenklich.

Mitte der 90er Jahre wurden auch in Deutschland immer mehr Ratings durchgeführt und veröffentlicht, nur dass vielleicht damals der Begriff „Rating“ noch nicht so bekannt war. Im Börsenfieber dieser Zeit hatten aber viele schon von Triple-A- bzw. AAA-Einschätzung für manche Unternehmen gehört und wussten nur vage, dass sich dieser Ausdruck auf eine gute Einschätzung des Unternehmens durch eine externe Ratingagentur bezog. Auf alle Fälle vermittelte ein AAA die Zuversicht, dass man die Aktien dieses Unternehmens getrost kaufen konnte, es schien sich um ein solides und gesundes Unternehmen zu handeln. Dieser Trend zu Unternehmensratings kam aus den USA. Dort gibt es schon seit langem einen etablierten Markt für Ratings.

Rating in dem hier verwandten Sinne bezieht sich auf das englische „Credit Rating“ und umfasst die Beurteilung von Kreditrisiken. Rating sagt etwas über die Fähigkeit eines Schuldners aus, seine finanziellen Verpflichtungen vollständig und fristgerecht erfüllen zu können. Dabei geht es vor allem um die Wahrscheinlichkeit, ob während der Kreditlaufzeit Zahlungsstörungen auftreten werden.

Beim Rating steht im Vordergrund, ob von dem Kreditnehmer zu erwarten ist, dass er zukünftig seinen Zahlungsverpflichtungen nachkommen wird, ob also der Kredit sicher vergeben werden kann. Es geht um die Einschätzung eines Kreditnehmers nach aktuellen Bonitäten, nach aktueller Lagebeurteilung des Unternehmens, Zukunftseinschätzung, Potenzialen, Managementqualität, Branchen- oder Länderrisiken usw. Die Einstufungen sind von Branche zu Branche unterschiedlich. Es gibt keine verbindlichen Standards für alle Unternehmen. Trotzdem wird beim Rating definiert, welcher Kennzahlenwert eine gute oder schlechte Ratingbeurteilung bedeutet. Hierfür werden diejenigen, die die Einschätzungen durchzuführen haben, Standards entwickeln. Diese Standardisierungen werden im Rahmen von Basel II weiter vorangetrieben werden.

Hier ein Beispiel, das zeigt, wie bestimmte Kennzahlen zu bestimmten Ratingbeurteilungen führen:

| | AAA | AA | A | BBB | BB | B | CCC |
|---|---|---|---|---|---|---|---|
| Freier Cashflow/ | | | | | | | |
| Gesamtverschuldung (%) | 40.5% | 21.6% | 17.4% | 6.3% | 1.0% | -4.0% | -25.4% |
| Gesamtkapitalrendite | 30.6% | 25.1% | 19.6% | 15.4% | 12.6% | 9.2% | -8.8% |
| Umsatzrendite | 30.9% | 25.2% | 17.9% | 15.8% | 14.4% | 11.2% | 5.0% |

Quelle: IKB Vortrag Unternehmensrating, S. 24 (kleiner Auszug)

**Abbildung 4: Zusammenhang zwischen Kennzahlenwerten und Ratingbeurteilung**

Aus diesen definierten Spielräumen für die Ausprägung bestimmter Kennzahlen resultieren die Ratingklassen.

## Ratingklassen

Während in Deutschland nur wenige große Unternehmen ein Rating haben, ist dieses Bewertungsinstrument im anglo-amerikanischen Wirtschaftsraum schon lange verbreitet. Dementsprechend haben sich auch die anglo-amerikanischen Schulnoten von A wie „bestanden", bis – je nach Agentur – C oder D für „nicht bestanden" durchgesetzt. So werden für die Ratingbeurteilung international anerkannte Ratingsymbole mit Buchstaben von A bis D verwendet. Diese werden auch Ratingklassen genannt. Das System der Ratingklassen reicht vom AAA-Rating für ein als absolut solide erachtetes Unternehmen, als beste Einschätzung, bis D, zur schlechtesten Einschätzung eines Unternehmens, das bereits zahlungsunfähig ist. Feinere Gewichtungen werden mit Zusätzen wie 1 bis 3 oder mit einem + oder einem - gekennzeichnet. Eine Ratingklasse wie z.B. „AAA" oder „BB" oder „D" bezeichnet die Kreditqualität eines Schuldners. Sie sagt aus, inwieweit der Kreditschuldner voraussichtlich in der Lage sein wird, seinen finanziellen Verpflichtungen nachzukommen.

In der Praxis haben sich die Ratingklassen der drei großen internationalen Ratingagenturen: Standard & Poor's (auch S&P abgekürzt), Moody's und Fitch durchgesetzt.

**Abbildung 5**

**Übersicht über die Ratingklassen der drei großen internationalen Ratingagenturen**

| Standard & Poor's | Moody's | Fitch | „Schulnote" | Erläuterung |
|---|---|---|---|---|
| AAA | Aaa | AAA | 1+ | **außergewöhnlich gut:** höchste Bonität, geringstes Ausfallrisiko |
| AA+<br>AA<br>AA- | Aa1<br>Aa2<br>Aa3 | AA+<br>AA<br>AA- | 1 | **exzellent:** hohe Qualität, hohe Zahlungswahrscheinlichkeit |
| A+<br>A<br>A- | A1<br>A2<br>A3 | A+<br>A<br>A- | 2 | **gut:** angemessene Deckung von Zins und Tilgung, viele gute Investmentattribute; aber auch Elemente, die sich bei veränderter Wirtschaftsentwicklung negativ auswirken können |
| BBB+<br>BBB<br>BBB- | Baa1<br>Baa2<br>Baa3 | BBB+<br>BBB<br>BBB- | 3 | **befriedigend:** angemessene Deckung von Zins und Tilgung, aber auch spekulative Elemente oder mangelnder Schutz gegen wirtschaftliche Veränderungen |
| BB+<br>BB<br>BB- | Ba1<br>Ba2<br>Ba3 | BB+<br>BB<br>BB- | 3-4 | **ausreichend, aber verbunden mit einem Fragezeichen:** sehr mäßige Deckung von Zins und Tilgung, auch in gutem wirtschaftlichem Umfeld; anfällig für Zahlungsverzug |
| B+<br>B<br>B- | B1<br>B2<br>B3 | B+<br>B<br>B- | 4 | **mangelhaft:** geringe Sicherung von Zins und Tilgung; stark anfällig für Zahlungsverzug |
| CCC+<br>CCC<br>CCC- | Caa1<br>Caa2<br>Caa3 | CCC+<br>CCC<br>CCC- | 4- | **sehr mangelhaft:** niedrigste Qualität, geringster Anlegerschutz, in akuter Gefahr eines Zahlungsverzuges, Insolvenz absehbar |
| CC | Ca | CC | 5 | **ungenügend:** hochspekulativ, Vertragsverletzung vorprogrammiert |
| C | C | C | 5- | **extrem ungenügend:** niedrigste Klasse, bereits im Zahlungsverzug |
| SD/D | - | DDD/DD/D | 6 | **zahlungsunfähig:** in Zahlungsverzug |

Die „global players“ unter den Ratingagenturen sind die drei großen Agenturen: Standard & Poor's (S&P), Moody's und Fitch. Ratings, die von diesen Agenturen vergeben werden, sind auf den internationalen Finanzmärkten anerkannt. Durch ihre jahrelange Erfahrung und die vielen internationalen Unternehmen, die von diesen Agenturen regelmäßig „geratet“ werden, haben sich diese Agenturen eine breite statistische Basis für ihre Ratingbeurteilungen erarbeitet. Die Ratings dieser Agenturen gelten quasi als „Güteklasse“ für Unternehmen. Mit der Einstufung in eine ausgezeichnete Ratingklasse ist auch die Anlageempfehlung der Börsenanalysten verbunden. So haben viele Aktienanleger schon von dem begehrten „Triple A“ = AAA in Anlageempfehlungen der Börsenfachleute oder Fondsmanager gehört, ohne sich vielleicht näher mit Rating und Ratingklassen beschäftigt zu haben.

Mit Ratingklassen verbundene Anlageempfehlungen:

- Investment Grade
  Die Ratingklassen von AAA bis einschließlich BBB- gelten auch als Investment Grade, d.h., hier wird die Investition in das Unternehmen mittels Aktien oder anderer Finanztitel empfohlen.
- Speculative Grade
  Die Ratingklassen schlechter als BBB- gelten als risikoreiche Kandidaten für die Anlagewünsche von Investoren.

## Ratingklassen und Ausfallwahrscheinlichkeiten

Mit jeder Ratingklasse ist eine bestimmte Ausfallwahrscheinlichkeit der Kreditrückzahlungen verbunden. Die Erfahrung hat gezeigt, dass das Risiko eines Zahlungsverzugs oder Zahlungsausfalls mit der Länge der Laufzeit der Unternehmensanleihe zunimmt. So zeigt z.B. folgende Tabelle von Standard & Poor's, welches statistische Ausfallrisiko ein Käufer von Unternehmensanleihen bei den verschiedenen Ratingklassen eingeht.

Die Ausfallwahrscheinlichkeit für eine Kreditforderung an ein AAA eingestuftes Unternehmen beträgt selbst auf die Sicht von 15 Jahren gesehen lediglich 0,67 %. Bei einem CCC eingestuften Unternehmen muss man mit einer Wahrscheinlichkeit von 46,68 % damit rechnen, dass das Unternehmen seiner Zahlungsverpflichtung innerhalb der nächsten 15 Jahre nicht nachkommen kann.

**Ratingklassen und Ausfallwahrscheinlichkeiten**

| Laufzeit / Rating | 1 Jahr | 2 Jahre | 3 Jahre | 4 Jahre | 5 Jahre | 10 Jahre | 15 Jahre |
|---|---|---|---|---|---|---|---|
| Investment Grade (gute Bonität, geringe Ausfallwahrscheinlichkeit) | | | | | | | |
| AAA | 0.00% | 0.00% | 0.04% | 0.08% | 0.13% | 0.67% | 0.67% |
| AA | 0.01% | 0.04% | 0.11% | 0.21% | 0.33% | 0.90% | 0.98% |
| A | 0.04% | 0.11% | 0.18% | 0.31% | 0.47% | 1.48% | 1.92% |
| BBB | 0.21% | 0.48% | 0.77% | 1.28% | 1.81% | 3.63% | 4.27% |
| Speculative-Grade (geringe Bonität, erhöhte Ausfallwahrscheinlichkeit) | | | | | | | |
| BB | 0.91% | 2.82% | 5.00% | 7.04% | 8.82% | 14.42% | 15.84% |
| B | 5.16% | 10.90% | 15.36% | 18.60% | 20.95% | 27.13% | 27.83% |
| CCC | 20.93% | 28.04% | 33.35% | 36.83% | 40.67% | 44.23% | 46.68% |

Quelle: Standard & Poor's Ratings, Auswertungszeitraum 1981 bis 1999

**Abbildung 6**

Die Ausfallwahrscheinlichkeiten klaffen weit auseinander. Es ist schon ein erheblicher Unterschied, ob das Risiko eines Zahlungsverzugs nur auf ein Jahr gesehen 0,00 % oder 20,93 % beträgt. Vor diesem Hintergrund liegt die Vermutung schon sehr nahe, dass einem Unternehmen, das in eine niedrige Ratingklasse eingestuft wird, wesentlich höhere Finanzierungskosten entstehen werden, falls überhaupt noch ein Kredit gegeben wird. Das mag für das einzelne Unternehmen bedauerlich sein, ist aber ganz im Sinne von Basel II, das mehr Stabilität im internationalen Finanzsystem erreichen will. Schlechte Risiken müssen noch stärker als bisher abgesichert werden oder eben vermieden werden. Genug Motivation also für ein Unternehmen, gut im Ratingprozess abschneiden zu wollen.

## Wie werden die Kunden auf das Rating reagieren?

Generell wird erwartet, dass die Kreditnehmer stärker zwischen den verschiedenen Bankinstituten wechseln werden. Die Kunden werden mehrere Ratings bei unterschiedlichen Banken einholen und sich für das für sie beste Ratingurteil, also das günstigste Kreditangebot, entscheiden. Hierin liegt auch eine gewisse Problematik für die gesamte Bankenbranche. Je bessere Ratingurteile eine Bank vergibt, desto geringer ist die Gefahr, dass ihre Firmenkunden zur Konkurrenz davonlaufen. Aber entspricht dies auch der tatsächlichen Risikosituation? Wird zu gut eingestuft, sind auch die hinterlegten Sicherheiten möglicherweise nicht mehr ausreichend. Hier ist die Bankenaufsicht gefordert, die korrekte Umsetzung von Basel II und ein objektives bankinternes Rating zu gewährleisten.

## Ratingarten

In erster Linie geht es hier um das Rating von Unternehmen. Es gibt aber sogar das Rating von Branchen und Ländern:

Ratings werden auch unterschieden in:

- Emissions-Rating und Emittenten-Ratings
  Emissions-Rating bezieht sich auf das Rating einer ganz bestimmten Zahlungsverpflichtung eines Unternehmens, während Emittenten-Rating das Unternehmen als Ganzes beurteilt. Das Unternehmen als Emittent kann verschiedene Schuldverschreibungen bedienen und erhält für jede einzelne ein Emissions-Rating. Diese können theoretisch also auch mal unterschiedlich ausfallen. Es gilt jedoch der Grundsatz, dass ein solides Unternehmen wahrscheinlich alle seine Zahlungsverpflichtungen mit derselben Verlässlichkeit erfüllen wird.
- Solicited und Unsolicited Ratings
  Solicited Rating ist ein Rating, das ein Unternehmen zur Durchführung in Auftrag gegeben hat. Unsolicited Ratings sind unbeauftragte Ratings, die ohne Beteiligung des Unternehmens ablaufen. Das Unternehmen ist also nicht in den Ratingprozess eingebunden und wird allein anhand seiner veröffentlichten Unternehmensdaten beurteilt. Die Qualität dieser Ratings ist vage.
- Debt- und Equity-Ratings
  Debt-Ratings beurteilen die Wahrscheinlichkeit der rechtzeitigen und vollständigen Bezahlung von Zins- und Tilgungsverpflichtungen. Equity-Ratings beurteilen die Fähigkeit eines Unternehmens, langfristig den Unternehmenswert zu erhöhen.

Die am meisten gebrauchte und nach Basel II auch wichtige Unterscheidung der Ratingarten ist die in interne und externe Ratings.

## Internes Rating – externes Rating

Ein Rating kann auf zwei Arten erfolgen. Ein Unternehmen kann sich intern, d.h. durch das kreditgebende Institut (internes Rating), oder aber extern durch eine unabhängige Ratingagentur beurteilen lassen (externes Rating).

- Internes Rating

  Im Vergleich zu der zurzeit praktizierten Kreditwürdigkeitsprüfung werden die Kreditinstitute voraussichtlich für den Ratingprozess ein Honorar verlangen. Trotzdem wird dieses Honorar für den Kunden geringer ausfallen als das für eine Ratingagentur. Allerdings ist zu bedenken, dass das interne Rating letztlich nur für die Bank gilt, die das Rating vorgenommen hat. Andere Banken bzw. externe Ratingagenturen werden das Rating der Hausbank nicht akzeptieren. Umgekehrt ist es natürlich genauso. Jede Bank hat ihr eigenes internes Ratingsystem. Die Bankenverbände haben hierzu ihre eigenen Verbandslösungen entwickelt. Jede Bank prüft also nach ihrem eigenen System und akzeptiert kein externes Rating oder das Rating einer anderen Bank. Kleine und mittlere Unternehmen werden daher das interne Rating ihrer Hausbank vorziehen, eventuell noch das Rating durch eine andere Bank durchführen lassen und sich dann für das günstigste Kreditangebot entscheiden. Das Rating einer externen Agentur kommt aufgrund der Höhe der Ratingkosten für kleinere und mittlere Unternehmen wohl nicht in Betracht.

- Externes Rating

  Dies wird vor allem für Unternehmen in Frage kommen, die sich Finanzmärkte erschließen, also z.B. an die Börse gehen wollen.

  Es existiert schon lange ein Markt für externe Ratingagenturen, die teilweise international tätig sind. Bekannt sind zum Beispiel Namen wie Standard & Poor's oder Moody's oder in Deutschland z.B. Euroratings AG. Die Kosten beginnen bei 5.000 bis 10.000 EUR. Nach oben kann man dann in Größenordnungen von mehreren 100.000 EUR denken. Es kommt insbesondere auf die Größe des Unternehmens an. Externe Ratingagenturen arbeiten ebenfalls mit Kennzahlen und bewerten ebenfalls qualitative Faktoren.

Für internes oder externes Rating gilt gleichermaßen: Je besser die Einstufung, desto billiger der Kredit, desto höher das mögliche Kreditvolumen. Wer seine Hausaufgaben gut macht, muss sich vor dem Rating nicht fürchten.

## Vor und Nachteile von internen und externen Ratings:

### Internes Rating, z.B. durch die Hausbank

| Vorteile | Nachteile |
|---|---|
| – Geringe Ratingkosten<br>– Das kreditsuchende Unternehmen ist der Bank bereits bekannt, so kann z.B. auf Informationen aus der Kontoführung zurückgegriffen werden.<br>– Ein internes Rating durch die kreditgebende Bank ist Pflicht und muss daher auch durchgeführt werden, wenn ein externes Rating durch eine Ratingagentur vorliegt.<br>– Geringer Zeitaufwand für das Rating, da evtl. viele Informationen der Hausbank bereits durch die Historie der Kundenbeziehung bekannt sind. | – Evtl. Voreingenommenheit der Bank aufgrund der vergangenen Kundenerfahrung.<br>– Gefahr der Verfolgung von Eigeninteressen; die Bank lebt von der Kreditvergabe und gibt evtl. ein zu gutes Rating, um dem Kunden gute Kreditkonditionen einräumen zu können und damit den Kunden nicht zu verlieren.<br>(Auf diesen Aspekt wird allerdings die Bankenaufsicht verstärkt ein Auge werfen.) |

### Externes Rating

| Vorteile | Nachteile |
|---|---|
| – Veröffentlichung eines guten Ratingergebnisses durch eine angesehene Ratingagentur kann zu einem Imagegewinn für das Unternehmen führen.<br>– Ein „Muss" für jedes größere, internationale Unternehmen, um auf dem internationalen Finanzmarkt agieren zu können.<br>– Voraussetzung für einen Börsengang<br>– Ein externes positives Ratingergebnis stärkt die Verhandlungsposition bei der eigenen Hausbank.<br>– Probelauf für ein internes Rating | – Hohe Ratingkosten für Erstrating<br>– Ratingeinstufung muss regelmäßig durch die Ratingagentur überprüft werden (so genannten Re-Rating), d.h., es entstehen nicht zu unterschätzende Folgekosten nach dem Erstrating.<br>– Ein internes Rating durch die Bank muss in jedem Fall durchgeführt werden. Ein Unternehmen muss also zweimal den Ratingprozess durchlaufen.<br>– Hoher Zeitaufwand; die Ratingagentur muss sich erst ein Bild von dem Unternehmen machen im Gegensatz zur Hausbank, die auf die bisherige Kundenerfahrung mit dem Unternehmen zurückgreifen kann.<br>– Die Beurteilungskriterien der Ratingagentur sind dem Unternehmen im Detail nicht bekannt, evtl. nicht nachvollziehbar.<br>– Je nach Größe und Bekanntheit der Ratingagentur evtl. geringe Akzeptanz der Ratingbeurteilung bei anderen Agenturen oder Banken. |

Fazit: Interne Ratings unterliegen denselben Anforderungen und Bestimmungen wie externe Ratings durch eine Ratingagentur. Ein externes Rating kann aber nie das interne Rating durch die Bank ersetzen, vielmehr muss ein Unternehmen dann zweimal den Prozess durchlaufen, einmal mit der Ratingagentur und einmal mit der Bank. Wieso sollte ein Unternehmen dann überhaupt ein externes Rating in Anspruch nehmen? Kleine und mittlere Unternehmen werden vielleicht schon aus Kostengründen kein externes Rating durchführen lassen. Generell ist ein externes Rating aber unverzichtbar, wenn sich das Unternehmen auf dem Kapitalmarkt finanzieren will. Wer einen Börsengang plant, ist auf ein exzellentes externes Ratingergebnis angewiesen. Für größere Unternehmen könnte es zudem aus Prestigegründen interessant sein, ein externes Rating durchführen zu lassen. Wer die beste Ratingklasse AAA von einer renommierten internationalen Ratingagentur zugesprochen bekommt, wird mit dieser Bestnote bei Kunden und Lieferanten sicher Werbung machen, nach dem Motto: „Seht, was für ein gesundes und zuverlässiges Unternehmen wir sind!“

## Kleine Kosten-Nutzen-Betrachtung eines Rating

Kosten eines Rating:
Für bankintern durchgeführte Ratings werden die Banken eine geringe Bearbeitungsgebühr verlangen oder das Ganze in die Kalkulation des Kreditpreises aufnehmen. Eine Beurteilung durch eine der großen bekannten Agenturen kostet um die 50.000 Euro aufwärts. Dazu kommen jedes Jahr mehrere tausend Euro Folgekosten, um das Rating immer auf dem aktuellen Stand zu halten (so genanntes Re-Rating). Deutsche Agenturen sind für die Kunden günstiger (schon ab 5.000 EUR). Allerdings haben diese noch nicht sehr viele Ratings durchgeführt und sind daher auch noch nicht allgemein am Markt akzeptiert.

Nutzen eines Rating:
Die Frage, ob sich das Rating z.B. durch eine externe Ratingagentur überhaupt lohnt, wird manchmal anhand einer Beispielrechnung veranschaulicht: Kostet eine Ratingbeurteilung 20.000 EUR, so müsste das Unternehmen bei einem Kreditvolumen von 2 Mio. EUR eine Verbesserung der Kreditkonditionen um einen Prozentpunkt erreichen, damit sich die Ratingkosten amortisieren. Diesen Amortisationseffekt der Ratingkosten wird das Unternehmen aber nur bei einer sehr guten Ratingbeurteilung erreichen.

Die Beschäftigung mit Rating (ob internes oder externes Rating) hat aber noch andere positive Effekte:

- Klarheit über die strategische Ausrichtung
  Wo wollen wir als Unternehmen überhaupt hin? Wenn wir es nicht wissen, was sollen wir dann überhaupt der Bank erzählen?
- Verbesserung der Planung
  Wir wissen vielleicht, wo wir hinwollen, aber was kostet der Weg dorthin? Wie gut und durchgängig ist die Planung?
- Verbesserung/Einführung von Hochrechnungen
  Die Bank verlangt vielleicht im Zeitablauf eine Stellungnahme zur Entwicklung des Unternehmens. Wird der abgegebene Plan eintreffen oder laufen die Dinge aus dem Ruder?
- Überdenken der Regelungen im Berichtswesen
  Die interne Berichterstattung über Kosten, Umsatz etc. muss organisiert werden. Wer bekommt intern wann welche Informationen? Ist das Berichtswesen noch zeitgemäß? Wann und welche Informationen bekommt die Bank?
- Schwerpunktsetzung auf Kostenrechnung/Kalkulation
  Welche Kosten fallen wo und wofür an? Diese Frage ist das Herzstück jedes Kostenrechnungs- oder Controllingsystems und Ihre Bank lässt bei diesen Informationen im Rahmen des Rating bestimmt nicht locker.

Ein guter Fischer flickt seine Segel vor dem Sturm. Wenn man sich erst um Rating kümmert, wenn es im Grunde zu spät ist, wenn also dringend eine Finanzspritze durch die Bank benötigt wird, dann hat man wertvolle Zeit für eine optimale Vorbereitung auf ein Rating vertan.

## Ratingagenturen und Ratingprozess

Der Name „Ratingagentur" ist nicht geschützt. Im Vergleich dazu sind z.B. Begriffe wie „Bank" oder „Versicherung" geschützt. Sie könnten also morgen eine Ratingagentur eröffnen. Keiner wird sich daran stören oder Sie gar fragen, ob Sie hierfür kompetent sind. Aber Sie werden trotzdem ein großes Handicap haben: Die Qualität einer Ratingagentur wird in erster Linie danach gemessen, wie viele Ratings von ihr durchgeführt und vor allem veröffentlicht wurden. Die Schwachstelle Ihrer neu gegründeten Ratingagentur ist also ihre unzureichende bzw. noch gar nicht vorhandene Datenbasis. Wie wollen Sie beurteilen, wie gut ein Unternehmen ist, wie es in der Branche dasteht, wenn Sie keinerlei Vergleichsdaten besitzen? Mit diesem Problem schlagen sich viele neu gegründete Ratingagenturen herum und werben daher z.B. mit internetgestützten „Lean-Ratings im Schnelldurchlauf".

Kurzzeitig boomte der Markt auch in Deutschland für externes Rating. Viele Ratingagenturen wurden gegründet, da es einen vielversprechenden Markt für externe Ratingdienstleistungen zu geben schien. Schuld daran war das erste Konsultationspapier zu Basel II, das sogar in Aussicht stellte, dass Ratings nur von unabhängigen externen Ratingagenturen durchgeführt werden dürften. Die Banken sahen ihr ureigenstes Geschäft der Kreditvergabe und der damit verbundenen Kreditwürdigkeitsprüfung in Gefahr und drängten darauf, dass bankinterne Ratings gleichberechtigt mit externen Ratings anerkannt würden. Mit dem zweiten Konsultationspapier zu Basel II ist dies geschehen und der Markt für externe Ratings wird nicht mehr so rosig und erfolgversprechend gesehen. Die Banken entwickeln ihre eigenen internen Ratingsysteme (auch z.B. Verbandslösungen).

Und wie reagieren die Ratingagenturen darauf? Sie wenden sich verstärkt dem Geschäftsfeld „Beratung" zu, d.h., nicht mehr das Rating steht im Mittelpunkt, sondern die Beratung, neudeutsch „Consulting", das im Zusammenhang mit Rating entstanden ist. Beim Rating geht es ja einerseits um harte betriebswirtschaftliche Analysen, hierfür kann sich ein Unternehmen externe Unterstützung und Beratung einkaufen wie bisher auch. Der springende Punkt bzw. das Werbeargument der Ratingagenturen ist, dass sie gezielt auf ein Rating vorbereiten, da dies ihre Kernkompetenz ist. Und es geht andererseits auch um „weiche Faktoren", wie z.B. Managementqualität, wobei das Problem für das Unternehmen oft darin liegt, die Bank davon zu überzeugen, dass ich auch in diesen Bereichen gut bin. Hier geht es viel um das Beherrschen von Kommunikations- und Präsentationstechniken. Ratingagenturen werben damit, dass sie diese Kommunikation und Präsentationstechniken gezielt schulen und in einem Probedurchlauf mit den Unternehmen trainieren.

## Qualitätsanforderungen an eine Ratingagentur

Wem kann man trauen? Der Titel „Ratingagentur" ist nicht geschützt. Wie kann sich ein Unternehmen sicher sein, es mit einer soliden und vertrauenswürdigen Ratingagentur zu tun zu haben?

Schon im Regelwerk zu Basel II stehen Mindestanforderungen an eine Ratingagentur, die hier sinngemäß wiedergegeben werden. Das Regelwerk bezeichnet eine Ratingagentur als „externes Bonitätsbeurteilungs-Institut (External Credit Assessment Institution, ECAI)". Ein ECAI muss jede der folgenden sechs Anforderungen erfüllen:

- Objektivität
  Die Methode zur Vergabe von Bonitätsbeurteilungen muss streng und systematisch sein. Das Verfahren muss auf historischen Erfahrungswerten beruhen. Die Bonitätsbeurteilungen müssen aktuell sein und auf Veränderungen der finanziellen Situation eines Unternehmens reagieren. Hierzu müssen die Beurteilungen für ein Unternehmen regelmäßig überprüft werden wie auch das Verfahren der Beurteilung einer ständigen Qualitätskontrolle unterliegen sollte.
- Unabhängigkeit
  Die Ratingagentur muss unabhängig sein und darf keinerlei politischem oder wirtschaftlichem Druck unterliegen, der das Rating beeinflussen könnte. Hierzu trennen Ratingagenturen gewissenhaft zwischen Mitarbeitern, die für den Vertrieb zuständig sind, und denen, die an der Ratinganalyse mitwirken.
- Internationaler Zugang / Transparenz
  Die Ratingbeurteilungen der Unternehmen sollten veröffentlicht werden oder zumindest Institutionen mit berechtigtem Interesse unter gleichen Bedingungen zugänglich sein. Zudem sollte die angewandte allgemeine Methode öffentlich zugänglich sein.
  Kommentar: Hier hapert es ein wenig in der Praxis, da eine Ratingagentur, die ihren Ratingansatz vollständig transparent machen würde, quasi ihr Geschäftsgeheimnis preisgibt. Aber in Basel II ist ja auch nur von der „angewandten allgemeinen Methode" die Rede.
- Veröffentlichung
  Die Ratingagentur sollte ihre Beurteilungsmethoden veröffentlichen, z.B. Definition von Ausfallwahrscheinlichkeit, Zahlungsverzug, Zahlungsausfall, etc. Welche Grenzwerte gelten?
  Kommentar: Hier gilt in gleicher Weise, dass die Ratingagenturen natürlich ein Interesse haben, nicht alle ihre Beurteilungsansätze so transparent zu machen, dass sie von anderen nachgeahmt werden könnten. Andererseits wird sich kein Unternehmen von einer Agentur „raten" lassen, wenn nicht zumindest im Ansatz klar ist, nach welchen Methoden und speziell Beurteilungskriterien diese Agentur vorgeht.

- Ressourcen
  Qualitativ hochwertige Ratingbeurteilungen erfordern entsprechend gut ausgebildete und geschulte Mitarbeiter auf Seiten der Ratingagentur. Die Ratingagentur sollte ausreichend Mitarbeiter in der geforderten Qualifikation für die Beurteilungen vorhalten. Der enge Kontakt der Mitarbeiter der Ratingagentur und der Mitarbeiter des zu beurteilenden Unternehmens garantiert einen umfassenden Ratingansatz.
  Kommentar: Da der Markt speziell in Deutschland für externe Ratings noch nicht so angelaufen ist, haben es die Ratingagenturen schwer, qualifizierte Mitarbeiter vorzuhalten. So arbeiten viele Agenturen mit freien Mitarbeitern, die von Fall zu Fall eingesetzt werden. Meist sind dies selbständige Wirtschaftsprüfer und Unternehmensberater.
- Glaubwürdigkeit
  In gewissem Umfang tragen die oben genannten Kriterien schon zur Glaubwürdigkeit einer Ratingagentur bei. Zusätzlich steigt die Glaubwürdigkeit einer Agentur durch ihre Akzeptanz bei unabhängigen Parteien, wie z.B. Investoren oder Versicherungen. Wichtig ist auch das Vorhandensein eines internen Verfahrens, durch das die Ratingagentur die missbräuchliche Verwendung vertraulicher Informationen, die sie im Rahmen des Ratingprozesses erworben hat, verhindert.

In diesem Zusammenhang sei auch auf den RATING CERT e.V., Berlin, hingewiesen, der als wirtschaftsfördernder gemeinnütziger Verein das Ziel verfolgt, allgemein gültige Qualitätsstandards für die Durchführung von Unternehmensratings für den Mittelstand zu entwickeln und in Europa bekannt zu machen (siehe auch Kapitel 5: Hilfen, Anlaufstellen, Internetadressen).

## Unterstützung durch externe Berater beim Rating?

Egal ob internes oder externes Rating, in der Praxis stellt sich die Frage, ob man eine Art „Proberating“ mit eigenen Mitarbeitern und der Unterstützung durch einen externen Berater, z.B. mit einem Unternehmensberater oder Wirtschaftsprüfer, durchführt. Ein Berater, der sich auf die Vorbereitung von Unternehmen auf den Ratingprozess spezialisiert hat, wird auch „Rating Advisor“ genannt. Nicht zu verwechseln mit dem „Ratinganalyst“, das ist der Mitarbeiter der Bank oder der Ratingagentur, der das Rating selbst durchführt.

Der Einsatz von externen Beratern oder eines Rating Advisors kann dann sinnvoll sein, wenn das für das Rating notwendige Fachwissen im eigenen Unternehmen nicht vorhanden ist. Oft fällt die Entscheidung für Berater, weil man die eigenen Mitarbeiter nicht noch durch ein Rating zusätzlich belasten möchte. Die Mitarbeiter sind mit ihrem Tagesgeschäft schon mehr als ausgelastet und so sieht man das Heil im externen Berater. Aber Vorsicht! Kein externer Berater kann seine Arbeit ohne die Mitarbeit von unternehmensinternen Mitarbeitern bewältigen. Wie auch? Und die Zusammenarbeit mit einem externen Berater erfordert einigen Zeitaufwand.

Für den Einsatz eines externen Beraters spricht:

- Einbringung von Erfahrungen und Know-how aus anderen Unternehmen
- Da der externe Berater mit der Aufgabenstellung aus ähnlichen Ratingbeurteilungsprozessen bereits vertraut ist, benötigt er keine Einarbeitungszeit. Der externe Berater muss nicht mehr „üben“. Er muss sich lediglich in die besonderen Bedürfnisse gerade dieses speziellen Unternehmens einarbeiten.
- Unabhängigkeit. Der externe Berater ist nicht in die Hierarchie des Unternehmens eingebunden, muss also keine Rücksicht auf interne Strukturen und Befindlichkeiten nehmen. Da der externe Berater in der Regel auch keine Karriere in dem zu beratenden Unternehmen machen will, kann er unvoreingenommen und ohne das unternehmensinterne Kompetenzgerangel seine Aufgabe erledigen. Er kann auch die Fehler des Managements aufzeigen, ohne dafür mit negativen Konsequenzen wie Mobbing oder Kündigung rechnen zu müssen.
- Der Berater ist nicht „betriebsblind“. Manchmal erkennt man aus der externen Perspektive die Schwachstellen und Knackpunkte einer Organisation viel leichter und schneller, da man Dinge in Frage stellt, mit denen sich langjährige Mitarbeiter längst abgefunden haben.

Gegen den Einsatz von externen Beratern spricht:

- Externe Beratung ist selbstverständlich teuer.
- Man weiß nicht immer genau, wie qualifiziert der Berater ist. (Es gibt immer das berühmte „schwarze Schaf“.) Daher sollte man sich eine Referenzliste der bereits durchgeführten Ratings bzw. Unterstützung bei Ratings zeigen lassen und sich bei diesen Unternehmen erkundigen, wie zufrieden sie mit der Leistung dieses Beraters waren.

- Der Einsatz von externen Beratern kann demotivierend für die eigenen Mitarbeiter sein. Durch den Einsatz wird den eigenen Mitarbeitern signalisiert: „Mit dem Problem werdet ihr nicht fertig, da müssen Fachleute ran."

Und wie steht es mit der Wirtschaftlichkeit externer Berater?
Trotz der Kosten für einen externen Berater kann dessen Einsatz wirtschaftlich sinnvoll sein. Es handelt sich bei den Beratungskosten um einmalige Kosten. Wenn man den Berater nicht mehr braucht, dann ist er fort. Das ist der große Unterschied zu einem eigenen Mitarbeiter. Die Kosten der Beratung sollten in jedem Fall dem langfristigen Nutzen gegenübergestellt werden.

Zudem kann man die externen Berater vertraglich dazu verpflichten, die internen Mitarbeiter während des Ratingablaufs zu schulen, damit diese nach Abschluss des Ratings reibungslos die Aufgabe übernehmen können bzw. die Erkenntnisse aus dem Ratingprozess umsetzen können.

Was Sie beachten sollten: Schauen Sie sich den Berater gut an! Achten Sie auf Erfahrung! Häufig passiert es, dass zwar der erfahrene Berater den Auftrag an Land zieht, später wundert man sich aber, dass die eigentliche Beratung von frischen Hochschulabgängern ohne Erfahrung durchgeführt wird. Natürlich müssen auch diese ihre Erfahrungen machen, aber bitte nicht für das volle Honorar eines erfahrenen Beraters!

**Der Ratingprozess**

Der Ratingprozess beschreibt beispielhaft den Ablauf eines Rating. Der Ratingprozess wird immer einem bestimmten Schema folgen, unabhängig davon, ob Sie das Rating mit der Hausbank, einer Ratingagentur oder mit einem externen Berater durchführen. Rating wird im Rahmen einer Projektorganisation durchgeführt, somit durchläuft der Ratingprozess alle Phasen, die auch ähnliche Projekte, z.B. Wirtschaftlichkeitsuntersuchungen, durchlaufen:

**Phasen eines Ratingsprozesses:**

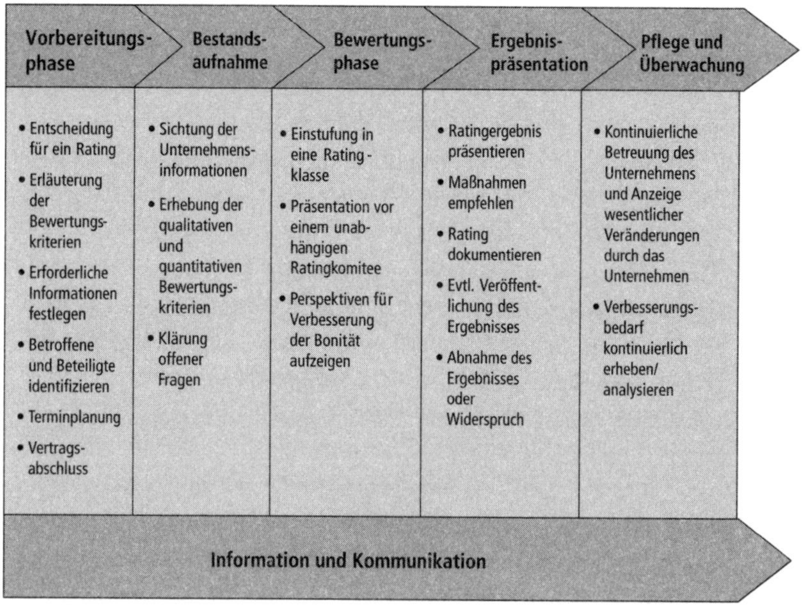


**Abbildung 7**

## Vorbereitungsphase

Ein Rating will gut vorbereitet sein. Das ist vergleichbar der Teilnahme an den Olympischen Spielen. Auch da gehen die Sportler nicht einfach hin, stellen sich zum 100-Meter-Lauf auf und rennen los. Es bedarf einer Menge Vorbereitung, bis schließlich der Startschuss für ein Rating fällt.

### Rating ja oder nein?

Am Anfang steht die Entscheidung, ob überhaupt ein Rating durchgeführt werden soll. Wird überhaupt ein Rating benötigt? Wie ist die Ausgangssituation für ein Rating?

Folgende Fragen sind zur Klärung der Ausgangssituation für ein Rating hilfreich:

- Was sind die Beweggründe, ein Rating durchführen zu lassen?
  - Was soll durch das Rating erreicht werden?

  - Liegt ein aktueller Finanzierungsbedarf vor?
  - Ist ein Rating prestigefördernd gegenüber Investoren, Banken, Lieferanten, Kunden und Mitarbeitern?
- Gibt es Alternativen zur Kreditfinanzierung und damit zu einem Rating, z.B. andere Finanzierungsquellen wie z.B. Leasing?
- Welche Auswirkungen hat es, wenn das Rating durchgeführt wird?
  - Welche Mitarbeiter sind betroffen?
  - Wie viel Geld wird es kosten?
  - Wie viel Zeit wird der Ratingprozess in Anspruch nehmen?
- Welche Auswirkungen hat es, wenn das Rating *nicht* durchgeführt wird?
  - Was passiert im schlimmsten Fall, wenn kein Rating durchgeführt wird? Ist das Unternehmen dann nicht mehr zahlungsfähig?
  - Wie dringend ist das Rating als Weg zum erforderlichen Kredit?
- Ist das Unternehmen fit für ein Rating?

### Erläuterung der Bewertungskriterien

Ist die Entscheidung für ein Rating gefallen, sollten Sie sich von der Hausbank oder von einem externen Berater bzw. der Ratingagentur die Bewertungskriterien für die Einstufung in die unterschiedlichen Ratingklassen erläutern lassen. Welche Einstufungen / Ratingklassen gibt es? Orientiert sich die Bank oder die Agentur an einer bestimmten internationalen Einstufung, z.B. von Moody's oder Standard & Poor's? Auf welche Fragen und Themengebiete muss sich das Unternehmen besonders vorbereiten? Nach welchem Vorgehensmodell und welcher Methode geht die Bank oder die Ratingagentur vor? Welche Eckdaten müssen für eine gute Ratingeinstufung mindestens erfüllt sein?

### Erforderliche Informationen festlegen

Zu klären ist, welche betrieblichen Informationen für das Rating vorgelegt werden sollen. Gibt es hierzu eine Checkliste von der Bank oder der Ratingagentur? Können alle Informationen zeitnah geliefert werden oder werden Zahlen verlangt, die im Unternehmen überhaupt nicht vorliegen? Welche Hilfestellungen bietet in diesem Fall die Bank bzw. die Ratingagentur an? Muss das Rating evtl. verschoben werden, bis die erforderliche Datenbasis im Unternehmen geschaffen wurde?

### Betroffene und Beteiligte identifizieren

Vom Rating „Betroffene" sind alle, die bei der Durchführung des Rating in ihrem Arbeitsgebiet in irgendeiner Weise berührt werden. „Beteiligte" sind alle, die einen Beitrag zum Rating liefern (Informationsgeber, Entscheider etc.). Es ist sicher richtig, dass von einem Rating quasi das gesamte Unternehmen betroffen ist, nicht aber alle Mitarbeiter beteiligt werden können. Es gibt keine Vorschriften, wer beteiligt werden soll, aber unternehmensintern ist zu überlegen, welche Mitarbeiter und welche Unternehmensbereiche in den Ratingprozess mit einzubinden sind. Wer macht mit? Müssen Mitarbeiter evtl. für einen bestimmten Zeitraum von ihren Routinetätigkeiten freigestellt werden, um am Ratingprozess aktiv teilnehmen zu können? Denn von jeder betroffenen Abteilung sollte mindestens ein Mitarbeiter in das Rating eingebunden werden.

Auf Seiten der Bank oder der Ratingagentur werden die Mitarbeiter, die das Rating durchführen, auch Ratinganalysten genannt. Meist führen zwei Analysten unabhängig voneinander das Rating durch.

### Terminplanung

Die Zeitdauer für ein Rating variiert stark. Die Angaben reichen von zwei Wochen bis zu fünf Monaten. Oft werden neun Wochen genannt, was wohl einen guten Mittelwert aller Aussagen darstellt. Es kommt eben entscheidend darauf an, wie schnell das Unternehmen die für das Rating erforderlichen Daten zur Verfügung stellen kann. Es kann sein, dass der Ratinganalyst im ersten Anlauf feststellt, dass das Unternehmen aufgrund fehlender Datenbasis nicht ratingfähig ist. Dann muss sozusagen noch mal eine „Schleife geflogen werden", während der das Unternehmen ratingfit gemacht werden muss. Vielleicht müssen erst noch Kostenrechnungsinstrumente eingeführt werden, bis die erforderlichen Informationen geliefert werden können.

### Vertragsabschluss

Mit einer externen Ratingagentur oder einem externen Berater werden Sie alle wesentlichen Inhalte vertraglich festlegen. Neben dem Preis für das Rating sollten die Leistungen der Ratingagentur genau festgelegt werden. Auch die Mitwirkungsleistungen durch Mitarbeiter des Unternehmens sollten schriftlich festgehalten werden, damit es später in dieser Hinsicht keine Überraschungen gibt nach dem Motto: „Was heißt, meine Mitarbeiter müssen mitarbeiten, ich dachte, die Mitarbeiter der Ratingagentur führen das Rating ganz alleine und selbständig durch."

Mit der Hausbank erfolgt der Einstieg in den Ratingprozess vermutlich etwas formloser. Über gewisse Themen, wie z.B. Vertraulichkeit der Daten, Gebühr für das Rating, Hilfestellungen durch die Bank mittels Checklisten oder „Hausbesuche", sollte jedoch auch hier schon im Vorfeld Klarheit herrschen.

## Bestandsaufnahme

In dieser Phase erfolgt die Sammlung aller erforderlichen Informationen für ein Rating. Hierzu wurden vertraglich schon detailliert die Anforderungen an die Datenerhebung festgelegt oder ein Analyst erscheint erst einmal vor Ort, um sich ein Bild über die Möglichkeiten der Datengewinnung zu machen.

### Sichtung der Unternehmensinformationen

Die vom Unternehmen zur Verfügung gestellten Daten werden auf Vollständigkeit und Plausibilität geprüft. Können gewisse Daten nicht zur Verfügung gestellt werden, muss besprochen werden, wie die Erhebung dieser Informationen bewerkstelligt werden könnte.

### Erhebung der qualitativen und quantitativen Bewertungskriterien

Die Ratinganalysten sollen ein umfassendes Bild der Unternehmenssituation erhalten. Hierzu erheben die Analysten einerseits einen Katalog von qualitativen Fragen, z.B. nach strategischer Ausrichtung und Geschäftsmodell oder auch Mitarbeiterzufriedenheit. Auf der anderen Seite werden die klassischen Kennzahlen der Finanz- und Erfolgsanalyse erhoben.

### Klärung offener Fragen

Meist rundet ein Analysegespräch zwischen Analystenteam auf der einen Seite und Vertretern des Unternehmens auf der anderen Seite die Phase der Bestandsaufnahme ab. In diesem Analysegespräch ist Gelegenheit, offene Fragen zu klären. Auf der einen Seite hat das Unternehmen bezüglich der Kriterien bei der Ratingbeurteilung unter Umständen noch Informationsbedarf. Auf der anderen Seite haben die Ratinganalysten möglicherweise Nachfragen zu den zur Verfügung gestellten Unternehmensdaten. Der Ratingprozess erfordert eine offene Kommunikation zwischen beiden Parteien.

## Bewertungsphase

Hier liegt das Herzstück des Ratingprozesses und damit auch das Geschäftsgeheimnis der Ratinganalysten. Standardisierte Verfahren, aber auch jede Menge Erfahrung führen letztendlich zum Ratingergebnis.

### Einstufung in eine Ratingklasse

In der Bewertungsphase erfolgt nun die Einstufung des Unternehmens in eine Ratingklasse. Der Ratinganalyst identifiziert diejenigen Faktoren, die den größten Einfluss auf die Bonität des Unternehmens haben. Wo sind die Knackpunkte, wo sind die Stellschrauben dieses Unternehmens? Der Analyst erarbeitet ein Ratingprofil des Unternehmens, man könnte es auch Risikoprofil oder Erfolgsprofil nennen. Es fließen sowohl Geschäftsrisiken als auch Erfolgspotenziale in die Betrachtung mit ein. Zur Beurteilung des Unternehmens benötigt der Analyst eine Menge Erfahrung, am besten aus der Analyse vergleichbarer Unternehmen.

### Präsentation vor einem unabhängigen Ratingkomitee

Zur Absicherung der Einstufung des Unternehmens in eine Ratingklasse wird diese Einstufung vor einem bankinternen oder agenturinternen Gremium, genannt Ratingkomitee, präsentiert und bestätigt. Das Ratingkomitee setzt sich meist aus dem Vorstand der Ratingagentur bzw. leitenden Bankmitarbeitern und anderen erfahrenen Analysten zusammen. Der Analyst präsentiert seine Ratingeinschätzung des Unternehmens. Anschließend erfolgt eine ausführliche Diskussion, um die Genauigkeit und die Vergleichbarkeit der Einschätzung sicherzustellen. Diese Abstimmung soll gewährleisten, dass die gesamte Erfahrung einer Ratingagentur bzw. des gesamten Analystenteams einer Bank in das Ergebnis einfließt und somit mögliche subjektive Verzerrungen bereinigt werden.

### Perspektiven für Verbesserung der Bonität aufzeigen

Dem Analysten sind jetzt die größten Hemmnisse bekannt, die eine bessere Bonitätseinstufung des Unternehmens verhindert haben. Diese Knackpunkte und Defizite kann er dem Unternehmen aufzeigen. Der Analyst kann ganz konkret die Ergebnisse und Erkenntnisse aus der Analyse vermitteln und den Handlungsbedarf aufzeigen. Sicher kommt es hier darauf an, was vertraglich geregelt wurde, ob diese „Beratungsleistung“ vereinbart wurde. Generell gilt, dass Beratung eine völlig andere Baustelle ist als Rating. Der Analyst kommt zu seinem Ratingurteil, der

Berater empfiehlt dem Unternehmen Maßnahmen zur Verbesserung der Bonität. Der Analyst stellt also den Istzustand fest, der Berater möchte einen besseren Sollzustand für das Unternehmen erreichen. Um diese beiden Leistungen klar voneinander abzugrenzen, legen viele Ratingagenturen Wert darauf, dass das Rating und die unterstützende Beratungsleistung von unterschiedlichen Mitarbeitern durchgeführt werden, um keinesfalls das Ratingergebnis in irgendeiner Weise zu beeinflussen. Viele Wirtschaftsprüfungsgesellschaften arbeiten nach demselben Prinzip. Prüfung und Beratung werden streng voneinander getrennt.

## Ergebnispräsentation

Nun wird das Ergebnis der Ratinganalyse dem beurteilten Unternehmen vorgestellt.

### Ratingergebnis präsentieren

Nachdem sich in der vorherigen Phase der Bewertung das Ratingkomitee auf eine Ratingeinstufung geeinigt hat, erfolgt nun die Präsentation des Ratingergebnisses vor Vertretern des beurteilten Unternehmens.

### Maßnahmen empfehlen

Die Ratingagentur oder die Bank stellt die erkannten Möglichkeiten zur Verbesserung der Bonität vor. Dies sind die Hausaufgaben für das Unternehmen bis zum nächsten Rating. Diese „Beratungsleistung" sollte sozusagen als „Nebenprodukt" beim Rating noch mitgeliefert werden, obwohl man das eine mit dem anderen niemals vermischen sollte. Es sollte immer klar sein, ob gerade von Rating oder von den abgeleiteten Empfehlungen die Rede ist. Die Bank bzw. die Agentur kann konkrete Maßnahmen vorschlagen. Auf Seiten des Unternehmens können diese Vorschläge aufgegriffen werden und klar mit Terminsetzung und Nennung der Verantwortlichen für die unterschiedlichen Maßnahmen in Angriff genommen werden.

### Rating dokumentieren

Die Dokumentation des Ratingergebnisses wird vorgelegt und dem Unternehmen zur Verfügung gestellt. Das Unternehmen sollte diese Unterlage nicht als „Schrankware" in der Schublade verschwinden lassen, sondern damit weiterarbeiten. Die Dokumentation ist das Gedächtnis des Rating, sie ist ein umfassendes

Nachschlagewerk für die aktive Aufarbeitung der im Ratingprozess erkannten Verbesserungspotenziale des Unternehmens. Diese Dokumentation kann auch als Informationsgrundlage für den nächsten Ratingprozess dienen.

### Veröffentlichung des Ergebnisses

Ein Maß für die Güte einer Ratingagentur ist die Zahl der durchgeführten und veröffentlichten Ratings. Somit hat die Ratingagentur ein hohes Interesse daran, das Ratingergebnis auch zu veröffentlichen. Dem muss das Unternehmen aber nicht zustimmen, besonders dann, wenn es das Ratingergebnis nicht akzeptiert. Eine Regelung über Veröffentlichung des Ratingergebnisses oder nicht wird meist schon im Vorfeld vertraglich geregelt. Ein gutes Ratingergebnis wird das Unternehmen sicher gern veröffentlichen lassen, da es zum Imagegewinn am Markt führen kann.

### Abnahme des Ergebnisses oder Widerspruch

In Zusammenarbeit mit externen Beratern oder einer Ratingagentur stellt die Ergebnispräsentation eine Art „Abnahme" der erbrachten Leistungen dar. Das Unternehmen akzeptiert das Ratingergebnis und bezahlt die entsprechende Rechnung oder legt Widerspruch ein. Dann muss nochmals diskutiert werden, ob dieser Widerspruch gerechtfertigt ist. Das Unternehmen könnte z.B. neue zusätzliche Informationen vorlegen. Man fliegt also nochmals eine kleine Schleife und einigt sich schließlich oder trifft sich vor Gericht wieder.

## Pflege und Überwachung

Der Aufwand für ein Rating ist relativ hoch, und es bei einem einmaligen Rating zu belassen wäre schade. Kontinuierliches Aufarbeiten der Verbesserungsvorschläge, die im Rahmen des Ratingprozesses gemacht wurden, verschafft dem Unternehmen sozusagen einen sinnvollen „Langzeiteffekt" aus dem Rating.

### Kontinuierliche Betreuung des Unternehmens und Anzeige wesentlicher Veränderungen durch das Unternehmen

Ratingagenturen leben von der Bekanntheit und Aktualität ihrer veröffentlichten Ratings. Daher haben Ratingagenturen ein Interesse daran, ein von ihnen beurteiltes Unternehmen im Auge zu behalten. Die Bank lebt von der Kreditvergabe und hat natürlich auch ein berechtigtes Interesse, Veränderungen bei ihrem Kreditnehmer, bei ihrem Kunden zu beobachten, um gegebenenfalls Korrekturen bei der Risikoeinschätzung vorzunehmen. Wesentliche Änderungen bei dem beurteilten Unternehmen müssen daher der Bank oder der Ratingagentur mitgeteilt werden. Die Ratingeinstufung wird erneut überprüft und unter Umständen verändert oder bestätigt.

Zu diesem Zweck führen Ratingagenturen eine *Watchlist.* Eine Watchlist ist eine Liste der Unternehmen, die unter besonderer Beobachtung stehen („to watch" = beobachten). Die Unternehmen stehen unter besonderer Beobachtung, da sich die Marktgegebenheiten der Branche, der sie angehören, wesentlich geändert haben oder sich das Unternehmen insgesamt verändert hat (z.B. durch Unternehmenszusammenschluss oder Verkauf von Betriebsteilen etc.). Ratingagenturen veröffentlichen regelmäßig eine Watchlist der von ihnen beurteilten Unternehmen, bei denen aufgrund von verschiedenen Hinweisen eine Änderung der Ratingeinstufung möglich erscheint.

### Verbesserungsbedarf kontinuierlich erheben/analysieren

Das Unternehmen muss die bei ihm festgestellten Defizite aktiv bearbeiten. Die zur Verbesserung eingeleiteten Maßnahmen müssen kontinuierlich überprüft werden. Die schönsten Maßnahmen nützen wenig, wenn sie das Ziel der Verbesserung nicht erreichen. Dann muss überlegt werden, wie man die gewünschte Verbesserung mit anderen Maßnahmen erreichen kann.

Ideal wäre der Übergang in einen ständigen Verbesserungsprozess.

## Information und Kommunikation

Den gesamten Ratingprozess begleiten ein kontinuierlicher Informationsaustausch und eine offene Kommunikation. Fachliches Know-how ist die eine Sache, aber es ist auch eine Kunst, seine Interessen gut „an den Mann bzw. an die Frau zu bringen". Hier kommen die „weichen Faktoren", die so genannten „soft facts", zum Tragen. Wer die Diskussionen der letzten Jahre verfolgt hat, dem wird aufgefallen sein, dass diese „soft facts" immer mehr Beachtung finden. Es entspricht ja auch der Alltagserfahrung, dass man gern mit jemandem zusammenarbeitet, der einen offen informiert und kommunikativ ist. Es wird immer mehr Wert auf eine effektive Kommunikation gelegt und auf Arbeits- und Vorgehensweisen, die diese fördern. In diesem Sinne sollte während des gesamten Ratingprozesses auch auf diese Aspekte geachtet werden. Sie erleichtern eine reibungslose Zusammenarbeit.

# Bewertungskriterien nach Basel II: Auf was es ankommt

Was ist so neu an den Bewertungskriterien des Rating im Gegensatz zu den bisherigen Bewertungskriterien der Kreditwürdigkeitsprüfung?
Die wichtigsten Änderungen im Kurzanriss:

- **Zukunftsfähigkeit eines Unternehmens**
  Die traditionelle Kreditwürdigkeitsprüfung stützt sich im Wesentlichen auf den handelsrechtlichen Jahresabschluss, d.h. auf die Bilanz und die GuV-Rechnung. Im Rahmen der Bilanzanalyse wird anhand von Bilanzkennzahlen die wirtschaftliche Lage (Vermögens-, Finanz- und Ertragslage) eines Unternehmens beleuchtet. Eine Bilanzanalyse basiert aber eben auf den Kennzahlen eines abgelaufenen Geschäftsjahres und ist somit stark vergangenheitsorientiert. Hier haben wir schon einen wesentlichen Unterschied eines Rating nach Basel II im Vergleich zu der traditionellen Kreditwürdigkeitsprüfung:
  Nach Basel II gewinnt die Beurteilung der Zukunftsfähigkeit eines Unternehmens mehr an Gewicht und dazu gehören fundierte Zukunftsprognosen für die Absatzlage, das Kundenverhalten, die Branche, die Finanzen, die Mitarbeiterentwicklung, die Entwicklung technischer Standards – grundsätzlich die Planung für die nächsten Jahre.
- **Qualitative Bewertungskriterien**
  Natürlich hatten die Banken schon immer auch ein Auge auf qualitative Bewertungskriterien: Wie ist die Kundentreue des kreditsuchenden Unternehmens? Sind wir die Hausbank des Kunden oder hat der Kunde auch noch andere Bankbeziehungen? Wie war die bisherige Kontoführung (laufend Dispositionskredite oder solide, ausgeglichene Kontoführung), wie war das Verhältnis zum Unternehmen, zur Geschäftsleitung des Unternehmens bisher? War der Geschäftsführer immer auskunftsbereit über die Finanzen des Unternehmens oder gab es eine große Geheimniskrämerei um seine finanziellen Verhältnisse? Dies sind Kriterien, die man teilweise gut quantifizieren kann (wie Dauer der Kundenbeziehung), die teilweise aber auch sehr schwer einzuschätzen und stark subjektiv geprägt sind. Wie schätzt man z.B. die Offenheit, das Informationsverhalten der Geschäftsführung ein? Hat die Geschäftsführung wirklich keine aussagekräftigen Zahlen zur Verfügung oder vermutet man, dass der Bank etwas verheimlicht werden soll?

Das Neue an Basel II ist nun, dass diese qualitativen Kriterien erstmals ganz offen angesprochen werden und ganz bewusst in die Betrachtung des Unternehmens mit einfließen (eine Betrachtungsweise, die vorher zum Teil vielleicht nur unterbewusst mitspielte).

- **Das ganze Unternehmen steht auf dem Prüfstand**
  Die Kennzahlen der Bilanzanalyse allein genügen nicht mehr. Ein Rating nach Basel II soll neben den Finanzen einen umfassenden Blick auf das Unternehmen werfen: Marktposition, Absatzentwicklung, Mitarbeiterzufriedenheit, Stand der technischen Entwicklung etc.
- **Aktualität der geforderten Informationen**
  Basel II wird definitiv einen intensiveren und umfassenderen Informationsaustausch zwischen Bank und Kunden zur Folge haben. Die Banken werden künftig durch die Vorgaben nach Basel II gezwungen sein, von den Unternehmen *zeitnahe Informationen* in größerem Umfang einzufordern. Die Unternehmen wiederum sind gefragt, auch unterjährige aktuelle Kennzahlen und Hochrechnungen vorzulegen.

## Welche Überlegungen liegen den Bewertungskriterien zugrunde?

Beim Rating geht es um die Einschätzung der Bonität und damit der Kreditwürdigkeit eines Unternehmens. Ratings sind damit Bewertungen, die die Fähigkeit eines Kreditnehmers beschreiben, seinen Zahlungsverpflichtungen, die er eingeht, in Zukunft nachzukommen. Für die Aufstellung dieser Bewertungskriterien, die für die Beurteilung eines Unternehmens herangezogen werden, sind zwei Denkansätze ausschlaggebend:

1. Wie erkennt man eine drohende Insolvenz bei einem Kreditnehmer? Welche Indikatoren weisen auf eine mögliche jetzige oder auch erst zukünftige Zahlungsunfähigkeit hin?
2. Wie erkennt man ein erfolgreiches Unternehmen und damit einen vielversprechenden Kreditnehmer? Welche Indikatoren deuten auf den Erfolg eines Unternehmens jetzt und auch zukünftig hin?

Es geht also um zwei Seiten einer Medaille.

Auf der einen Seite:

Was führt dazu, dass Unternehmen Insolvenz anmelden müssen? Diese Hinweise müssen ausgeleuchtet werden, um die Kreditvergabe an ein solches Unternehmen möglichst zu vermeiden. Hierbei sind in erster Linie alle „hard facts“ wie

Liquiditätskennzahlen, Rentabilität etc. zu nennen. Diese Kriterien sind ein Schwerpunkt der Bewertungskriterien nach Basel II.

Auf der anderen Seite:
Was sind die Erfolgsfaktoren profitabler Unternehmen? Diese möchte man erkennen, um Unternehmen zu identifizieren, bei denen mit keinen Zahlungsverzögerungen oder mit Zahlungsausfall bei der Kreditrückzahlung zu rechnen ist. Neben den „hard facts" kommen hier verstärkt die „soft facts" ins Spiel, z.B. Qualität des Managements, Zukunftsorientierung des Unternehmens. Neben den „harten Zahlen" stimmen nämlich bei erfolgreichen Unternehmen auch die „weichen Faktoren" wie Mitarbeiterzufriedenheit, Kundentreue, Führungskompetenz des Managements etc.

Die Bewertungskriterien nach Basel II sind ein Mix aus diesen beiden Ansätzen. Die folgende Übersicht gibt Ihnen einen schnellen Überblick über die Bewertungskriterien.

**Übersicht über die Bewertungskriterien nach Basel II**

| Bewertungskriterium | Anmerkung |
|---|---|
| Ertragskraft | Finanzkraft, Cashflow des Unternehmens |
| Kapitalstruktur | Ausreichende Eigenkapitaldecke, Bilanzkennzahlen |
| Qualität der Einkünfte | Einkünfte aus einem soliden Kerngeschäft |
| Information | Qualität der externen Rechnungslegung, Qualität von Rechnungswesen und Controlling |
| Fremdkapital/Absatzmarkt | Grad der Fremdfinanzierung und Abhängigkeit von Nachfrageschwankungen |
| Finanzielle Flexibilität | Abhängigkeit vom Fremdkapitalmarkt, alternative Finanzierungsmöglichkeiten |
| Management | Erfahrung, Kompetenz der Geschäftsführung |
| Branche | Aktuelle und zukünftige Marktstellung des Unternehmens innerhalb der Branche |
| Land | Politische und wirtschaftliche Stabilität der Länder, in denen die Geschäftstätigkeit ausgeübt wird |

**Abbildung 8**

Im Folgenden werden die Bewertungskriterien nach Basel II anhand von Originaltextauszügen aus dem Regelwerk vorgestellt. (Quelle: Die neue Basler Eigenkapitalvereinbarung, 2. Konsultationspapier, in der Übersetzung durch die Deutsche Bundesbank.)

Im 3. Konsultationspapier zu Basel II werden diese Bewertungskriterien nicht mehr explizit erwähnt. Grund: Den Banken wird mehr Spielraum bei der Gestaltung ihres internen Ratingsystems eingeräumt. Die Praxis wird diese konkreten Bewertungskriterien aus dem 2. Konsultationspapier weiterhin als Maßstab verwenden. Vor diesem Hintergrund bleibt es sinnvoll, sich als Unternehmen an diesen Bewertungskriterien zu orientieren.

Spezielle Bewertungskriterien gibt Basel II für so genannte „Spezialfinanzierungen“ vor. Spezialfinanzierungen sind:

- Projektfinanzierungen
- gewerbliche Immobilienfinanzierungen
- Objektfinanzierungen und
- Rohstoffhandelsfinanzierungen

Die konkreten Bewertungskriterien für diese Spezialfinanzierungen finden Sie in Anhang 4.

**Im Einzelnen: Kriterien für die Risikoeinschätzung eines Kreditnehmers**

Originaltextauszug Basel II:

*„Die Banken sollten bei der Zuordnung des Ratings eines Kreditnehmers alle relevanten Informationen berücksichtigen. Die Informationen sollten aktuell sein. Die Methoden und Daten, die zur Zuordnung der Ratings verwendet werden, sollten klar festgelegt und dokumentiert werden. Eine Bank sollte mindestens jeden der folgenden Faktoren für jeden Kreditnehmer beachten:“*

## 1. Ertragskraft

Originaltextauszug Basel II:

*„Vergangene und prognostizierte Fähigkeit, Erträge zu erwirtschaften, um Kredite zurückzuzahlen und anderen Finanzbedarf zu decken, wie zum Beispiel Kapitalaufwand für das laufende Geschäft und zur Erhaltung des Cashflow“*

Dieser Passus stellt eine Art „Generalklausel“ dar. Das Bewertungskriterium Ertragskraft ist die wichtigste Messlatte für das Rating. Ziel des Rating ist es ja, eine Aussage darüber zu treffen, ob das Unternehmen seine Kredite ohne Probleme in der geforderten Weise zurückzahlen kann. Und die Zahlungsverpflichtungen können umso leichter erfüllt werden, je mehr Ertragskraft ein Unternehmen besitzt. Insbesondere geht es um die Gewinnentwicklung der letzten Jahre, die Rentabilitätsentwicklung des Unternehmens und die Höhe des Cashflows. Im Rahmen der *Erfolgsanalyse* werden diese Aspekte ausführlich in Kapitel 2 „Standortbestimmung für das Unternehmen" erläutert.

## 2. Kapitalstruktur

Originaltextauszug Basel II:

*„Die Kapitalstruktur und die Wahrscheinlichkeit, dass unvorhergesehene Umstände die Kapitaldecke aufzehren könnten und dies zur Zahlungsunfähigkeit führt"*

Hier geht es in erster Linie um Fragen der *Finanzanalyse*, d.h., wie steht es um die Kapitalstruktur, die Vermögensstruktur und die Liquidität eines Unternehmens. Unter Zuhilfenahme der Bilanz werden diese Themen näher beleuchtet. Je besser ein Unternehmen bei der Finanzanalyse abschneidet, umso besser ist es für die genannten „unvorhergesehenen Umstände" gewappnet. Bei diesem Bewertungskriterium ist z.B. zu beurteilen, ob das Unternehmen schon bei einem geringen Konjunkturrückgang in Schwierigkeiten gerät oder ob es aus eigener Kraft eine Krise, wie z.B. Wegfall des größten Kunden, sicher überstehen kann.

## 3. Qualität der Einkünfte

Originaltextauszug Basel II:

*„Qualität der Einkünfte, d.h. der Grad, zu dem die Einkünfte und der Cashflow des Kreditnehmers aus dem Kerngeschäft und nicht aus einmaligen nicht wiederkehrenden Quellen stammen"*

Ganz einfach gefragt: Hat das Unternehmen seine liquiden Mittel mit seinem Kerngeschäft erwirtschaftet oder hatte der Unternehmensinhaber einfach das Glück eines Lottogewinns, mit dem er die Firma am Leben erhält? In beiden Fällen kann das Unternehmen wahrscheinlich noch eine Zeit lang gut überleben. Es geht hier um die Analyse des operativen Betriebsergebnisses (Erträge, die mit der eigentlichen Geschäftstätigkeit erwirtschaftet wurden) im Vergleich zu dem so genannten „neutralen Ergebnis", d.h. Einkünfte z.B. aus dem Verkauf von Immobilien, Wertpapieren oder sonstigem „Tafelsilber", die rein gar nichts mit dem Unternehmenszweck zu tun haben. Ein Unternehmen mit einem profitablen und soliden Kerngeschäft wird besser in der Lage sein, seinen Zahlungsverpflichtungen nachzukommen, als ein Unternehmen, das sich nur noch aus dem „Notverkauf“ noch vorhandener Vermögensgegenstände über Wasser halten kann. Diese Aspekte werden ebenfalls in der *Erfolgsanalyse* in Kapitel 2 behandelt.

## 4. Information

Originaltextauszug Basel II:

*„Die Qualität und rechtzeitige Verfügbarkeit von Informationen über den Kreditnehmer, einschließlich der Verfügbarkeit testierter Jahresabschlüsse, die anzuwendenden Rechnungslegungsstandards und Einhaltung dieser Standards“*

Wie gesagt, geht es beim Bewertungskriterium „Information“ in erster Linie um das externe Rechnungswesen, speziell den Jahresabschluss. In der Fachliteratur wird dieses Bewertungskriterium überwiegend aber auch so interpretiert, dass es auch auf das interne Rechnungswesen, also Kostenrechnung und Controlling, angewendet werden kann. Man stützt sich hier auf die Formulierung *„Qualität und rechtzeitige Verfügbarkeit von Informationen“*, die letztendlich alle Informationen des Unternehmens betreffen kann. Im Rahmen des Rating wird daher auch die Qualität des internen Rechnungswesens, also die Aussagekraft der Kostenrechnung und des Controllings, beurteilt. Dieses Bewertungskriterium fragt nach der Qualität des externen Rechnungswesens, z.B. Jahresabschlüsse, Bilanz und Einhaltung eines gewissen Rechnungslegungsstandards. Die Rechnungslegungsstandards für deutsche Unternehmen sind im Handelsgesetzbuch (HGB) geregelt. Viele Unternehmen, die auch international tätig sind, führen zudem einen Jahresabschluss nach den Regelungen des US GAAP (= United States – Generally Accepted Accounting Principles) durch. Die Rechnungslegungsvorschriften nach US GAAP werden international anerkannt. Hier gibt es wesentliche Unterschiede zum HGB, die in Kapitel 2 beim Thema *„Finanzanalyse“* erklärt werden. Schon vorab: Viele Unternehmen können mittels US GAAP ein viel rosigeres Bild von sich zeichnen, als es nach dem HGB möglich wäre.

Kriterien für ein funktionierendes Controlling sind:

- Gibt es eine Controlling-Organisation und Controlling-Funktionen im Unternehmen?
- Aktualität des Berichtswesens
- Gibt es eine strategische Planung, eine Mehrjahresplanung, Jahresplanung und Budgetierung?

- Werden kontinuierlich Soll-Ist-Vergleiche durchgeführt und Maßnahmen bei Abweichungen?
- Wie bereitwillig werden der Bank Daten aus dem internen Rechnungswesen offen gelegt? Wie ist die Informationspolitik des Unternehmens gegenüber der Bank?

Das interne Rechnungswesen wird im Rahmen der *Erfolgsanalyse* in Kapitel 2 vorgestellt.

## 5. Fremdkapital und Absatzmarkt

Originaltextauszug Basel II:
*„Grad der Fremdfinanzierung und die Auswirkungen von Nachfrageschwankungen auf Rentabilität und Cashflow"*

Empirische Untersuchungen zu den häufigsten Ursachen für Insolvenzen nennen zwei Hauptgründe für das wirtschaftliche Versagen von Unternehmen: Absatzmarktschwierigkeiten und nicht ausreichende Eigenkapitaldecke. Die o.g. Kriterien zielen auf diese beiden wunden Punkte eines Unternehmens ab.

*Grad der Fremdfinanzierung*

Die Frage nach dem Grad der Fremdfinanzierung kann man umwandeln in die Frage nach der Eigenkapitalquote des Unternehmens. Eigenkapital und Fremdkapital ergeben zusammen das Gesamtkapital eines Unternehmens. Bei einer hohen Eigenkapitalquote ist folglich die Fremdkapitalquote niedriger, und umgekehrt heißt ein hoher Grad an Fremdfinanzierung, dass keine hohe Eigenkapitalquote zur Verfügung steht.

Die Eigenkapitalquote von Unternehmen stellt sich nach einer Statistik der Deutschen Bundesbank wie folgt dar:

- Große Unternehmen (Umsatz > 50 Mio. EUR) ca. 25 %
- Mittelgroße Unternehmen (Umsatz 5 – 50 Mio. EUR) ca. 15 %
- Kleine Unternehmen (Umsatz < 5 Mio. EUR) ca. 7 %

Die Unterstellung eines höheren Ausfallrisikos bei kleinen und mittelgroßen Unternehmen im Vergleich zu großen Unternehmen scheint damit gerechtfertigt. Eigenkapital schützt bis zu einem gewissen Grad vor Insolvenz. Eine hohe Eigenkapitalquote verschafft dem Unternehmen mehr Durchhaltevermögen auf einer Durststrecke. Man könnte auch sagen, dass größere Unternehmen vom Abgrund etwas weiter entfernt stehen als kleinere Unternehmen (was ja nicht unbedingt heißen soll, dass man auch tatsächlich hinunterfällt, aber die Wahrscheinlichkeit für einen Sturz ist eben etwas höher). Mehr dazu im Rahmen der *Finanzanalyse* in Kapitel 2.

*Absatzmarkt*
In diesem Bewertungskriterium nach Basel II geht es auch um die Abhängigkeit des Unternehmens von Nachfrageschwankungen. Wie stabil oder instabil ist der Absatzmarkt für die Produkte und Dienstleistungen des Unternehmens? Diese Fragestellungen werden ausführlich im Rahmen der *Kunden-/Marktanalyse* im nächsten Kapitel erörtert.

### 6. Finanzielle Flexibilität

Originaltextauszug Basel II:
*„Finanzielle Flexibilität in Abhängigkeit vom Zugang zu Fremd- und Eigenkapitalmärkten, um zusätzliche Mittel erlangen zu können"*

Übersetzt heißt das: Wie angewiesen ist das kreditsuchende Unternehmen überhaupt darauf, dass diese Bank einen Kredit erteilt oder nicht? Welche Alternativen zur Kreditfinanzierung stehen dem Unternehmen zur Verfügung? Grundsätzlich kann ein Unternehmen zusätzliches Geld von außerhalb des Unternehmens erhalten, z.B. durch Kredite oder durch Börsengang. Darum geht es bei der Formulierung „Zugang zu Fremdkapitalmärkten". Das Unternehmen kann sich aber auch aus den eigenen Mitteln finanzieren, der betriebswirtschaftliche Begriff hierfür ist „Innenfinanzierung". Es geht hierbei z.B. um das Einbehalten von Gewinnen oder den Verkauf von Immobilien, um in Krisenzeiten an liquide Mittel zu kommen.

Das Bewertungskriterium „finanzielle Flexibilität" leuchtet aus, ob das Unternehmen schon alle Möglichkeiten ausgereizt hat und jetzt nur noch durch einen Kredit an zusätzliche Mittel kommt oder ob dem Unternehmen durchaus noch alternative Möglichkeiten zur Verfügung stehen. Es gilt eben immer: Wer den Kredit eigentlich nicht dringend braucht, bekommt ihn. Wer hingegen dringend auf einen Kredit angewiesen ist, stellt ein höheres Ausfallrisiko dar und bekommt den Kredit nicht so ohne weiteres. Mehr dazu im Rahmen der *Finanzanalyse* im nächsten Kapitel.

## 7. Management

Originaltextauszug Basel II:

*„Stärke und Fähigkeit des Managements, auf veränderte Bedingungen effektiv zu reagieren und Ressourcen einzusetzen, sowie der Grad von Risikobereitschaft versus Konservativität"*

Ein interessantes Bewertungskriterium: Qualität des Managements. Hat das Management des Unternehmens die Fähigkeit, auf veränderte Bedingungen zu reagieren? Wird das Unternehmen von risikofreudigen Managern oder vorsichtigen Managern geleitet? Anhaltspunkte sind auch die Ausbildung, Erfahrung und Glaubwürdigkeit des Managements, aber letztendlich geht es um mehr. An welchen Kriterien lässt sich der Managementerfolg messen, am Gewinn, an der Mitarbeiterzufriedenheit und/oder an der Erreichung der strategischen Ziele? Mehr dazu in der Managementergebnisrechnung (Interne Prozessanalyse) in Kapitel 2.

## 8. Branche

Originaltextauszug Basel II:

*„Seine Position innerhalb der Industrie und zukünftige Aussichten"*

Dieses Bewertungskriterium zieht zur Beurteilung die Position des Unternehmens innerhalb der Branche heran. Welcher Branche gehört das Unternehmen an, einer Wachstumsbranche, wie es z.B. die ganze Freizeitbranche um Fitness und Wellness ist, oder einer stagnierenden Branche wie z.B. der Bauindustrie? Der Grundgedanke hierbei ist, dass das Branchenumfeld und die Marktbedingungen wesentlich den Erfolg oder Misserfolg eines Unternehmens mitbestimmen: Geht es der gesamten Branche schlecht, geht es auch den meisten Unternehmen dieser Branche schlecht. Auch ansonsten solide Unternehmen werden in dem Sog nach unten mitgezogen. Boomt die Branche, so werden auch die meisten Unternehmen im Strudel des Erfolgs nach oben gespült, auch solche Unternehmen, die vielleicht nicht so gut aufgestellt waren.

Weitere Fragen sind: Wie gut ist die Stellung des Unternehmens im Markt, wie hoch ist sein Marktanteil und wie hart ist der Wettbewerb? Wie schwankend oder konstant ist das Kaufverhalten der Kunden? Insgesamt geht es bei dem gesamten Themenkomplex um Fragen der *Kunden-/Marktanalyse* (siehe Kapitel 2).

## 9. Land

Originaltextauszug Basel II:

*„Die Risikocharakteristik des Landes, in dem ein Unternehmen seine Geschäfte betreibt, und deren Auswirkungen auf die Schuldendienstfähigkeit des Kreditnehmers einschließlich des Transfer-Risikos, wenn sich der Sitz des Kreditnehmers in einem anderen Land befindet und er eventuell keine Fremdwährung zur Bedienung seiner Verbindlichkeiten beschaffen kann"*

Hier geht es um die Einschätzung des Landes, in dem das Unternehmen Geschäfte betreibt, bzw. um die Einschätzung der Länder, mit denen das Unternehmen Geschäftsbeziehungen unterhält. Von den großen Ratingagenturen werden hierzu auch spezielle Länderratings herausgegeben. Für ein Unternehmen entscheidend ist das Länderrating des Landes, in dem das Unternehmen seine Zentrale, seinen Firmensitz angesiedelt hat bzw. in dem die Produktionsstandorte liegen. Zusätzlich werden noch die Einschätzungen der Länder herangezogen, aus denen dieses Unternehmen Dienstleistungen und Produkte importiert, bzw. der Länder, in die von dem Unternehmen Dienstleistungen und Waren exportiert werden. Aus allen diesen Konstellationen (Firmensitz, Importländer, Exportländer) können sich Risiken für die Schuldendienstfähigkeit ergeben.

Für die spezifischen Chancen und Risiken eines Landes werden folgende Bewertungskriterien herangezogen:

- Staatsform, politische Rahmenbedingungen und Stabilität
- Gesetzliche Rahmenbedingungen
- Wirtschaftliche und wirtschaftspolitische Rahmenbedingungen
- Währungspolitische Stabilität
- Steuerliche Rahmenbedingungen
- Soziale Rahmenbedingungen

Es ist klar, dass Wirtschaftsbeziehungen zu einem Land mit politischen und sozialen Unruhen ein anderes Risiko bergen als Beziehungen zu einem politisch und wirtschaftlich stabilen Staat.

Eine Bank sollte bei jedem Kreditnehmer zumindest jedes dieser neun Kriterien für die Risikoeinschätzung unter die Lupe nehmen. Die neun Bewertungskriterien nach Basel II stellen damit das Mindestgerüst dar, das bei der Kreditvergabe zu prüfen ist. Eine Erweiterung der Kriterien kann jede Bank nach ihren Vorstellungen vornehmen.

Die Regeln für die Einschätzung des Risikos bei einer Kreditvergabe schreiben vor, dass die Risikoeinschätzungen konservativ vorzunehmen sind. Das bedeutet, dass man das Risiko eher ein wenig zu hoch einschätzen soll, als blauäugig eine zu gute Einschätzung abzugeben. Zudem sollte die Tiefe der Kreditanalyse zunehmen, wenn sich die finanzielle Situation des Unternehmens verschlechtert und damit die Wahrscheinlichkeit für einen Zahlungsausfall steigt. Ratingagenturen führen für diesen Fall eine „Watchlist“, d.h. eine Liste von Unternehmen, die unter besonderer Beobachtung stehen, da eine Verschlechterung der wirtschaftlichen Situation bei diesen Unternehmen befürchtet wird (s.o.).

## Individuelle Bewertung durch den Analysten

In der Fachliteratur findet man auch die ein oder andere Kritik am Rating. Rating reflektiere lediglich die Meinung des Analysten, der das Rating erstellt hat. Der persönliche Kontakt zwischen der Geschäftsleitung eines Unternehmens und dem Ratingberater der Hausbank oder einer Ratingagentur beeinflusse maßgeblich das Ergebnis der Ratingbeurteilung. Die Details zur Ermittlung eines Rating seien für das Unternehmen nicht transparent und somit nicht nachvollziehbar.

Natürlich ist es so, dass immer und überall, wo Menschen miteinander zu tun haben, die subjektive Einschätzung des Menschen, dem man gerade gegenübersteht, eine Rolle spielt. Niemand kann sich von dem persönlichen Eindruck, den ein anderer Mensch bei ihm hervorruft, frei machen. Zwischen manchen stimmt die Chemie, zwischen anderen eben nicht. Nun ist es aber eine alt bekannte Tatsache, dass wir auch subjektiv urteilen, und die subjektive Einschätzung eines Geschäftspartners hat nicht erst mit dem Rating begonnen!

**Je klarer und transparenter die Beurteilungskriterien für ein Rating formuliert sind, desto geringer ist der Einfluss subjektiver Eindrücke.**

Basel II bietet ein Regelwerk für das Rating, das klar und transparent formuliert ist. Die Bewertungskriterien für ein Rating können im Internet bei der Deutschen Bundesbank oder der Bank für den internationalen Zahlungsausgleich in Basel (BIZ) von jedem nachgelesen werden. Es gibt im Regelwerk von Basel II sogar einen Passus, der sich mit der individuellen Bewertung durch einen Analysten beschäftigt. Der Passus heißt konkret: *„Sofern Ratingeinstufungen auf Expertensystemen beruhen, müssen die Banken die Fälle, in denen Bankmitarbeiter die Ergebnisse* *des Ratingprozesses abändern dürfen, exakt beschreiben. Dies schließt Vorgaben darüber ein, unter welchen Umständen, durch wen und in welchem Umfang Änderungen vorgenommen werden dürfen. Beim Einsatz von modellbasierten Ratings müssen Richtlinien existieren und Prozesse implementiert werden, um die Fälle zu überwachen, in denen menschliche Urteile das Modellergebnis abändern.“* (Quelle: 3. Konsultationspapier zu Basel II).

## Starten Sie Ihr eigenes Ratingprojekt!

Erfüllt Ihr Unternehmen alle Bewertungskriterien nach Basel II mit Bravur? Oder ist der ein oder andere in Basel II genannte Aspekt noch verbesserungsbedürftig? Gesunde Unternehmen werden zukünftig bei der Kreditvergabe einen Bonus erhalten. Planen Sie deshalb rechtzeitig ein Fitnessprogramm für Ihr Unternehmen!

1. Sprechen Sie Ihre Hausbank auf interne Ratings an.
2. Machen Sie sich mit dem Ratingverfahren Ihrer Hausbank vertraut.
3. Schaffen Sie die Grundlage in Ihrem Unternehmen für ein eigenes Rating, führen Sie eventuell ein Proberating mit Ihrer Hausbank durch.
4. Binden Sie Ihre hausinternen Spezialisten in die Fragestellungen mit ein.
5. Rufen Sie ein eigenes „Ratingprojekt“ ins Leben.

In den folgenden Kapiteln finden Sie Unterstützung für Ihr eigenes Ratingprojekt:

- eine Anleitung zur Standortbestimmung für Ihr Unternehmen,
- konkrete Vorschläge, welche betriebswirtschaftlichen Instrumente Ihnen bei der Verbesserung Ihrer Bonität weiterhelfen,
- ein wenig über Präsentationstechniken und Gesprächsführung, damit Sie ein erfolgreiches Ratinggespräch führen können,
- Adressen von Anlaufstellen, die Ihnen weiterhelfen, und
- ein ausführlicher Anhang mit Kennzahlenübersicht, Branchendaten und Rating-Lexikon.

# 2. Standortbestimmung für das Unternehmen

**Wie fit ist Ihr Unternehmen für ein Rating?**

Im vorigen Kapitel haben Sie die Bewertungskriterien nach Basel II kennen gelernt. Wie steht es nun in Ihrem Unternehmen um Ertragskraft, Kapitalstruktur und um die anderen Kriterien? Sind Sie fit für ein Rating? Dieses Kapitel soll Ihnen helfen, die Standortbestimmung für Ihr Unternehmen vorzunehmen. Bei welchen Kriterien würden Sie heute schon gut abschneiden und bei welchen haben Sie noch Nachholbedarf, um ein gutes Ratingergebnis erzielen zu können?

Bei dieser Standortbestimmung werden die Bewertungskriterien nach Basel II herangezogen, jedoch nach bestimmten Themenschwerpunkten gruppiert. Teilweise berühren mehrere Bewertungskriterien denselben Themenkreis. So behandeln beispielsweise „Ertragskraft“ und „Qualität der Einkünfte“ beide die Einnahmenseite eines Unternehmens und können beide im Rahmen der Erfolgsanalyse beurteilt werden. Ebenso lassen sich die Bewertungskriterien „Branche“, „Land“ und „Absatzmarkt“ im Rahmen der Kunden-/Marktanalyse näher betrachten. Und das Bewertungskriterium „Information“ findet auf alle Analysen zur Standortbestimmung für das Unternehmen Anwendung, denn schließlich geht es bei allen Analysen um die *„Qualität und rechtzeitige Verfügbarkeit von Informationen über den Kreditnehmer“*, wie sie in Basel II gefordert werden.

Als eigener Analysepunkt wurde „Prognose für die Zukunft“ gewählt, um dem besonderen Aspekt von Basel II gerecht zu werden, speziell die Zukunftsfähigkeit eines Unternehmens zu beurteilen.

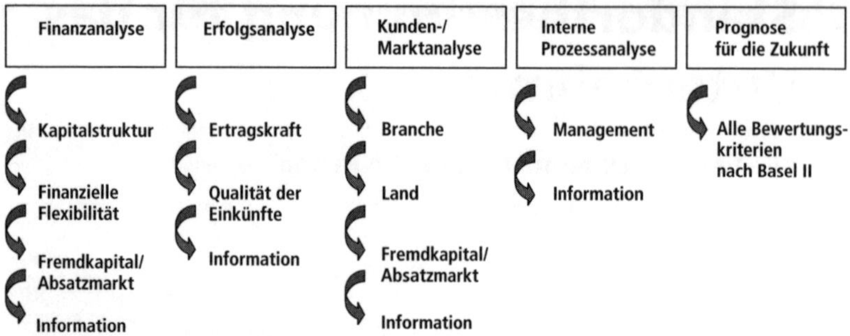


**Abbildung 9: Zusammenfassung der Bewertungskriterien nach Basel II zu bestimmten Analyseblöcken**

Vorab ein kleiner Einschub über das Rechnungswesen:

Zum besseren Verständnis der nächsten Kapitel werden die wesentlichen Inhalte des Rechnungswesens von Unternehmen dargestellt, da sich zumindest die „hard facts" des Rating stark an der Rechnungslegung im Unternehmen orientieren.

Im Rechnungswesen laufen alle wesentlichen Informationen eines Unternehmens zusammen.

## Überblick Rechnungswesen

Das Rechnungswesen ist quasi der Spiegel des Unternehmens. Hier werden alle Vorgänge und Geschäftsvorfälle des Unternehmens abgebildet. Kommt Material in das Lager, wird dies durch die Bezahlung der Rechnung und den buchhalterischen Lagerzugang abgebildet. Die Materialbuchhaltung registriert anschließend den Verbrauch des Materials, wenn es in den Produktionsprozess eingeht. Der Verkauf von Produkten wird ebenfalls in der Buchhaltung registriert und es erfolgt eine Registrierung des Abgangs von Waren aus dem Verkaufslager. Der Kauf von Maschinen zeigt sich in der Buchhaltung. Diese Maschinen verlieren im Laufe der Zeit an Wert, die Anlagenbuchhaltung dokumentiert den Wertverlust = Abschreibung. Gleiches gilt für die Kreditaufnahme, die Zinszahlungen usw. usw. Am Jahresende werden alle Vorgänge im Jahresabschluss zusammengefasst.

Aber auch Vorgänge, die nicht in der Buchhaltung registriert werden, zeichnet das Rechnungswesen auf. So wird der interne Produktionsprozess verfolgt, z.B. die Wertsteigerung im Rahmen des Produktionsdurchlaufes. Das Rechnungswesen bildet den internen Leistungsprozess ab.

Die betrieblichen Vorgänge werden registriert, also alles, was sich im so genannten „Ist" abspielt. Darüber hinaus ist es aber auch außerordentlich wichtig, dass geplant wird, dass man zielgerichtet in die Zukunft geht. Auch diese Planungen spiegelt das Rechnungswesen wider. Und ein Vergleich des aktuellen Ist mit der Planung zeigt, ob sich das Unternehmen planmäßig entwickelt oder ob es an bestimmten Stellen Probleme gibt. Zeigen sich Abweichungen, muss man handeln, um das Unternehmen wieder auf Kurs zu bringen.

Das Rechnungswesen ist zuständig für

- die *Erfassung, Speicherung und Verarbeitung von Informationen* über angefallene und geplante Geschäftsvorfälle,
- die *Dokumentation* über das, was im Unternehmen passiert ist. Es *legt Rechenschaft* gegenüber internen und externen Interessenten *ab.*
- die *Hilfe bei der Entscheidungsfindung* für die Entscheidungsträger des Unternehmens. Es bereitet weitere betriebswirtschaftliche Aufgaben vor, z.B. das Controlling.

Man unterteilt das Rechnungswesen in ein externes und internes Rechnungswesen.

Das *externe Rechnungswesen* dokumentiert die Geschäftsvorgänge nach gesetzlichen Regelungen, z.B. gemäß Handelsgesetzbuch (HGB). Ergebnisse sind die Bilanz und die Gewinn- und Verlustrechnung, der Jahresabschluss. Dieser ist insbesondere für externe Interessenten, z.B. die Bank, interessant. Daher auch der Name *externes* Rechnungswesen.

Das *interne Rechnungswesen* ist nicht gesetzlich geregelt. Hier ist das Unternehmen in der Gestaltung frei, es ist noch nicht einmal das Vorhandensein eines internen Rechnungswesens vorgeschrieben. Meist baut das interne Rechnungswesen auf dem externen auf und ergänzt dies. Das interne Rechnungswesen beinhaltet die Kostenrechnung und das Controlling. Die Steuerung eines Unternehmens basiert ganz wesentlich auf den Erkenntnissen aus dem internen Rechnungswesen. Übereinstimmend werden in der Fachliteratur zum Rating und in den Kommentaren zu Basel II daher auch die Daten aus dem internen Rechnungswesen mit in den Ratingprozess eingebunden.

Internes und externes Rechnungswesen ergeben zusammen einen umfassenden Einblick in die betrieblichen Vorgänge eines Unternehmens und sind daher wesentliche Informationsquellen für ein Rating.

**RECHNUNGSWESEN**

**Externes Rechnungswesen**

- Bilanz
  (Vermögenslage)
- Gewinn- und Verlustrechnung
  (Ertragslage)
- Anhang
  (Erläuterungen)
- Lagebericht
  (Kommentierung)

**Ziele:**
Dokumentation für externe und interne Interessenten
- Eigentümer/Gesellschafter
- Aktionäre
- Banken
- Fiskus
- Mitarbeiter
- Sonstige Umwelt
  (z.B. Gemeinden)

**Internes Rechnungswesen**

- Kostenartenrechnung
  (Welche Kosten sind entstanden?)
- Kostenstellenrechnung
  (Wo sind die Kosten entstanden?)
- Kostenträgerrechnung
  (Wofür sind die Kosten entstanden?)
  - Erfolgsrechnung
  - Kalkulation

**Ziele:**
- Wirtschaftlichkeit
- Analysen
- Planung, Plan/Ist-Vergleiche

→ **CONTROLLING**

**Abbildung 10: Übersicht internes und externes Rechnungswesen**

Die Anforderungen nach Basel II beziehen sich in erster Linie auf das externe Rechnungswesen. Es geht um die Qualität und rechtzeitige Verfügbarkeit von Informationen. Als Beispiel wird der testierte Jahresabschluss genannt und die Einhaltung der gesetzlichen Vorschriften zur Erstellung des Jahresabschlusses (Rechnungslegungsvorschriften). Der Gesetzgeber hat die Vorgehensweise zur Erstellung von Bilanz und Gewinn- und Verlustrechnung (GuV) im Handelsgesetzbuch (HGB) geregelt.

Auch die Kriterien der klassischen Kreditwürdigkeitsprüfung basieren auf der Analyse des Jahresabschlusses, also der Bilanz, der Gewinn- und Verlustrechnung sowie Anhang und Lagebericht. Mit Basel II wird also nicht alles über den Haufen geworfen, was bisher im Rahmen der Kreditwürdigkeitsprüfung analysiert wurde. Die Bewertung des Jahresabschlusses bleibt nach wie vor ein zentrales Element beim Ratingprozess. Zuerst ein Überblick darüber, was der Jahresabschluss eigentlich ist:

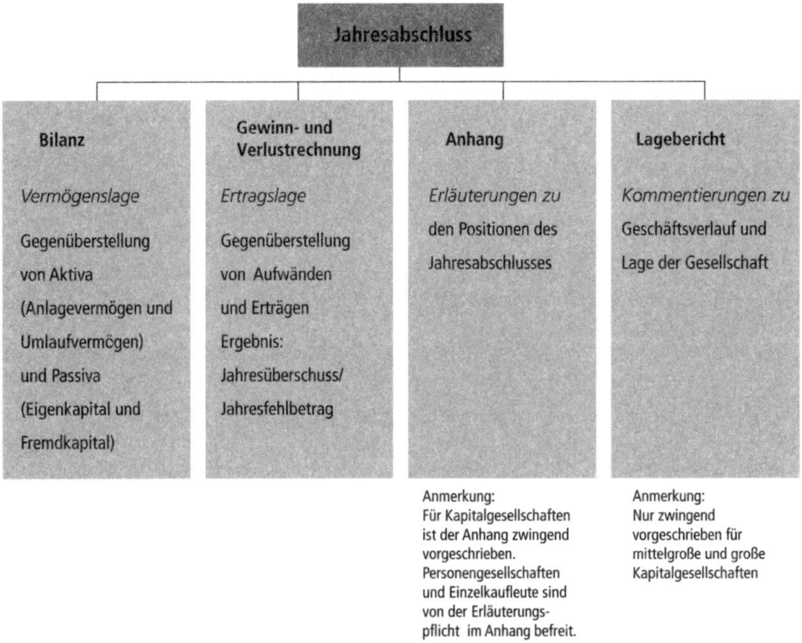


**Abbildung 11: Zusammensetzung des Jahresabschlusses**

Anmerkung: Die Auswertung des Jahresabschlusses wird auch Bilanzanalyse bzw. Bilanzkritik genannt, obwohl die Bilanz nur ein Teil des Jahresabschlusses ist.

Sehen wir uns Bilanz und Gewinn- und Verlustrechnung (im Folgenden abgekürzt GuV) im Detail an. Die Bilanz zeigt das Vermögen eines Unternehmens und gibt Auskunft über Mittelherkunft und Mittelverwendung. Woher hat das Unternehmen sein Geld und für was wurde das Geld ausgegeben? Gibt es unter dem Strich einen Jahresüberschuss oder einen Jahresfehlbetrag?

Die GuV informiert über die Aufwendungen und Erträge und zeigt somit detailliert, wie ein Gewinn oder ein Verlust (=Jahresüberschuss oder Jahresfehlbetrag) im Geschäftsjahr zustande kam.

**Abbildung 12: Bilanz und Gewinn- und Verlustrechnung**

## Rechnungslegungsvorschriften: HGB und US GAAP

Wie eine Bilanz und die GuV im Detail zustande kommen bzw. welche Rechnungslegungsvorschriften hierbei zu beachten sind, wird für deutsche Unternehmen im Handelsgesetzbuch (HGB) geregelt. Die Regelungen reichen von der Pflicht zur Aufstellung einer Bilanz und einer GuV, die zwingend von jedem Kaufmann zu erstellen ist, bis hin zu den Grundsätzen ordnungsgemäßer Buchführung und der Vorschrift, welche Positionen Bilanz und GuV auszuweisen haben. Die Grundsätze ordnungsgemäßer Buchführung sind insbesondere deswegen interessant, weil sie sich ganz wesentlich von internationalen Rechnungslegungsvorschriften wie z.B. US GAAP (= United States – Generally Accepted Accounting Principles) unterscheiden.

Für beide gilt: Eine Bilanz muss wahr und klar sein. Alle Positionen einer Bilanz müssen der Realität entsprechen und dürfen nicht willkürlich gebildet werden. Was jedoch unter Wahrheit und Klarheit zu verstehen ist, darüber scheiden sich die Geister.

Kern der deutschen Rechnungslegung ist das *Vorsichtsprinzip*: Nicht realisierte Gewinne dürfen nicht ausgewiesen werden, dahingegen *müssen* nicht realisierte Verluste ausgewiesen werden.

Ein Beispiel: Kauft ein Unternehmen im April ein Aktienpaket im Wert von 10.000 EUR, so muss dieser Kauf im Anlagevermögen ausgewiesen werden. Angenommen, am 31.12. des Jahres ist dieses Aktienpaket im Wert gestiegen, aktueller Wert 12.000 EUR. Das Aktienpaket liegt jedoch noch im Tresor und wurde noch nicht verkauft. Es handelt sich also um einen noch nicht realisierten Gewinn. In der Bilanz darf das Aktienpaket nur mit seinem Einkaufspreis von 10.000 EUR erscheinen, nicht mit dem aktuellen Wert des Aktienpakets von 12.000 EUR. Dies entspricht dem Vorsichtsprinzip, denn es könnte ja genauso gut sein, dass der Wert des Aktienpakets im neuen Geschäftsjahr wieder sinkt. Umgekehrt müsste das Aktienpaket neu bewertet in der Bilanz auftauchen, wenn der Kurs gesunken wäre. Also, wenn das Aktienpaket zum 31.12. nur noch 8.500 EUR wert ist, dann darf es nicht mit dem Einkaufswert von 10.000 EUR, sondern muss mit dem aktuellen Wert von 8.500 EUR in der Bilanz stehen. Warum? Vorsichtige Bewertung ist nach HGB zwingend vorgeschrieben. Es handelt sich hier um den so genannten „Gläubigerschutz", d.h., zum Schutz der Gläubiger (Personen oder Firmen, denen das Unternehmen Geld schuldet) darf das Unternehmen nicht zu positiv dargestellt werden. Das Unternehmen könnte aufgrund einer zu positiven Jahresbilanz, die z.B. noch nicht realisierte Gewinne ausweist, einen Gewinn ausschütten, der möglicherweise nicht sicher ist oder nur von vorläufiger Natur. Die Gläubiger, insbesondere die Bank, haben aber ein Recht auf eine realistische Einschätzung des Unternehmens.

Dieses Vorsichtsprinzip ist eines der wesentlichen Unterscheidungsmerkmale zu den US GAAP. Nach US GAAP dürfen auch noch nicht realisierte Gewinne in der Bilanz ausgewiesen werden, was zur Folge hat, dass deutsche Unternehmen mit einer Bilanz nach US GAAP meist attraktiver aussehen als mit einer Bilanz nach HGB.

Bei den US GAAP steht nicht der Gläubigerschutz im Vordergrund, sondern der Aktionär. Die Aktionäre wollen sehen, was das Unternehmen wirklich wert ist, und dazu gehört auch, dass nach obigem Beispiel ein Aktienpaket mit 12.000 EUR in der Bilanz steht, auch wenn es noch im Tresor liegt und zu 10.000 EUR eingekauft wurde. Es ist eben eine Auslegungssache, was wirklich „wahr" ist.

### Testierung des Jahresabschlusses

Aktiengesellschaften und andere größere Unternehmen sind gesetzlich verpflichtet, sich von Wirtschaftsprüfern prüfen zu lassen. Dies sind vereidigte Sachverständige, die sich hervorragend im Bilanzrecht auskennen. Allerdings prüfen Wirtschaftsprüfer lediglich, ob der Jahresabschluss den gesetzlichen Vorschriften entspricht. Wurde eine Bilanz nach HGB erstellt, werden die Rechnungslegungsvorschriften nach HGB geprüft. Erfolgte der Jahresabschluss nach US GAAP, werden die Regelungen nach US GAAP geprüft. Was nicht geprüft wird, ist, wie es zu den Zahlen gekommen ist, sondern nur, ob die Zahlen stimmen. **Das Testat über den Jahresabschluss gibt kein Urteil darüber ab, ob das Unternehmen gut gewirtschaftet hat oder nicht.** Die Wirtschaftsprüfung prüft die Übereinstimmung des Jahresabschlusses mit den gesetzlichen Vorschriften. Somit wird durch einen testierten Jahresabschluss, wie er in Basel II gefordert wird, die gesetzesmäßige Anwendung der Rechnungsvorschriften testiert. Damit ist ein Teil der Informationspflicht nach Basel II erfüllt. Das Testat macht eine tiefer greifende Analyse des Jahresabschlusses aber nicht überflüssig. Im Gegenteil macht erst das Zusammenspiel zwischen Einhaltung der Rechnungslegungsvorschriften (Testat) und detaillierter Analyse des Jahresabschlusses das Bild des Unternehmens komplett.

Die **Finanzanalyse** und die **Erfolgsanalyse** sind Teil der Analyse des Jahresabschlusses und werden im Folgenden vorgestellt.

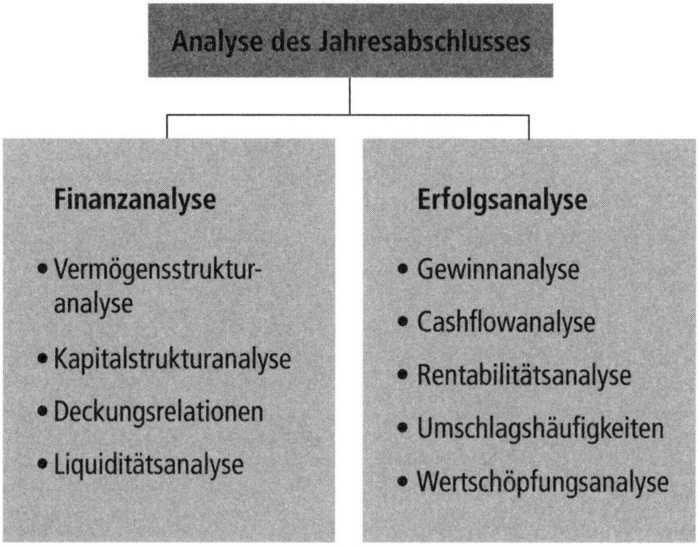


**Abbildung 13**

## Finanzanalyse

Der betriebliche Leistungsprozess löst eine Reihe Zahlungsströme aus. Gehälter und Waren müssen bezahlt werden, Umsatzerlöse gehen als Zahlungseingänge wieder ein. Ein Unternehmen muss die finanzielle Balance finden. Es müssen immer genügend liquide Mittel für Zahlungsverpflichtungen zur Verfügung stehen. Zu viele liquide Mittel sind andererseits aber auch nicht vorteilhaft, da sie als Geld in der Kasse oder Sichtguthaben keine bzw. nur eine sehr niedrige Verzinsung erbringen. Die Finanzanalyse betrachtet die Finanzlage eines Unternehmens. Dazu gehören nicht nur die liquiden Mittel (Liquiditätsanalyse), sondern es geht ganz grundsätzlich darum, wie sich ein Unternehmen finanziert. In welchem Verhältnis stehen Eigenkapital und Fremdkapital (Kapitalstrukturanalyse)? Wie ist das Anlagevermögen finanziert, durch Eigenkapital oder Fremdkapital (Deckungsrelationen)? Wie hoch ist der Anteil des Anlagevermögens am Gesamtvermögen (Vermögensstrukturanalyse)?

Im Rahmen der Finanzanalyse werden also die Vermögens- und Kapitalpositionen des Jahresabschlusses dahingehend untersucht, ob das Unternehmen finanziell gesund ist. Es geht neben der aktuellen Gesundheitssituation („Können diesen Monat die Gehälter bezahlt werden?“) auch um die mittel- und langfristige Finanzperspektive des Unternehmens.

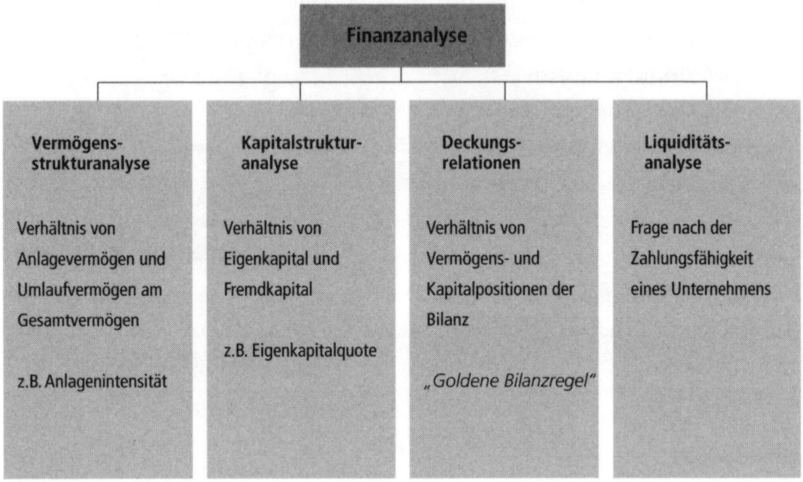


**Abbildung 14: Bestandteile der Finanzanalyse**

**Tipp:** Vergleichen Sie Ihr Unternehmen mit den Durchschnittsdaten der Branche. Im Anhang finden Sie eine Übersicht über die **Bilanz- und Finanzdaten einzelner Branchen**. (Quelle: Deutsche Bundesbank)

### Vermögensstrukturanalyse

Mittels der Vermögensstrukturanalyse wird die Aktivseite der Bilanz analysiert. Es geht also um die Analyse der Mittelverwendung (siehe Abb. 12: Bilanz und Gewinn- und Verlustrechnung).

Man unterscheidet zwischen:

- Anlagevermögen

  Anlagevermögen ist dazu bestimmt, dauernd dem Geschäftsbetrieb zu dienen:
  - Sachanlagen (Grundstücke, Gebäude, Maschinen, Werkzeuge etc.)
  - Immaterielles Anlagevermögen (Patente, Konzessionen, Lizenzen etc.)
  - Finanzanlagen (Beteiligungen, Wertpapiere, langfristige Darlehens- und Hypothekenforderungen etc.)

- Umlaufvermögen
  Umlaufvermögen ist im Gegensatz zu Anlagevermögen dazu bestimmt, durch den Geschäftsbetrieb verbraucht zu werden:
  - Vorräte (Roh-, Hilfs- und Betriebsstoffe, Halb- und Fertigfabrikate etc.)
  - Forderungen (z.B. Forderungen aus Lieferungen und Leistungen)
  - Wertpapiere (kurzfristiger Art)
  - Flüssige Mittel (Kassenbestand und Bankguthaben)

Das Verhältnis von Anlagevermögen und Umlaufvermögen am Gesamtvermögen gibt Aufschluss über die Vermögensstruktur eines Unternehmens. Die Unterschiede können von Branche zu Branche sehr groß sein. So hat z.B. ein Unternehmen des Maschinenbaus ein sehr großes Anlagevermögen, während Unternehmen der Dienstleistungsbranche vergleichsweise ein geringes Anlagevermögen besitzen. Den Anteil des Anlagevermögens am Gesamtvermögen in Prozent nennt man Anlagenintensität.

$$\frac{\text{Anlagevermögen x 100}}{\text{Gesamtvermögen}} = \text{Anlagenintensität}$$

Eine hohe Anlagenintensität verrät, dass das Unternehmen einen hohen Anteil an Anlagevermögen besitzt. Doch welches? Ein hoher Bestand an Finanzanlagen ist sicher nicht schädlich und kann im Krisenfall auch verkauft werden. Anders sieht es da mit einem hohen Anteil an Sachanlagen aus, z.B. Gebäude, Maschinen, Werkzeuge. Diese Sachanlagen verlangen einen hohen Anteil an Wartungs- und Instandhaltungskosten. Und dies sind Fixkosten, fallen also an, ob ein Stück produziert wird oder nicht. Eine hohe Anlagenintensität spricht auch für eine geringe Flexibilität des Unternehmens, schnell auf Marktveränderungen eingehen zu können. Oft kann der Maschinenpark eines Unternehmens nicht so schnell auf neue Produktionserfordernisse umgestellt werden. Als weiteres Stichwort ist die Kapazitätsauslastung zu nennen. Ein großer Maschinenpark oder aufwendige Werkzeuge müssen auch gut ausgelastet sein, sonst wäre die Investition eine Fehlinvestition.

Also, eine hohe Anlagenintensität ist im Branchenvergleich zu betrachten und spricht im schlechtesten Fall für

- hohe Fixkosten
- geringe Flexibilität, auf Veränderungen zu reagieren
- Probleme der Kapazitätsauslastung

Bei der Analyse des Umlaufvermögens gibt die Zusammensetzung des Umlaufvermögens interessante Aufschlüsse. Gibt es z.B. einen hohen Anteil an Halb- und Fertigfabrikaten? Was bedeutet das? Kann man diese noch verkaufen oder entsprechen sie nicht mehr den Kundenwünschen? Oder hat das Unternehmen einen hohen Anteil an Forderungen? Das könnte für eine schlechte Zahlungsmoral der Kunden des betrachteten Unternehmens sprechen. Hätten diese Kunden schon bezahlt, so könnte mit dem Geld weiter gewirtschaftet werden. Und was ist mit den flüssigen Mitteln? Eigentlich ist ein hoher Anteil an Kassenbeständen und Bankguthaben nicht schädlich. Es sind aber Zahlungsmittel, die keine hohen Zinsen einbringen, und damit letztendlich schlecht genutztes Kapital.

Fazit: Für Anlagevermögen und Umlaufvermögen gilt gleichermaßen: Es bindet Kapital. Daher wird in der Vermögensstrukturanalyse diese Mittelverwendung genauer unter die Lupe genommen. Nicht genutzte Maschinen und hohe Lagerbestände binden unnötig Kapital und belasten damit das Unternehmen.

### Kapitalstrukturanalyse

Die Kapitalstrukturanalyse wirft die Frage auf: Wie finanziert sich das Unternehmen? Welches Kapital steht dem Unternehmen zur Verfügung und wie langfristig steht dem Unternehmen dieses Kapital zur Verfügung? Man unterscheidet hier zwischen Eigenkapital und Fremdkapital (Passivseite der Bilanz). Eigenkapital steht quasi „für immer" zur Verfügung – im Gegensatz zum Fremdkapital, das irgendwann zurückgezahlt werden muss.

Die entscheidende Kennzahl in diesem Zusammenhang heißt Eigenkapitalquote:

$$\frac{\text{Eigenkapital x 100}}{\text{Bilanzsumme}} = \text{Eigenkapitalquote}$$

Das Eigenkapital erhöht sich durch nicht ausgeschüttete Gewinne und wird andererseits durch Verluste abgeschmolzen. Die Eigenkapitalquote kann damit auch kleiner als Null bzw. negativ werden. In diesem Fall wurde das Eigenkapital des Unternehmens durch Verluste verbraucht. Das Unternehmen muss in der Konsequenz Insolvenz anmelden. Das Eigenkapital ist somit der Risikodeckungspuffer eines Unternehmens. Je mehr Eigenkapital vorhanden ist, desto länger kann das Unternehmen auch Krisenzeiten überstehen.

Die Eigenkapitalquote ist von Branche zu Branche unterschiedlich (siehe Anhang: Bilanz- und Finanzdaten einzelner Branchen). Trotzdem kann als Orientierungshilfe gelten, dass eine Eigenkapitalquote von weniger als 10 % auf eine drohende Insolvenz hinweist.

Ein überwiegend durch Fremdkapital finanziertes Unternehmen finanziert sich teuer. Neben der Rückzahlung des Fremdkapitals müssen auch Zinsen bezahlt werden. Trotzdem kann die Aufnahme von Fremdkapital lohnend sein, wenn die durch das Unternehmen erwirtschaftete Rentabilität immer noch über den Fremdfinanzierungskosten (Zinsen) liegt.

Eine Erweiterung der Kennzahl der Eigenkapitalquote stellt die Kennzahl über den langfristigen Kapitalanteil dar:

$$\frac{\text{Langfristiges Kapital x 100}}{\text{Bilanzsumme}} = \text{Langfristiger Kapitalanteil}$$

Langfristiges Kapital =
Eigenkapital + 50% der Rückstellungen + langfristige Verbindlichkeiten

Das langfristige Kapital stellt sozusagen den erweiterten Risikopuffer eines Unternehmens dar, nach dem Motto „bei Kapital, das langfristig finanziert ist, kann kurzfristig nichts anbrennen". Dieses Kapital steht langfristig zur Verfügung und ist somit eine krisensichernde Kapitaldecke.

### Deckungsrelationen

Hier geht es um die Gegenüberstellung von Vermögen und Kapital. Mittelherkunft und Mittelverwendung werden also in Relation gesetzt. Ein Grundsatz der Finanzanalyse lautet, dass langfristiges Vermögen auch langfristig finanziert sein sollte. Ausdruck dieser Forderung ist die *goldene Bilanzregel.*

$$\frac{\text{Eigenkapital}}{\text{Anlagevermögen}} = 1:1 = \text{Goldene Bilanzregel}$$

Diese Kennzahl ist auch als *„Anlagendeckung I"* bekannt.

Die goldene Bilanzregel fragt danach, ob das Anlagevermögen (langfristiges Vermögen) durch Eigenkapital finanziert ist. In der engsten Auslegung fordert die goldene Bilanzregel, dass das Anlagevermögen vollständig durch Eigenkapital zu finanzieren sei, eine 1:1-Beziehung. In einer etwas weiter gefassten Auslegung wird empfohlen, dass das Anlagevermögen langfristig zu finanzieren sei, also durch Eigenkapital und langfristiges Fremdkapital.

*Anlagendeckung II:*

$$\frac{\text{Langfristiges Kapital}}{\text{Anlagevermögen}} = 1:1$$

Diese Faustregel der goldenen Bilanzregel kann noch dahin erweitert werden, dass alles langfristig gebundene Vermögen auch langfristig zu finanzieren ist, d.h,. dass zum Anlagevermögen auch die langfristig gebundenen Teile des Umlaufvermögens (Vorräte und Waren sowie ein eiserner Bestand an liquiden Mitteln, die zur Aufrechterhaltung des Betriebes immer vorgehalten werden müssen) dazugezählt werden und durch langfristiges Kapital zu finanzieren sind.

*Anlagendeckung III:*

$$\frac{\text{Langfristiges Kapital}}{\text{Anlagevermögen + langfristiges Umlaufvermögen}} = 1:1$$

Deckungsrelationen sagen etwas über die finanzielle Stabilität eines Unternehmens aus. Nach den Bewertungskriterien von Basel II sollen die kreditgebenden Banken auch die Wahrscheinlichkeit einschätzen, dass unvorhergesehene Umstände die Kapitaldecke aufzehren könnten und dies zur Zahlungsunfähigkeit führen könnte. Je langfristiger die Anlagendeckung ist, also je langfristiger die für den Betriebszweck essentiell notwendigen Anlagen finanziert sind, desto besser gewappnet ist das Unternehmen gegen unvorhergesehene Ereignisse.

## Liquiditätsanalyse

Die Kennzahlen der Liquiditätsanalyse gehören zu den bekanntesten Finanzkennzahlen. Bei Unternehmen in der Krise herrscht unter den Mitarbeitern oft die bange Frage „Bekommen wir nächsten Monat noch unser Geld?“ Dies ist die Frage nach der unmittelbaren kurzfristigen Zahlungsfähigkeit eines Unternehmens.

*Liquidität 1. Grades:*

$$\frac{\text{Flüssige Mittel x 100}}{\text{Kurzfristige Verbindlichkeiten}}$$

Kurzfristige Verbindlichkeiten sind

- Verbindlichkeiten aus Lieferungen und Leistungen
- kurzfristige Kreditverbindlichkeiten
- 50 % der Rückstellungen (Standardwert, evtl. ist ein höherer oder geringerer Prozentsatz anzusetzen, je nach Eintrittswahrscheinlichkeit der Verbindlichkeit, für die die Rückstellung gebildet wurde)
- Bilanzgewinn (z.B. bei Dividendenzahlung).

Diese Kennzahl gibt Auskunft über die sofort für die Liquidität zur Verfügung stehenden Zahlungsmittel, die zur Deckung der kurzfristigen Verbindlichkeiten bereitstehen. Wenige Unternehmen werden hier volle 100% erreichen. Es kommt auf die konkreten Fälligkeiten der kurzfristigen Verbindlichkeiten an, aber ein Deckungsgrad durch die flüssigen Mittel von ca. 10% entspricht durchaus schon einer geeigneten Zielgröße.

*Liquidität 2. Grades*

$$\frac{\text{Flüssige Mittel + kurzfristige Forderungen x 100}}{\text{Kurzfristige Verbindlichkeiten}}$$

Bei dieser erweiterten Liquiditätskennzahl werden zur Deckung der kurzfristigen Verbindlichkeiten neben den flüssigen Mitteln auch die kurzfristigen Forderungen an Kunden gegenübergestellt. Hintergrund ist, dass diese Zahlungsverpflichtungen der Kunden gegenüber dem Unternehmen demnächst als flüssige Mittel eingehen werden und damit in die Betrachtung einzubeziehen sind. Zusammengenommen, flüssige Mittel und Zahlungsforderungen gegenüber den Kunden sollten schon zu 100% die kurzfristigen Verbindlichkeiten eines Unternehmens decken.

*Liquidität 3. Grades*

$$\frac{\text{Flüssige Mittel + kurzfristige Forderungen + Vorräte x 100}}{\text{Kurzfristige Verbindlichkeiten}}$$

Nun kommen noch die Vorräte hinzu. Hintergrund ist, dass auch Vorräte demnächst, nach Verkauf, als flüssige Mittel zur Verfügung stehen werden. Jetzt müsste die Kennzahl vielleicht Richtung 120 % gehen. Denn zu hohe Werte signalisieren zu hohe Lagerbestände.

Am aussagekräftigsten ist die Liquidität 1. Grades. Was an flüssigen Mitteln verfügbar ist, das weiß ein Unternehmen in der Regel ziemlich genau. Schon bei der Liquidität 2. Grades kommen Unsicherheitsfaktoren hinzu. Kurzfristige Forderungen bedeuten nicht, dass die Forderungen auch zügig von den Kunden bezahlt werden. Der eine oder andere Kunde gerät vielleicht in Zahlungsnot und manche Forderungen müssen als uneinbringbare Forderungen ganz abgeschrieben werden. Bei der Liquidität 3. Grades muss man ganz genau analysieren, welche Vorräte in die Formel mit eingehen. Zu den Vorräten zählen auch die Halb- und Fertigfabrikate, deren Bewertung wiederum ein Thema für sich ist. Gehören die Halb- und Fertigfabrikate nicht mehr zum aktuellen Produktionsprogramm und können kaum noch verkauft werden, dann lassen sich aus diesen Beständen sicherlich auch nicht kurzfristige Verbindlichkeiten decken.

*Working Capital*

Working Capital = Umlaufvermögen - kurzfristige Verbindlichkeiten

Ist das Working Capital größer Null, so übersteigt das Umlaufvermögen die kurzfristigen Verbindlichkeiten. Ein Teil des Umlaufvermögens wurde also langfristig finanziert. Dies ergibt für das Unternehmen ein gewisses „Sicherheitspolster". Ein Teil des kurzfristigen Vermögens ist nicht zur Deckung der kurzfristigen Verbindlichkeiten notwendig.

Ein negatives Bild zeichnet diese Kennzahl von einem Unternehmen, wenn das Working Capital kleiner Null, also negativ ist. Das bedeutet, dass letztlich ein Teil des Anlagevermögens kurzfristig finanziert wurde, und das führt zur Liquiditätsgefahr. Es könnte passieren, dass das Anlagevermögen zur Rückzahlung kurzfristiger Verbindlichkeiten herangezogen und verkauft werden müsste. Anlagevermögen bezeichnet aber betriebsnotwendige Anlagen, z.B. Maschinen, Fahrzeuge, Werkzeuge, und ein Verkauf würde damit zulasten der Geschäftstätigkeit gehen.

**Zum Abschluss der Finanzanalyse die Frage:**
**Gibt es für das Unternehmen Alternativen zur Kreditfinanzierung?**

*Exkurs: Wie finanzieren sich Unternehmen?*
Es gibt eine Reihe von Finanzierungsmöglichkeiten, die sich grob in Außen- und Innenfinanzierung aufteilen lassen.

| Außenfinanzierung | Innenfinanzierung |
| --- | --- |
| **Einlagenfinanzierung**<br>z.B. durch Eigenkapital vom Eigentümer oder durch Aktienausgabe | **Selbstfinanzierung**<br>Einbehaltung von Gewinnen oder durch den Cashflow |
| **Kreditfinanzierung**<br>Kredite, z.B. von Banken | **Vermögensumschichtung**<br>z.B. Verkauf von Grundstücken |

**Abbildung 15: Finanzierungsmöglichkeiten für Unternehmen**

## Außenfinanzierung: Geld von außerhalb des Unternehmens

Außenfinanzierung heißt, dass dem Unternehmen Geld von außen, z.B. vom Kapitalmarkt, zugeführt wird. Dabei ergeben sich folgende Schwerpunkte:

- **Beteiligungs- bzw. Einlagenfinanzierung**
  Zum einen können hier bereits vorhandene Anteilseigner ihre Kapitaleinlage erhöhen, zum anderen können neue Anteilseigner aufgenommen werden. Im ersten Fall erhöhen z.B. die Gesellschafter einer Kommanditgesellschaft ihre Kommanditanteile oder GmbH-Gesellschafter erhöhen ihre GmbH-Anteile. Im zweiten Fall wird eine Gesellschaft gegründet, wobei der neue Gesellschafter Kapital mitbringt oder eine vorhandene Gesellschaft neue Gesellschafter aufnimmt, z.B. kann eine Kommanditgesellschaft neue Kommanditisten oder ein Unternehmen einen stillen Gesellschafter aufnehmen.
  Die Beteiligungsfinanzierung ist stark abhängig von der Gesellschaftsform. Eine Aktiengesellschaft bietet sich dafür in idealer Weise an. Das Grundkapital wird in viele kleine Teilbeträge (Aktien) aufgeteilt und eine Beteiligung ist bereits mit geringem Kapital möglich. Die Aktien werden ausgegeben (emissiert) und an der Börse gehandelt. Benötigt nun eine Aktiengesellschaft neues Kapital, um z.B. neue Märkte zu erobern, kann eine Kapitalerhöhung stattfinden. Es werden neue (sog. junge) Aktien ausgegeben und mit dem Verkauf dieser Aktien fließt neues Geld in die Kasse.
  In Ausnahmefällen sieht das Aktiengesetz noch eine Reihe anderer Kapitalerhöhungsmöglichkeiten vor, die alle gesetzlich genauestens geregelt sind.
- **Kreditfinanzierung**
  Dies ist eine der gängigsten Finanzierungsformen. Im Wesentlichen unter-

scheidet man kurzfristige, mittelfristige und langfristige Kredite. Generalisierend kann man sagen, dass kurzfristige Kredite eine Laufzeit bis zu einem Jahr und mittelfristige Kredite bis zu ca. 3 Jahren haben. Die teuersten Kredite sind die Kontokorrentkredite, die jeder von seinem privaten Girokonto kennt: die Überziehungskredite. Darüber hinaus gibt es z.B. noch Lieferantenkredite und auch eine Kundenanzahlung ist eine Art von Kredit. Große Unternehmen haben ferner die Möglichkeit, sich über die Börse Kredite zu besorgen (Obligationen).

### Innenfinanzierung: Finanzierung aus eigener Kraft

Das Unternehmen nutzt interne Finanzmittel, die sich aus dem Gewinn oder aus dem Vermögen ergeben:

- **Selbstfinanzierung**
  Selbstfinanzierung erfolgt durch die Einbehaltung des Jahresüberschusses, des Gewinns. Der Gewinn wird als Geldzufluss zur Finanzierung genutzt, z.B. um Investitionen zu finanzieren. Die Leitgedanke dabei ist, dass der Gewinn nicht an die Anteilseigner des Unternehmens ausgeschüttet wird, sondern dem Unternehmen erhalten bleibt.
  Die Selbstfinanzierung wird gern als kostenlose Finanzierung angesehen. Dabei darf aber nicht übersehen werden, dass immer auch der entgangene Alternativertrag des Gewinns gesehen werden muss. Beispiel: Bietet der Kapitalmarkt z.B. die Möglichkeit, einen Gewinn mit z.B. 10 % anzulegen, und liegen die Kreditzinsen bei nur 7 %, ist es sinnvoller, die Finanzierung durch einen Kredit vorzuziehen. Hier würde sich die „kostenlose" Finanzierung aus Gewinnen nachteilig auswirken.
- **Vermögensumschichtung**
  Hierbei wird ein Teil des Vermögens des Unternehmens verkauft, vorzugsweise des Anlagevermögens. Es kann sich z.B. um nicht mehr benötigte Maschinen handeln. In Notfällen oder dringenden Finanzierungsfällen wird man auch über das so genannte „Tafelsilber" reden müssen, also über Grundstücke oder Finanzanlagen, die nicht direkt für die Leistungserstellung benötigt werden, wie Wertpapiere oder Unternehmensbeteiligungen. In besonderen Fällen wird man auch Umlaufvermögen verkaufen, z.B. Vorräte.

## Alternativen zu den traditionellen Finanzierungsformen

**Leasing**

Leasing ist letztlich ein langfristiges Mieten von Gegenständen des Anlagevermögens. Beim Leasing überträgt der Leasinggeber dem Leasingnehmer gegen Entgelt die Nutzung an einer Sache auf eine bestimmte Zeit. Der Vorteil dieser alternativen Finanzierungsform ist, dass ein möglicherweise hoher Finanzierungsbedarf umgewandelt wird in regelmäßige Leasingraten. Es entfallen Sicherheiten, wie oft bei der Kreditfinanzierung gefordert, da der geleaste Gegenstand selbst die Sicherheit darstellt. Das Eigentum am Leasingobjekt verbleibt beim Leasinggeber. Zudem werden Eigenmittel geschont, die wiederum für andere Zwecke des Unternehmens verwendet werden können. Unter Umständen kann Leasing dem Unternehmen auch steuerliche Vorteile bringen. Es lohnt sich immer, einen Vergleich Kreditfinanzierung contra Leasing vorzunehmen.

**Factoring**

Bei dieser alternativen Finanzierungsform werden Forderungen des Unternehmens an seine Kunden vor Fälligkeit an einen Factor verkauft. Normalerweise muss man auf den Zahlungseingang warten, bis die Forderung fällig ist, z.B. 30 Tage nach Lieferung der Ware. Verkauft man nun diese Forderung, bekommt man sofort, natürlich gegen eine Factoringgebühr, das Geld aus der Forderung. Der Factor übernimmt teilweise auch alle mit dem Geldeinzug verbundenen Formalitäten und bietet somit einen zusätzlichen Service, z.B. die Führung der Kundenbuchhaltung (Debitorenbuchhaltung) oder das Mahnwesen. Häufig übernimmt der Factor, natürlich wiederum gegen einen Aufschlag, das Ausfallrisiko der Forderung. In diesem Fall hat Factoring somit auch eine Versicherungsfunktion.

Es gibt also durchaus **Alternativen zur Kreditfinanzierung.** Ob man sich für eine Alternative zur Kreditfinanzierung entscheidet, hängt von vielen Faktoren ab:

- Benötigt eine Aktiengesellschaft viel Geld, bietet sich eine Kapitalerhöhung an, also der Verkauf weiterer Aktien.
  – Entscheidung für Einlagenfinanzierung
- Die Aufnahme weiterer Gesellschafter schränkt unter Umständen die Handlungsfähigkeit der bisherigen Anteilseigner ein.
  – Entscheidung gegen Einlagenfinanzierung

- Kann man auf dem Kapitalmarkt für die Unternehmensgewinne hohe Renditen erwirtschaften (z.B. durch Aktien), wird man auf die Selbstfinanzierung durch im Unternehmen verbleibende Gewinne verzichten.
  - Entscheidung gegen Selbstfinanzierung
- Bei hohen Immobilienpreisen wird man sich vielleicht vom „Tafelsilber" trennen, die Finanzierung über den Verkauf eines Grundstückes lösen und so auf andere Finanzierungsformen verzichten.
  - Entscheidung für Vermögensumschichtung
- Hat das Unternehmen eine enge Kundenbeziehung, wird unter Umständen auf Factoring verzichtet. Das Unternehmen möchte selbst die Zahlungsmoral der Kunden im Auge behalten und das Mahnwesen nach den eigenen Vorstellungen gestalten.
  - Entscheidung gegen Factoring

Letztlich gibt immer der Einzelfall den Ausschlag. Häufig sind allerdings die Wahlmöglichkeiten bereits eingeschränkt, sei es, dass die Rechtsform eine Aktienausgabe unmöglich macht oder dass es potenziellen Gesellschaftern an Vertrauen in das Unternehmen mangelt.

## Erfolgsanalyse

Die Erfolgsanalyse ist ein weiteres Element zur Auswertung des Jahresabschlusses. Im Gegensatz zur Finanzanalyse konzentriert sich die Erfolgsanalyse verstärkt auf die Auswertung der Ertragskraft eines Unternehmens. Hierzu wird in erster Linie die Gewinn- und Verlustrechnung (GuV) eines Unternehmens analysiert.

Die Bilanz ist keine Erfolgsrechnung, sie stellt die Mittelherkunft und Mittelverwendung eines Unternehmens einander gegenüber. Die Differenz ist der Gewinn. Die Bilanz zeigt aber nicht, wie dieser Gewinn zustande gekommen ist. Durch welche Aufwände und Erträge wurde Geld verdient oder verloren? Diese Fragen beantwortet die GuV als Teil des Jahresabschlusses und wird damit zum Ansatzpunkt für die Erfolgsanalyse.

Die Erfolgsanalyse besteht aus einer Reihe von Teilanalysen:

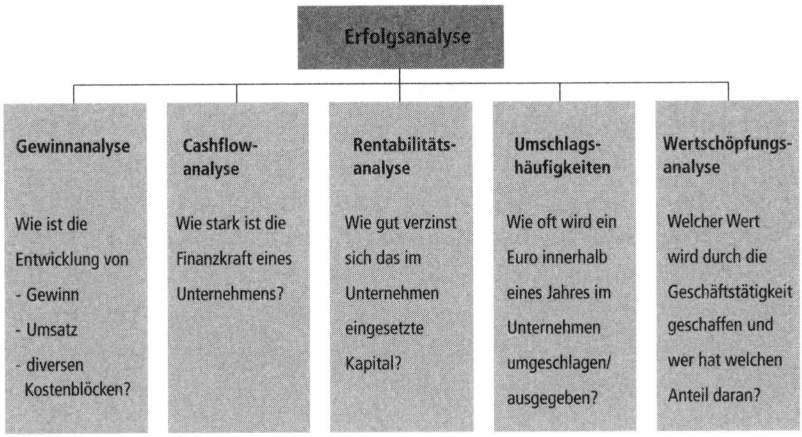


**Abbildung 16: Bestandteile der Erfolgsanalyse**

## Gewinnanalyse

Die wesentlichen Einflussfaktoren auf die Höhe des Gewinns sind auf der einen Seite die Umsatzerlöse und auf der anderen Seite die verschiedenen Kostenblöcke. Bei der Gewinnanalyse wird also neben der Entwicklung des Gewinns auch die Entwicklung dieser wesentlichen Einflussfaktoren analysiert.

### Gewinnentwicklung

Zuerst einmal wird analysiert, ob überhaupt ein Gewinn vorliegt oder die GuV gar einen Verlust ausweist. Die GuV unterscheidet bei der Ermittlung des Gewinns in:

- Ergebnis der gewöhnlichen Geschäftstätigkeit
- außerordentliches Ergebnis

Dies erinnert an das Bewertungskriterium nach Basel II „Qualität der Einkünfte". Nach Basel II sollen die Einkünfte des Kreditnehmers daraufhin geprüft werden, ob diese Einkünfte das Ergebnis des Kerngeschäfts sind oder aus einmaligen, nicht wiederkehrenden Quellen stammen. Einmalige Einkünfte können z.B. Zuschüsse vom Staat sein, die in der GuV unter der Rubrik „außerordentliche Erträge" auftauchen würden und damit zum außerordentlichen Ergebnis beitragen. Somit wird bei der Gewinnanalyse die Entwicklung des Gewinns im Zeitablauf beobachtet, und das Ergebnis der gewöhnlichen Geschäftstätigkeit und das außerordentliche Ergebnis werden als unterschiedliche Positionen zudem getrennt ausgewertet.

### Umsatzentwicklung

Liegt die GuV für mehrere aufeinander folgende Jahre vor, so ist die Entwicklung der Umsatzerlöse ein entscheidender Analysepunkt. Konnte der Umsatz im Zeitablauf gesteigert werden oder nicht? Der Umsatz setzt sich zusammen aus Absatz (verkaufte Stückmenge) x Preis. Bei einem Preiskampf am Markt kann es durchaus sein, dass ein Unternehmen dieselbe Menge oder sogar mehr Produkte als im Vorjahr verkauft hat, die Umsatzerlöse aber aufgrund des gesunkenen Verkaufspreises trotzdem rückläufig sind. Ein Unternehmen sollte daher die Position Umsatzerlöse der GuV für die Bank oder die Ratingagentur aufsplitten in „verkaufte Stückzahlen“ und „Entwicklung der Verkaufspreise“, um eine positive oder negative Entwicklung transparenter darzustellen.

### Kostenentwicklung

Betrachtet man die aktuellen Schlagzeilen der Wirtschaftspresse, so stellt man fest, dass Kostensenkung bzw. die Ausschöpfung von Kostensenkungspotenzialen zurzeit ein Dauerbrenner ist. Zwingt der Markt bzw. die Konkurrenz zum Preiskampf, dann muss auch die Kostenschraube nach unten gedreht werden.

Insbesondere folgende Kostenbereiche werden in der Kostenentwicklung untersucht:

- Personalkosten (Entwicklung des Personalstands)
- Materialkosten (Preisentwicklung, Veränderung der verwendeten Materialien)
- Abschreibungen (Vergleich mit Neuinvestitionen; Abschreibungen spiegeln den Wertverlust des Unternehmens – Maschinen, Fahrzeuge etc. – wider und sollten in etwa gleicher Höhe durch Neuinvestitionen kompensiert werden)
- Rückstellungen (für welche Risiken?)
- Sonstige betriebliche Aufwendungen (aufgrund welcher außergewöhnlichen Ereignisse?)
- Zinsaufwand (Entwicklung des Kreditvolumens)
- Steuern (Beeinflussung der Steuerlast durch Ausschüttungspolitik? Einbehaltene Gewinne werden anders besteuert als ausgeschüttete Gewinne)

## Cashflowanalyse

Der englische Begriff „cash“ bedeutet Bargeld bzw. flüssige Mittel, „flow“ bedeutet Fluss, Flut. Cashflow bezeichnet den „Kassenzufluss“, der einem Unternehmen unter dem Strich zur Verfügung bleibt. Man könnte zuerst vermuten, dass dies der Gewinn ist, der dem Unternehmen verbleibt. Es gibt jedoch noch weitere Größen, die zu einem Kassenzufluss führen. Die einfachste Definition heißt: Cashflow = Gewinn + Abschreibungen.

Abschreibungen sind zwar Aufwände, jedoch nicht ausgabenwirksam. Sie schmälern den Gewinn, verringern aber nicht den Kassenstand. Abschreibungen werden erst dann als flüssige Mittel ausgegeben, wenn z.B. eine Ersatzbeschaffung getätigt wird. So stehen die Abschreibungen mit dem Gewinn als finanzielle Manövriermasse dem Unternehmen für Investitionen, Schuldentilgung und Gewinnausschüttung zur Verfügung.

Grundsätzlich gilt für die Berechnung des Cashflows:

**Gewinn/Jahresüberschuss**

\+ alle nicht auszahlungswirksamen Aufwendungen

\- alle nicht einzahlungswirksamen Erträge

= Cashflow

Zum Gewinn werden alle Aufwendungen addiert, die nicht „Cash“ sind, die also nicht auszahlungswirksam sind. Dies können u.a. sein:

- Erhöhung von Rücklagen
- Verlustvortrag
- Abschreibungen
- Erhöhung der Rückstellungen
- Periodenfremde und außerordentliche Aufwendungen

Vom Gewinn abgezogen werden alle Erträge, die nicht einzahlungswirksam sind. Dies können u.a. sein:

- Auflösung von Rücklagen
- Gewinnvortrag
- Zuschreibungen
- Auflösung von Rückstellungen
- Aktivierte Eigenleistungen
- Periodenfremde und außerordentliche Erträge
- Gewinnausschüttungen

Warum ist diese Kennzahl so wichtig?

Letztendlich ist die Cashflow-Kennzahl wichtiger als die Gewinnhöhe, denn der Cashflow zeigt die Finanzkraft eines Unternehmens. Er bezeichnet die finanziellen Mittel, die dem Unternehmen für Investitionen z.B. in neue Technologien oder die Erschließung neuer Marktpotenziale zur Verfügung stehen. Somit sagt der Cashflow auch etwas über die Zukunftschancen eines Unternehmens aus. Ein Unternehmen, das einen hohen Gewinn, aber nichts in der Kasse hat, wird unabwendbar bald nicht mehr existieren. Daher ist ein wichtiges Unternehmensziel, einen möglichst hohen Cashflow zu erreichen.

## Rentabilitätsanalyse

*Eigenkapitalrentabilität*

Die Eigenkapitalrentabilität sollte immer über dem marktüblichen Zins für langfristige Kapitalanlagen liegen, denn sonst hätte man sein Geld alternativ gleich woanders und eventuell sicherer anlegen können.

Die Eigenkapitalrentabilität errechnet sich wie folgt: Rentabilität ist eine Kennzahl über den Unternehmenserfolg. Etwas hat sich „rentiert“, sagen wir auch in der Umgangssprache und meinen damit, dass wir in eine Angelegenheit Geld, Zeit oder Arbeitskraft „investiert“ haben und mit dem „Ergebnis“ aus diesen Bemühungen zufrieden sind. Insbesondere in großen Unternehmen ist die Rentabilität ein wichtiges Unternehmensziel. So wird z.B. angestrebt, dass sich das Eigenkapital mit 15 % verzinst. Basis ist immer der Gewinn.

$$\frac{\text{Gewinn}}{\text{Eigenkapital}} \times 100$$

*Gesamtkapitalrentabilität*

Diese Rentabilität ist aussagekräftiger als die Eigenkapitalrentabilität, da sie die Verzinsung des gesamten Kapitals beleuchtet.

$$\frac{\text{Gewinn und Fremdkapitalzinsen}}{\text{Gesamtkapital (Eigen- u. Fremdkapital)}} \times 100$$

Fremdkapitalzinsen müssen deswegen hinzugerechnet werden, da diese den Gewinn reduziert haben und bei der Gegenüberstellung nun berücksichtigt werden müssen. Gewinn und Fremdkapitalzinsen bezeichnet man auch als Kapitalgewinn.

*Umsatzrentabilität*
Dies ist die Verzinsung des Umsatzes oder anders ausgedrückt: Wie viel Gewinn wirft der Umsatz ab? So gibt die Kennzahl Auskunft über den Erfolg der betrieblichen Tätigkeit beim Verkauf der Produkte oder Dienstleistungen auf dem Markt und ist somit eine wichtige Kennzahl.

$$\frac{\text{Gewinn und Fremdkapitalzinsen}}{\text{Umsatz}} \text{ x100}$$

Manchmal findet man diese Kennzahl ohne Berücksichtigung der Fremdkapitalzinsen. Als Grund für den Ansatz auch der Fremdkapitalzinsen wird angeführt, dass der Umsatz auch mit Hilfe des Fremdkapitals erzielt wurde.

## Return on Investment (ROI)

Der ROI kommt zum selben Ergebnis wie die Gesamtkapitalrentabilität. Der erhöhte Aussagewert dieser Kennzahl ergibt sich daraus, dass sie sich aus mehreren Komponenten zusammensetzt, die für sich selbst ebenfalls interessant sind.

1. Umsatzrentabilität:

$$\frac{\text{Gewinn und Fremdkapitalzinsen}}{\text{Umsatz}} \text{ x100}$$

Die Umsatzrentabilität ist oben erklärt.

2. Kapitalumschlag:

$$\frac{\text{Umsatz}}{\text{Gesamtkapital}}$$

Der Kapitalumschlag zeigt, wie intensiv das eingesetzte Kapital im Unternehmen genutzt wird, wie produktiv dieses Kapital ist. Die Umschlagshäufigkeit beschreibt, wie viel Umsatz mit dem Kapital erzielt wird.

Die Rendite des gesamten Kapitaleinsatzes wird also (auch) durch die Umsatzrendite und die Umschlagshäufigkeit beschrieben:

$$\text{ROI} = \text{Umsatzrentabilität x Kapitalumschlagshäufigkeit}$$

So bezeichnet auch im betriebswirtschaftlichen Sinn die Rentabilität bzw. der Return on Investment (ROI) das Verhältnis zwischen eingesetztem Kapital und Gewinn. Der englische Ausdruck „return on investment" verdeutlicht diesen Zusammenhang besser als unser deutscher Begriff „Rentabilität". „Return on Investment" könnte man frei übersetzen mit „Was aus dem eingesetzten Kapital wieder zurückkommt" (to return = zurückkehren). Den ROI stellt man gerne als ROI-Baum dar.

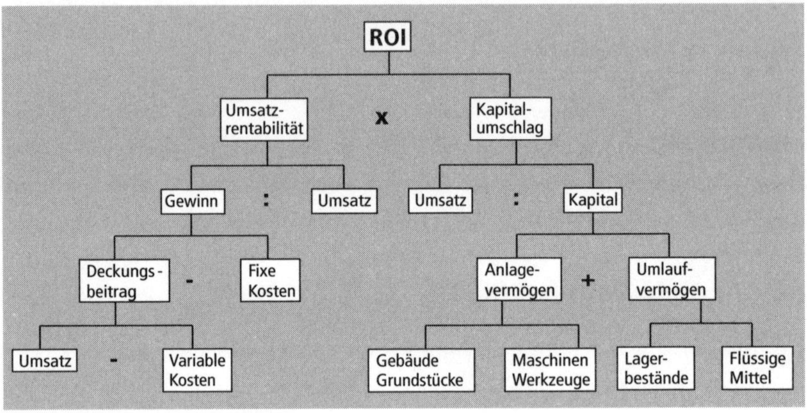


**Abbildung 17: Der ROI-Baum**

Der ROI-Baum zeigt, mit welchen Größen die Rentabilität berechnet wird. Der ROI-Baum führt uns die Einflussgrößen auf die Rentabilität plastisch vor Augen. Die unterste Ebene des ROI-Baums bilden nämlich die Einflussgrößen auf die Rentabilität. Dreht man am Umsatz oder den variablen Kosten, so hat dies direkte Auswirkungen auf den Deckungsbeitrag und damit auf den Gewinn und somit auf die Rentabilität. Ebenso hat eine Senkung der Lagerbestände einen direkten Einfluss auf das Umlaufvermögen, das Kapital, der Kapitalumschlag erhöht sich und somit auch die Rentabilität. Man sieht also, an welchen Hebeln und Schrauben man drehen kann oder muss, um den ROI zu beeinflussen.

## Umschlagshäufigkeiten

Der Kapitalumschlag wurde schon im Rahmen des ROI-Baumes genannt:

Kapitalumschlag = Umsatz : Kapital

Beispiel: Mit 100 Euro werden Waren gekauft und zu 200 Euro wieder verkauft. Diese 200 Euro können jetzt wieder für den Einkauf von Waren eingesetzt werden. Der Kapitalumschlag wäre in diesem Beispiel 2.

Die Kapitalumschlagshäufigkeit wird auch in Tagen gemessen:

360 Tage : Kapitalumschlag z.B. 2 = 180 Tage

Diese Kennzahl sagt also aus, nach wie vielen Tagen sich das Kapital einmal umgeschlagen hat. Je häufiger sich das Kapital umschlägt, desto geringer ist der Kapitalbedarf und desto besser ist die Kennzahl. Das Geld kommt schneller wieder ins Unternehmen zurück.

## ***Weitere Umschlagshäufigkeiten:***

*Debitorenumschlag (Debitoren = Kunden):*

$$\frac{\text{Umsatzerlöse + Mehrwertsteuer}}{\text{Durchschnittliche Forderungen aus Lieferungen und Leistungen}} = \text{Debitorenumschlag}$$

Debitorendauer = 360 : Debitorenumschlag

Der Debitorenumschlag wird zur Berechnung der Debitorendauer benötigt. Die Debitorendauer sagt aus, wie lange es dauert, bis die Kunden nach Rechnungsstellung zahlen. Hier geht es also um die Zahlungsmoral der Kunden des Unternehmens. Zuerst wird der Debitorenumschlag berechnet. Ein Beispiel: Ein Unternehmen hat im Jahr einen Umsatz von 1,5 Mio. EUR und durchschnittliche Forderungen aus Lieferungen und Leistungen von 200.000 EUR. Der Debitorenumschlag beträgt 7,5. Bei 360 Tagen sind dies im Schnitt 48 Tage, d.h., die Kunden zahlen ihre Rechnung im Schnitt nach 48 Tagen. Das bedeutet auch, dass erst nach 48 Tagen der Umsatzerlös zu einer Einnahme an liquiden Mitteln führt. Verschlechtert sich dieser Wert, so zeigt dies eine Verschlechterung der Zahlungsmoral der Kunden bzw. weist darauf hin, dass das Management der Kundenbeziehungen oder das Mahnwesen mangelhaft ist.

*Kreditorenumschlag (Kreditoren = Lieferanten):*

$$\frac{\text{Materialaufwand + Mehrwertsteuer}}{\text{Durchschnittliche Verbindlichkeiten aus Lieferungen und Leistungen}}$$

Lieferantenziel = 360 : Kreditorenumschlag

Beim Kreditorenumschlag wird der Spieß umgedreht: Wie verhält sich das Unternehmen, wenn es selbst Kunde ist? Wie ist seine Zahlungsmoral gegenüber seinen Lieferanten? Hierzu wird zuerst der Kreditorenumschlag errechnet und dann das durchschnittliche Lieferantenziel (Dauer in Tagen, bis eine Lieferantenrechnung vom Unternehmen bezahlt wird). Dies kann zu weiterführenden Detailfragen führen, z.B. warum Rechnungen so spät bezahlt werden, wieso wird kein Skonto ausgenutzt etc.

*Lagerumschlag*

$$\frac{\text{Materialaufwand}}{\text{Durchschnittlicher Bestand an Roh-, Hilfs- und Betriebsstoffen}}$$

Lagerdauer = 360 : Lagerumschlag

Jeder Lagerbestand bindet Kapital. Zu hohe Lagerbestände deuten auf ein schlechtes Logistikmanagement hin. Manche Unternehmen gehen heute ja bis zur Just-in-time-Anlieferung der für die Produktion benötigten Materialien, um ganz auf Lagerhaltung verzichten zu können. Je öfter sich das Lager für Roh-, Hilfs- und Betriebsstoffe umschlägt, umso geringer ist die Kapitalbindung. Interessant ist diese Kennzahl im Zeitvergleich. Wo liegen die Ursachen für eine Zunahme oder Abnahme der durchschnittlichen Lagerbestände?

## Wertschöpfungsanalyse

Wertschöpfung = Produktionswert - Vorleistungen

Die Wertschöpfung fragt nach dem Wert, der durch die Produktion bzw. die Geschäftstätigkeit des Unternehmens geschaffen wird. Davon werden die Vorleistungen abgezogen. Die Wertschöpfungsanalyse ist damit eine Input-Output-Rechnung. Welche Leistungen gehen als Vorleistungen ins Unternehmen ein? Zu diesen Leistungen gehören z.B. auch die Personalaufwendungen. Was kommt auf der anderen Seite heraus (z.B. Umsatzerlöse)? Und was bleibt unter dem Strich übrig (z.B. Gewinn)? Soweit ist das eigentlich nichts Neues. Diese Überlegungen der Wertschöpfungsanalyse könnten – ganz grob vereinfacht – auch als simple Berechnung des Gewinns durchgeführt werden. Umsatzerlöse (Output) - Kosten (Input) = Gewinn (Wertschöpfung).

Die Wertschöpfungsanalyse geht jedoch wesentlich weiter, indem sie fragt, was hat denn nun genau zu dieser Wertschöpfung geführt? Wer hat welchen Anteil am Unternehmenserfolg? Ist es die Leistung der Mitarbeiter oder ist es die Maschinenleistung beim Herstellungsprozess? Dies sind insbesondere brisante Fragen, wenn es um Erfolgsbeteiligungsmodelle für die Mitarbeiter geht.

Im Rahmen des Rating ist die Wertschöpfungsanalyse des eigenen Unternehmens im Branchenvergleich interessant: Welchen Anteil haben die Mitarbeiter in einem Konkurrenzbetrieb an der Wertschöpfung? Wie produktiv ist das eigene Personal im Vergleich zur Konkurrenz? Benötigt die Konkurrenz z.B. für dieselbe Produktivität einen höheren Personalstand?

## Praxisbeispiel: Anwendung der Finanz- und Erfolgsanalyse

Im Rahmen der Finanz- und Erfolgsanalyse haben Sie eine Menge Kennzahlen kennen gelernt, die im Rahmen einer Jahresabschlussanalyse beurteilt werden. Für den Ratingprozess werden noch weitere Kennzahlen relevant sein. Die „klassische" Jahresabschlussanalyse wird jedoch ihren großen Stellenwert bei der Bonitätsbeurteilung eines Unternehmens beibehalten.

Wie steht es nun in Ihrem Unternehmen? Wie schneidet Ihr Unternehmen im Rahmen einer Finanz- und Erfolgsanalyse ab? Um Ihnen die Durchführung einer Analyse für die eigene Standortbestimmung zu erleichtern, wird im Folgenden ein Praxisbeispiel gezeigt. Das Praxisbeispiel zur Anwendung der Finanz- und Erfolgsanalyse basiert auf den Daten eines Jahresabschlusses, der Bilanz und der Gewinn- und Verlustrechnung (GuV). Alle Kennzahlen und Analyseergebnisse werden auf den Daten der Bilanz und GuV aufbauen.

Für die Praxis empfiehlt es sich, sich selbst ein Schema nach dem Muster unseres Praxisbeispiels in einem Tabellenkalkulationsprogramm auf dem Personalcomputer aufzubauen. Es gibt aber auch Softwareprogramme auf dem Markt, die eine Bilanzanalyse nach Eingabe der entsprechenden Daten durchführen und zudem graphisch aufbereiten.

## Bilanz

Welche Zeiträume bzw. Vergleiche wollen Sie betrachten:
Vorjahr/aktuelles Jahr, aktuelles Jahr/Planung usw.

| **Betrachtungszeiträume** | Ist 2002 | Ist 2003 |
|---|---|---|

| **Aktiva** | | | **Passiva** | | |
|---|---|---|---|---|---|
| | Ist 2002 | Ist 2003 | | Ist 2002 | Ist 2003 |
| Immaterielle Vermögensgegenstände | 311.805 | 323.982 | Gezeichnetes Kapital | 600.000 | 600.000 |
| | | | Kapitalrücklage | 676.500 | 676.500 |
| Sachanlagen | 2.094.136 | 2.003.442 | | | |
| | | | Gewinnrücklagen | 321.705 | 321.705 |
| Finanzanlagen | 803.436 | 1.001.589 | | | |
| | | | Bilanzgewinn | 257.316 | 280.194 |
| **Summe Anlagevermögen** | **3.209.377** | **3.329.013** | | | |
| | | | **Summe Eigenkapital** | **1.855.521** | **1.878.399** |
| Roh-, Hilfs- und Betriebsstoffe | 284.376 | 318.447 | Rückstellungen | 1.017.455 | 1.106.335 |
| | | | Verbindlichkeiten mit einer Laufzeit über 5 Jahre | 1.379.199 | 1.455.336 |
| Unfertige und fertige Erzeugnisse | 172.754 | 120.276 | | | |
| | | | Verbindlichkeiten aus Lieferungen und Leistungen | 414.082 | 606.626 |
| **Summe Vorräte** | **457.130** | **438.723** | | | |
| Forderungen aus Lieferungen und Leistungen | 421.029 | 681.666 | Sonstige Verbindlichkeiten | 761.979 | 694.329 |
| | | | **Summe Fremdkapital** | **3.572.715** | **3.862.626** |
| Sonstige Vermögensgegenstände | 260.022 | 276.504 | | | |
| Wertpapiere | 814.383 | 831.972 | | | |
| Flüssige Mittel | 266.295 | 183.147 | | | |
| **Summe Umlaufvermögen** | **2.218.859** | **2.412.012** | | | |
| **Bilanzsumme** | **5.428.236** | **5.741.025** | **Bilanzsumme** | **5.428.236** | **5.741.025** |

**Abbildung 18a**

**Gewinn- und Verlustrechnung**

| | Ist 2002 | Ist 2003 |
|---|---|---|
| Umsatzerlöse | 3.828.252 | 4.096.220 |
| Sonstige betriebl. Erträge | 322.752 | 316.848 |
| Materialaufwand | 1.493.094 | 1.600.288 |
| Personalaufwand | 1.378.710 | 1.522.928 |
| Abschreibungen | 371.460 | 336.282 |
| Einst. i.d. Rückstellungen | 51.045 | 88.880 |
| Sonst. betr. Aufwendungen | 414.682 | 378.563 |
| Erträge aus Beteiligungen | 20.049 | 13.407 |
| Sonstige Zinserträge | 87.945 | 89.052 |
| Zinsaufwendungen | 122.336 | 131.272 |
| **Ergebnis der gewöhnlichen Geschäftstätigkeit** | **427.671** | **457.314** |
| Außerordentliche Erträge | 0 | 0 |
| Außerordentliche Aufwend. | 0 | 0 |
| **Außerordentl. Ergebnis** | **0** | **0** |
| Steuern | 170.355 | 177.120 |
| **Jahresüberschuss** | **257.316** | **280.194** |
| Einst. i.d. Gewinnrücklagen | 0 | 0 |
| **Bilanzgewinn** | **257.316** | **280.194** |

**Abbildung 18b**

**Ergebnisrückblick**

| | | Ist 2002 | Ist 2003 |
|---|---|---|---|
| **Gewinnentwicklung** | Entwicklung gegenüber Vorperiode | | **8,9%** |
| **Umsatzerlöse** | Entwicklung gegenüber Vorperiode | | **7,0%** |
| **Materialaufwand** | Entwicklung gegenüber Vorperiode | | **7,2%** |
| **Personalaufwand** | Entwicklung gegenüber Vorperiode | | **10,5%** |
| **Abschreibungen** | Entwicklung gegenüber Vorperiode | | **-9,5%** |
| **Rückstellungen** | Entwicklung gegenüber Vorperiode | | **74,1%** |
| **Sonstige betriebliche Aufwendungen** | Entwicklung gegenüber Vorperiode | | **-8,7%** |
| **Zinsaufwand** | Entwicklung gegenüber Vorperiode | | **7,3%** |
| **Steuern** | Entwicklung gegenüber Vorperiode | | **4,0%** |
| **Cashflow-Ermittlung** | Absoluter Wert | **679.821** | **705.356** |
| **Eigenkapitalrentabilität** | | 13,9% | 14,9% |
| **Gesamtkapitalrentabilität** | | 7,0% | 7,2% |
| **Umsatzrentabilität** | | 9,9% | 10,0% |
| **Return on Investment (ROI)** | Entspricht d. Gesamtkapitalrentabilität | 7,0% | 7,2% |
| **Kapitalumschlagshäufigkeit in Tagen** | | 510 | 505 |
| **Debitorendauer in Tagen** | | 34 | 52 |
| **Kreditorendauer in Tagen** | | 86 | 118 |
| **Lagerumschlag Roh-, Hilfs- und Betriebsstoffe in Tagen** | | 69 | 72 |
| **Wertschöpfung** | Entwicklung gegenüber Vorperiode | | 11,1% |
| **Anlageintensität** | | 59,1% | 58,0% |
| **Anteil des Anlagevermögens und der Vorräte** | | 67,5% | 65,6% |
| **Eigenkapitalquote** | | 34,2% | 32,7% |
| **Langfristiger Kapitalanteil** | | 69,0% | 67,7% |
| **Anlagendeckung I** | | 57,8% | 56,4% |
| **Anlagendeckung II** | | 116,6% | 116,8% |
| **Anlagendeckung III** | | 102,1% | 103,2% |
| **Liquidität 1. Grades** | | 13,7% | 8,6% |
| **Liquidität 2. Grades** | | 35,4% | 40,5% |
| **Liquidität 3. Grades** | | 114,3% | 113,0% |
| **Working Capital** | Entwicklung gegenüber Vorperiode | | 0,3% |

**Abbildung 18c**

**Vermögensstrukturanalyse**

**Anteil des Anlagevermögens an der Bilanzsumme**

$$\text{Anteil Anlagevermögen} = \frac{\text{Anlagevermögen}}{\text{Bilanzsumme}} \times 100$$

Ist 2002 $\frac{3.209.377}{5.428.236} \times 100$ = **59,1%**

Ist 2003 $\frac{3.329.013}{5.741.025} \times 100$ = **58,0%**

Zusätzlich kann noch ausgewiesen werden, wie sich das Anlagevermögen zusammensetzt, wie hoch z.B. die Finanzanlagen sind und wofür diese genutzt werden.

**Anteil des Anlagevermögens und der Vorräte an der Bilanzsumme**

$$\text{Anteil Anlagevermögen} = \frac{\text{Anlagevermögen + Vorräte}}{\text{Bilanzsumme}} \times 100$$

Ist 2002 $\frac{3.666.507}{5.428.236} \times 100$ = **67,5%**

Ist 2003 $\frac{3.767.736}{5.741.025} \times 100$ = **65,6%**

Keine nennenswerte Veränderung.

**Abbildung 19**

**Kapitalstrukturanalyse**

**Eigenkapitalquote**

$$\text{Eigenkapitalquote} = \frac{\text{Eigenkapital}}{\text{Bilanzsumme}} \times 100$$

$$\text{Ist 2002} \quad \frac{1.855.521}{5.428.236} \times 100 \qquad \text{Ist 2003} \quad \frac{1.878.399}{5.741.025} \times 100$$

= **34,2%** = **32,7%**

Die Eigenkapitalquote kann als sehr gut bezeichnet werden. Zusätzlich kann untersucht werden, ob das Eigenkapital bzw. das Gesamtkapital effizienter eingesetzt werden kann. Insgesamt hat das Unternehmen mit dieser Eigenkapitalquote einen guten Risikopuffer.

**Langfristiger Kapitalanteil**

$$\text{Langfristiger Kapitalanteil} = \frac{\text{Langfristiges Kapital}}{\text{Bilanzsumme}} \times 100$$

| | | | Ist 2002 | Ist 2003 |
|---|---|---|---|---|
| Langfristiger Kapitalanteil = | Eigenkapital | = | 1.855.521 | 1.878.399 |
| | + 50 % der Rückstellungen | = | 508.727,5 | 553.167,5 |
| | + Langfristige Verbindlichkeiten | = | 1.379.199 | 1.455.336 |
| | Summe | | 3.743.448 | 3.886.903 |

$$\text{Ist 2002} \quad \frac{3.743.448}{5.428.236} \times 100 \qquad \text{Ist 2003} \quad \frac{3.886.903}{5.741.025} \times 100$$

= **69,0%** = **67,7%**

Diese Kennzahl kann als ziemlich konstant beschrieben werden.
Insgesamt ein guter Wert.

**Abbildung 20**

## Deckungsrelationen

### Anlagendeckung I

$$\text{Anlagendeckung I} = \frac{\text{Eigenkapital}}{\text{Anlagevermögen}} \times 100$$

$$\text{Ist 2002} \quad \frac{1.855.521}{3.209.377} \times 100 = \mathbf{57{,}8\%} \qquad \text{Ist 2003} \quad \frac{1.878.399}{3.329.013} \times 100 = \mathbf{56{,}4\%}$$

Die goldene Bilanzregel in ihrer engsten Auslegung wurde nicht erreicht. Trotzdem kein bedenkliches Ergebnis.

### Anlagendeckung II

$$\text{Anlagendeckung II} = \frac{\text{Langfristiges Kapital}}{\text{Anlagevermögen}} \times 100$$

| | | | Ist 2002 | Ist 2003 |
|---|---|---|---|---|
| Langfristiger Kapitalanteil = | Eigenkapital | = | 1.855.521 | 1.878.399 |
| | + 50 % der Rückstellungen | = | 508.727,5 | 553.167,5 |
| | + Langfristige Verbindlichkeiten | = | 1.379.199 | 1.455.336 |
| | Summe | | 3.743.448 | 3.886.903 |

$$\text{Ist 2002} \quad \frac{3.743.448}{3.209.377} \times 100 = \mathbf{116{,}6\%} \qquad \text{Ist 2003} \quad \frac{3.886.903}{3.329.013} \times 100 = \mathbf{116{,}8\%}$$

In der etwas weiter gefassten Auslegung wurde hier die goldene Bilanzregel erfüllt.
Das Anlagevermögen ist langfristig finanziert.

**Anlagendeckung III**

$$\text{Anlagendeckung III} = \frac{\text{Langfristiges Kapital}}{\text{Anlagevermögen + Vorräte}} \times 100$$

| | | | Ist 2002 | Ist 2003 |
|---|---|---|---|---|
| Langfristiger Kapitalanteil = | Eigenkapital | = | 1.855.521 | 1.878.399 |
| | + 50 % der Rückstellungen | = | 508.727,5 | 553.167,5 |
| | + Langfristige Verbindlichkeiten | = | 1.379.199 | 1.455.336 |
| | Summe | | 3.743.448 | 3.886.903 |

$$\text{Ist 2002} \quad \frac{3.743.448}{3.666.507} \times 100 \qquad \text{Ist 2003} \quad \frac{3.886.903}{3.767.736} \times 100$$

= **102,1%** = **103,2%**

Nicht nur das Anlagevermögen, auch die Vorräte sind langfristig finanziert.
Diese Werte sollte man positiv im Gespräch mit der Bank hervorheben.

**Abbildung 21**

## Liquiditätsanalyse

### Liquidität 1. Grades

$$\text{Liquidität 1. Grades} = \frac{\text{Flüssige Mittel}}{\text{Kurzfristige Verbindlichkeiten}} \times 100$$

| | | Ist 2002 | Ist 2003 |
|---|---|---|---|
| Kurzfristige Verbindlichk. = | Verbindlichkeiten aus L+L | 414.082 | 606.626 |
| | + Sonstige Verbindlichkeiten | 761.979 | 694.329 |
| | + 50% der Rückstellungen | 508.728 | 553.168 |
| | + Bilanzgewinn | 257.316 | 280.194 |
| | Summe | 1.942.105 | 2.134.317 |

Ist 2002 $\frac{266.295}{1.942.105} \times 100$ Ist 2003 $\frac{183.147}{2.134.317} \times 100$

= **13,7%** = **8,6%**

Hier deutet sich eine Krise an. Den sehr geringen flüssigen Mitteln stehen erhebliche kurzfristige Verbindlichkeiten gegenüber. Dies wirft eine Menge Fragen auf: Wie kurzfristig sind die Verbindlichkeiten tatsächlich? Wann sind diese fällig?
Bei dieser Konstellation deutet sich ein Liquiditätsengpass an.

### Liquidität 2. Grades

$$\text{Liquidität 2. Grades} = \frac{\text{Flüssige Mittel + Forderungen aus L+L}}{\text{Kurzfristige Verbindlichkeiten}} \times 100$$

Ist 2002 $\frac{687.324}{1.942.105} \times 100$ Ist 2003 $\frac{864.813}{2.134.317} \times 100$

= **35,4%** = **40,5%**

Auch wenn die Forderungen aus Lieferungen und Leistungen in die Betrachtung mit einbezogen werden, bessert sich das schlechte Bild, das schon die Liquidität 1. Grades gezeigt hat, kaum.

**Liquidität 3. Grades**

$$\text{Liquidität 3. Grades} = \frac{\text{Umlaufvermögen}}{\text{Kurzfristige Verbindlichkeiten}} \times 100$$

$$\text{Ist 2002} \quad \frac{2.218.859}{1.942.105} \times 100 \qquad \text{Ist 2003} \quad \frac{2.412.012}{2.134.317} \times 100$$

= **114,3%** = **113,0%**

Erst jetzt sieht das Bild etwas besser aus, allerdings ist die Liquidität 3. Grades kein sehr aussagekräftiger Wert mehr. Eine Menge Unsicherheitsfaktoren liegen in dieser Kennzahl. Bei diesem Unternehmen fällt ein hoher Posten „Wertpapiere" im Umlaufvermögen auf, der hoffentlich im Notfall schnell verkauft werden kann.

**Working Capital**

Working Capital = Umlaufvermögen - kurzfristige Verbindlichkeiten

| | Ist 2002 | Ist 2003 |
|---|---|---|
| Umlaufvermögen | 2.218.859 | 2.412.012 |
| - kurzfr. Verbindlichkeiten | 1.942.105 | 2.134.317 |
| = Working Capital | 276.755 | 277.696 |

| | |
|---|---|
| Ist 2002 | 276.755 |
| Ist 2003 | 277.696 |
| Differenz: | 941 |
| = | **0,3%** |

Das Working Capital ist positiv. Damit wurde das Umlaufvermögen zum Teil mit langfristig zur Verfügung stehendem Kapital finanziert. Positiv.

**Abbildung 22**

## Gewinnanalyse

### Gewinnentwicklung

| | | |
|---|---|---|
| Ist 2002 | | 257.316 |
| Ist 2003 | | 280.194 |
| | Differenz: | 22.878 |
| | = | **8,9%** |

Das Unternehmen macht Gewinne. Dieser Gewinn konnte im Jahresvergleich sogar gesteigert werden.
Positives Ergebnis.

### Umsatzerlöse

| | | |
|---|---|---|
| Ist 2002 | | 3.828.252 |
| Ist 2003 | | 4.096.220 |
| | Differenz: | 267.968 |
| | = | **7,0%** |

Die Umsatzerlöse entwickeln sich ebenfalls positiv. Die Frage ist, mit welcher Kostenentwicklung diese Umsatzsteigerungen verbunden sind.
Zudem ist interessant, bei welchen Leistungen oder Produkten der Umsatz gesteigert werden konnte.

### Materialaufwand

| | | |
|---|---|---|
| Ist 2002 | | 1.493.094 |
| Ist 2003 | | 1.600.288 |
| | Differenz: | 107.194 |
| | = | **7,2%** |

Der Materialaufwand ist gestiegen, was bei steigendem Umsatz nicht verwunderlich ist. Die Steigerung liegt im Rahmen.

### Personalaufwand

| | | |
|---|---|---|
| Ist 2002 | | 1.378.710 |
| Ist 2003 | | 1.522.928 |
| | Differenz: | 144.218 |
| | = | **10,5%** |

Ebenfalls steigender Aufwand.
Hier wurde eine Umsatzerhöhung teuer mit einer überproportionalen Steigerung der Personalkosten erkauft.
Die Ursachen hierfür sollte man untersuchen.

### Abschreibungen

| | | |
|---|---|---|
| Ist 2002 | | 371.460 |
| Ist 2003 | | 336.282 |
| | Differenz: | -35.178 |
| | = | **-9,5%** |

Rückläufige Abschreibungen, d.h., Anlagegüter sind voll abgeschrieben, ohne dass Abschreibungen für Neuinvestitionen hinzugekommen sind. Die Substanz des Unternehmens nimmt damit ab, was kein gutes Zeichen ist, auch wenn sich dieser Effekt positiv auf den Gewinn auswirkt.

### Rückstellungen

| | | |
|---|---|---|
| Ist 2002 | | 51.045 |
| Ist 2003 | | 88.880 |
| | Differenz: | 37.835 |
| | = | **74,1%** |

Die Rückstellungen wurden erhöht.
Was der konkrete Anlass hierfür war, sollte man der Bank gegenüber erläutern.

| **Sonstige betriebliche Aufwendungen** | | |
|---|---|---|
| Ist 2002 | | 414.682 |
| Ist 2003 | | 378.563 |
| | Differenz: | -36.119 |
| | = | **-8,7%** |

Hier gab es Einsparungen.
In diesen Wert laufen jedoch eine Menge an Positionen, so dass Schwankungen normal sind.

| **Zinsaufwand** | | |
|---|---|---|
| Ist 2002 | | 122.336 |
| Ist 2003 | | 131.272 |
| | Differenz: | 8.936 |
| | = | **7,3%** |

Der Zinsaufwand ist geringfügig gestiegen.
Gab es eine leichte Neuverschuldung?

| **Steuern** | | |
|---|---|---|
| Ist 2002 | | 170.355 |
| Ist 2003 | | 177.120 |
| | Differenz: | 6.765 |
| | = | **4,0%** |

Steuern sind meist abhängig von Einkommen und Ertrag.
In Kapitalgesellschaften gibt es unterschiedliche Sätze für einbehaltene und ausgeschüttete Gewinne und so kann mittels Ausschüttungspolitik die Steuerlast gestaltet werden.

**Abbildung 23**

**Cashflowanalyse**

| | | Ist 2002 | Ist 2003 |
|---|---|---|---|
| Bilanzgewinn | | 257.316 | 280.194 |
| + Abschreibungen | | 371.460 | 336.282 |
| + Rückstellungen | | 51.045 | 88.880 |
| = Cashflow | | 679.821 | 705.356 |
| | | | |
| Ist 2002 | | 679.821 | |
| Ist 2003 | | 705.356 | |
| | Differenz: | 25.535 | |
| | = | **3,8%** | |

Die Finanzkraft des Unternehmens konnte gesteigert werden. Grund hierfür waren sowohl ein gestiegener Gewinn als auch höhere Rückstellungen. Tritt das Ereignis ein, für das zusätzliche Rückstellungen gebildet wurden, so verpufft allerdings dieser positive Effekt.

**Abbildung 24**

## Rentabilitätsanalyse

### Eigenkapitalrentabilität

$$\text{Eigenkapitalrentabilität} = \frac{\text{Gewinn} \times 100}{\text{Eigenkapital}}$$

$$\text{Ist 2002} \quad \frac{257.316 \times 100}{1.855.521} = \mathbf{13{,}9\%} \qquad \text{Ist 2003} \quad \frac{280.194 \times 100}{1.878.399} = \mathbf{14{,}9\%}$$

Das Eigenkapital verzinst sich in einer angemessenen Höhe.
Der gute Wert konnte sogar noch gesteigert werden.

### Gesamtkapitalrentabilität

$$\text{Gesamtkapitalrentabilität} = \frac{\text{Gewinn} + \text{Fremdkapitalzinsen} \times 100}{\text{Gesamtkapital (Eigen- + Fremdkapital)}}$$

$$\text{Ist 2002} \quad \frac{379.652 \times 100}{5.428.236} = \mathbf{7{,}0\%} \qquad \text{Ist 2003} \quad \frac{411.466 \times 100}{5.741.025} = \mathbf{7{,}2\%}$$

Die Gesamtkapitalrendite ist demgegenüber relativ niedrig. Das eingesetzte Kapital verzinst sich nicht gut.

### Umsatzrentabilität

$$\text{Umsatzrentabilität} = \frac{\text{Gewinn} + \text{Fremdkapitalzinsen} \times 100}{\text{Umsatz}}$$

$$\text{Ist 2002} \quad \frac{379.652 \times 100}{3.828.252} = \mathbf{9{,}9\%} \qquad \text{Ist 2003} \quad \frac{411.466 \times 100}{4.096.220} = \mathbf{10{,}0\%}$$

Diese Kennzahl ist nahezu gleich geblieben. Hier ist ein Vergleich zur Branche zu machen.

**Return on Investment (ROI)**

$$\text{Return on Investment} = \frac{\text{Gewinn} + \text{Fremdkapitalzinsen} \times 100}{\text{Umsatz}} \times \frac{\text{Umsatz}}{\text{Gesamtkapital}}$$

$$= \text{Umsatzrentabilität} \times \text{Kapitalumschlagshäufigkeit}$$

Ist 2002

$$\frac{379.652 \times 100}{3.828.252} \times \frac{3.828.252}{5.428.236}$$

$$= \mathbf{9{,}9\%} \qquad = \mathbf{0{,}7\%}$$

**ROI = 7,0%**

Ist 2003

$$\frac{411.466 \times 100}{4.096.220} \times \frac{4.096.220}{5.741.025}$$

$$= \mathbf{10{,}0\%} \qquad = \mathbf{0{,}7\%}$$

**ROI = 7,2%**

Obwohl das Ergebnis dasselbe ist wie bei der Gesamtkapitalrentabilität, sieht man hier die Einflussgrößen deutlicher. Die Umsatzrentabilität ist gut, die Kapitalumschlagshäufigkeit ist jedoch sehr schlecht und zieht damit das Ergebnis nach unten. Die Umschlagshäufigkeit beschreibt, wie viel Umsatz mit dem Kapital erzielt wird. In diesem Fall wird das eingesetzte Kapital schlecht genutzt.

**Abbildung 25**

## Umschlagshäufigkeiten

### Kapitalumschlagshäufigkeit in Tagen

$$\text{Kapitalumschlagshäufigkeit in Tagen} = \frac{360}{\text{Kapitalumschlagshäufigkeit}}$$

$$\text{Kapitalumschlagshäufigkeit} = \frac{\text{Umsatz}}{\text{Gesamtkapital}}$$

Ist 2002 $\frac{360}{0{,}705}$ = **510 Tage**

Ist 2003 $\frac{360}{0{,}713}$ = **505 Tage**

Dies ist ein schlechter Wert. Es dauert lange, bis sich das Kapital umschlägt, und daran hat sich auch im Zeitvergleich nichts wesentlich geändert. Das Kapital wird nicht besonders effizient genutzt.

### Debitorendauer

$$\text{Debitorenumschlag} = \frac{\text{Umsatzerlöse + Mehrwertsteuer (16\%)}}{\text{durchschnittliche Forderungen aus L+L}}$$

$$\text{Kundenziel} = \frac{360}{\text{Debitorenumschlag}}$$

Ist 2002 $\frac{4.440.772}{421.029}$ = **10,5**

$\frac{360}{10{,}5}$

**Debitorendauer = 34 Tage**

Ist 2003 $\frac{4.751.615}{681.666}$ = **7,0**

$\frac{360}{7{,}0}$

**Debitorendauer = 52 Tage**

Die Zahlungsmoral der Kunden sinkt. Ein schlechtes Zeichen. Evtl. sollte man ein Factoring (Verkauf der Forderungen an einen Dritten) in Erwägung ziehen oder durch attraktive Rabatte bei „Schnellzahlung" die Zahlungsmoral der Kunden fördern.

**Kreditorenumschlag**

$$\text{Kreditorenumschlag} = \frac{\text{Materialaufwand + Mehrwertsteuer}}{\text{durchschnittliche Verbindlichkeiten aus L+L}}$$

$$\text{Lieferantenziel} = \frac{360}{\text{Kreditorenumschlag}}$$

| | Ist 2002 | | Ist 2003 |
|---|---|---|---|
| | $\frac{1.731.989}{414.082}$ | | $\frac{1.856.334}{606.626}$ |
| = | **4,2** | = | **3,1** |
| | $\frac{360}{4,2}$ | | $\frac{360}{3,1}$ |
| **Kreditorendauer** | **86 Tage** | **Kreditorendauer** | **118 Tage** |

Auch die Zahlungsmoral des Unternehmens sinkt. Die Liquiditätslage ist ja auch nicht besonders rosig. Siehe Liquidität 1. Grades.

**Lagerumschlag Roh-, Hilfs- und Betriebsstoffe (RHB)**

$$\text{Lagerumschlag RHB} = \frac{\text{Materialaufwand}}{\text{durchschnittliche RHB}}$$

| | Ist 2002 | | Ist 2003 |
|---|---|---|---|
| | $\frac{1.493.094}{284.376}$ | | $\frac{1.600.288}{318.447}$ |
| = | **5,3** | = | **5,0** |

$$\text{Lagerdauer} = \frac{360}{\text{Lagerumschlag}}$$

| | Ist 2002 | | Ist 2003 |
|---|---|---|---|
| | $\frac{360}{5,3}$ | | $\frac{360}{5,0}$ |
| = | **69 Tage** | = | **72 Tage** |

Die Lagerumschlagshäufigkeit ist o.k.

**Abbildung 26**

## Wertschöpfungsanalyse

### Wertschöpfung

Wertschöpfung = Produktionswert - Vorleistungen
(Entstehungsrechnung)

| | Ist 2002 | Ist 2003 |
|---|---|---|
| **Produktionswert:** | | |
| Umsatzerlöse | 3.828.252 | 4.096.220 |
| Sonst. betriebl. Erträge | 322.752 | 316.848 |
| Erträge aus Beteiligungen | 20.049 | 13.407 |
| Sonstige Zinserträge | 87.945 | 89.052 |
| Außerordentliche Erträge | 0 | 0 |
| **= ∑ Prod.wert** | **4.258.998** | **4.515.527** |
| **Vorleistungen:** | | |
| Materialaufwand | 1.493.094 | 1.600.288 |
| Abschreibungen | 371.460 | 336.282 |
| Sonst. betriebl. Aufw. | 414.682 | 378.563 |
| Außerordentliche Aufw. | 0 | 0 |
| **= ∑ Vorleistungen** | **2.279.236** | **2.315.133** |
| Produktionswert | 4.258.998 | 4.515.527 |
| - Vorleistungen | 2.279.236 | 2.315.133 |
| **= Wertschöpfung** | **1.979.762** | **2.200.394** |

**Veränderung = 11,1%**

**Verwendungsrechnung**

Wie wird die Wertschöpfung verwendet?
– Mitarbeiter (Personalaufwand)
– Zukünftige Risiken (Rückstellungen)
– Bankanteil (Zinsaufwendungen)
– Staatsanteil (Steuern)
– Gesellschafteranteil (Bilanzgewinn)

| Ist 2002 | | % | Ist 2003 | | % |
|---|---|---|---|---|---|
| Personalaufwand | 1.378.710 | 69,6% | Personalaufwand | 1.522.928 | 69,2% |
| Rückstellungen | 51.045 | 2,6% | Rückstellungen | 88.880 | 4,0% |
| Zinsaufwand | 122.336 | 6,2% | Zinsaufwand | 131.272 | 6,0% |
| Steuern | 170.355 | 8,6% | Steuern | 177.120 | 8,0% |
| Bilanzgewinn | 257.316 | 13,0% | Bilanzgewinn | 280.194 | 12,7% |
| **= Wertschöpfung** | **1.979.762** | **100%** | **= Wertschöpfung** | **2.200.394** | **100%** |

Diese Daten sollten mit dem Branchendurchschnitt verglichen werden.

**Abbildung 27**

**Tipp:** Nehmen Sie die Kennzahlenblätter der Finanz- und Erfolgsanalyse Ihres Unternehmens mit zu Ihrem Bankgespräch.

## Kunden-/Marktanalyse

Im Rahmen der Bewertungskriterien nach Basel II wird neben den finanziellen Verhältnissen eines Unternehmens auch nach der Stellung des Unternehmens im Markt gefragt. In Basel II werden insbesondere die Bewertungskriterien Branche, Land und Abhängigkeit vom Nachfrageverhalten der Kunden explizit aufgeführt. Damit sind in erster Linie die externen Einflussfaktoren auf ein Unternehmen genannt. Nun ist es aber nicht so, dass ein Unternehmen Spielball der externen Rahmenbedingungen wie Branche, Land oder Kundenverhalten ist, sondern das Management eines Unternehmens beeinflusst diese Rahmenbedingungen selbst aktiv

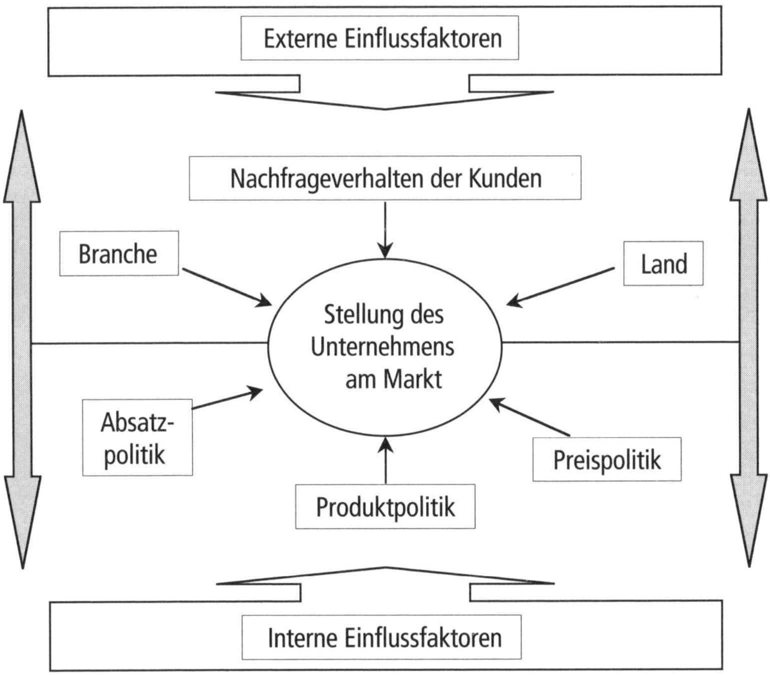


**Abbildung 28: Stellung des Unternehmens am Markt**

durch die Produktpolitik, Preispolitik und generell die Absatzpolitik. Es handelt sich also vielmehr um ein gegenseitiges Wechselspiel zwischen internen und externen Einflussfaktoren, die die Stellung eines Unternehmens am Markt bestimmen.

Beispiel: Kann das Management die Kunden zum Kauf motivieren, z.B. durch eine attraktive Produktpolitik, so ist die Stellung des Unternehmens am Markt in Ordnung. Ändern sich aber auf der anderen Seite die externen Rahmenbedingungen, indem z.B. die Wirtschaftspolitik in dem Land, in dem produziert wird, beschließt, die Lohnnebenkosten durch höhere Sozialabgaben zu steigern, so kann sich die Stellung des Unternehmens am Markt möglicherweise verschlechtern. Die Kalkulation der Produktpreise ist so eng, dass diese Kostensteigerung durch eine Preiserhöhung an die Kunden weitergegeben werden muss. Das Exportgeschäft leidet wegen der Preiserhöhung, da andere Unternehmen in Ländern mit niedrigeren Lohnnebenkosten billiger anbieten können. Jetzt muss das Unternehmen reagieren und eventuell versuchen, durch besondere Werbemaßnahmen den verlorenen Absatzmarkt wieder zurückzuerobern.

## Externe Einflussfaktoren

### Analyse des Nachfrageverhaltens der Kunden

Das Verhalten des Kunden ist schwer durchschaubar. Bei den Käufern, den Konsumenten, sind die unterschiedlichsten Wertvorstellungen und Kaufvorlieben zu beobachten. Um das unterschiedliche Nachfrageverhalten transparenter zu machen, teilt man die potenziellen Kunden in unterschiedliche Zielgruppen ein. Da gibt es den Trendsetter, der immer das Neueste vom Neuen haben muss. Da gibt es den Genussmenschen, der zum Kauf bereit ist, wenn sein persönliches Wohlbefinden positiv beeinflusst wird, und den traditionellen Käufer, der gern auf Bewährtes zurückgreift. Oder man definiert Zielgruppen nach soziologischen Gesichtspunkten. So unterscheidet man die Familie mit Kindern, die Singles, die ältere Bevölkerung, Jugendliche etc. Die Absatzplanung orientiert sich an diesen Zielgruppen. Bei welcher Zielgruppe kann ein bestimmtes Produkt platziert werden? Wie hoch wird der Absatz bei den einzelnen Zielgruppen sein?

Bei dieser vorausschauenden Planung helfen Marktprognosen und Trendforschungen, die oft von Meinungsforschungsinstituten veröffentlicht werden. Oder das Unternehmen beauftragt selbst eine Werbeagentur, die möglichen Absatzchancen eines Produktes oder einer Dienstleistung zu untersuchen.

### Mögliche Kennzahlen zur besseren Transparenz des Kundenverhaltens:

*Kundenbindung:* Wie treu sind unsere Kunden?

$$\frac{\text{Anzahl Wiederholungskäufe x 100}}{\text{Anzahl Gesamtkäufe}} = \text{Anteil Wiederholungskäufe am Gesamtverkaufsvolumen}$$

Ein Wiederholungskauf definiert sich als mindestens 2. Kauf eines Kunden bei diesem Unternehmen. Mit dieser Kennzahl erhält man einen Einblick, wie hoch der Anteil der Stammkunden am Geschäftsvolumen ist.

*Neukundenanteil:* Wie stark beeinflussen Neukunden unser Geschäft?

$$\frac{\text{Neukunden x 100}}{\text{Kunden gesamt}} = \text{Anteil der Neukunden an der Gesamtkundenanzahl}$$

Diese Kennzahl gibt Auskunft über den Erfolg der Neukundenwerbung. Das Unternehmen freut sich zwar über jeden Stammkunden, aber zur Erhaltung der Marktposition und mehr noch bei einer beabsichtigten Absatzsteigerung ist die Gewinnung von Neukunden unerlässlich.

*Zielgruppenanteile:* Mit wem machen wir unser Geschäft?

$$\frac{\text{Umsatz Zielgruppe 1 (z.B. Senioren) x 100}}{\text{Gesamtumsatz alle Kunden am Gesamtgeschäftsvolumen}} = \text{Anteil der Zielgruppe 1}$$

Eine Analyse der Umsatzanteile nach verschiedenen Zielgruppendefinitionen ist für die Verkaufsförderungsmaßnahmen und die Werbung hilfreich. Im zweiten Schritt können daraus Impulse für die Produktentwicklung abgeleitet werden, indem man spezielle Produktanpassungen für die Hauptzielgruppe anbietet (z.B. bunte Farben für Kinder oder bessere Handhabbarkeit für ältere Menschen).

## Branchenanalyse

**Konkurrenz: Wie gut sind die anderen?**

Wie stark ist die Konkurrenz? Wer ist Marktführer? Wie wird die Konkurrenz auf eine Werbeoffensive reagieren? Wie ist das Preisniveau der Konkurrenzprodukte? Im Rahmen der Branchenanalyse sind dies spannende Fragestellungen, denn natürlich interessiert sich ein Unternehmen brennend für die anderen Unternehmen, die sich auf demselben Markt tummeln.

Es ist allerdings schwierig, an Informationsmaterial über die Konkurrenz heranzukommen. Man kann zwar auf die vom Konkurrenzunternehmen veröffentlichten Daten in der Fachpresse oder der Homepage des Unternehmens zurückgreifen, aber diese Informationen reichen nicht. Besonders die „weichen Faktoren" wie Mitarbeiterzufriedenheit, Qualität des Service oder Kompetenz des Managements sind Informationen, die man nur schwer bekommen kann.

Eine Reihe von professionellen Anbietern, deren Adressen man leicht über Internet oder Branchenbuch erhält, bietet solche Vergleichsdaten verschiedener Branchen an. Meist ist dieser Service aber mit erheblichen Kosten verbunden. Als Anlaufstellen gibt es die örtliche IHK, Arbeitgeberverbände, das Statistische Bundesamt und verschiedene Wirtschaftsinstitute. (Siehe auch Kapitel 5: Hilfen, Anlaufstellen, Internetadressen)

Für den Vergleich mit einem Konkurrenzunternehmen eignen sich in erster Linie finanzwirtschaftliche Kennzahlen. Darüber hinaus ist aber die folgende Auswahl an „soft facts" sicherlich interessant, um die eigene Standortbestimmung im Vergleich zu den Standards der Konkurrenzunternehmen vorzunehmen:

- Mitarbeiterqualifikation
- Kompetenz des Managements
- Leistungsangebot
- Leistungsqualität
- Preise
- Kundenpotenzial
- Servicequalität
- Technische Ausstattung
- Vertriebswege

**Konjunkturabhängigkeit**

Wie abhängig ist die Branche von Konjunkturschwankungen? Hier gibt es durchaus Unterschiede von Branche zu Branche. Billige Regenschirme kann man zu jeder Zeit verkaufen, ob nun die Wirtschaft boomt oder sich gerade in einer Rezession befindet. Mit Luxussonnenbrillen sieht es da schon anders aus. Nur wenn die Konsumenten gut verdienen und keine Angst um ihren Arbeitsplatz haben, werden sie sich den einen oder anderen Luxus leisten wollen und leisten können.

**Internationale Wettbewerbslage**

Wie wettbewerbsfähig ist die Branche als Ganzes auf dem Weltmarkt? Wird sie vom Staat subventioniert, um gegen ausländische Mitbewerber bestehen zu können? Ist es eine Branche im Aufwind wie z.B. die Telekommunikation oder gehört sie eher zu den stark subventionierten Branchen wie die Braunkohleförderung? Wie wird sich die Branche in der Zukunft entwickeln, im eigenen Land und in anderen Wirtschaftsräumen?

## Länderanalyse

Im Rahmen der Länderanalyse werden insbesondere folgende Bewertungskriterien herangezogen:

- Staatsform, politische Rahmenbedingungen und Stabilität
- Gesetzliche Rahmenbedingungen
- Wirtschaftliche und wirtschaftspolitische Rahmenbedingungen
- Währungspolitische Stabilität
- Steuerliche Rahmenbedingungen
- Soziale Rahmenbedingungen

In einem politisch und wirtschaftlich stabilen Land mit guter Infrastruktur und erfolgreicher Bildungspolitik wird ein Unternehmen keine Schwierigkeiten haben, seiner Geschäftstätigkeit nachzugehen, und dies ist im europäischen Wirtschaftsraum die Regel. So soll im Folgenden mehr auf die Risiken eingegangen werden, die im Rahmen der Länderanalyse zu beachten sind:

- Risiko Firmensitz/Produktionsstandorte

  Maßgeblich für die Ratingeinstufung eines Unternehmens ist das Länderrating für das Land, in dem die Unternehmenszentrale bzw. die Produktionsstandorte liegen. Der Schwerpunkt wird auf das Land gelegt, in dem sich das Kerngeschäft vollzieht. Die oben genannten Rahmenbedingungen beeinflussen die Geschäftstätigkeit eines Unternehmens ganz wesentlich. Wird der Firmensitz z.B. aus steuerlichen Gründen in ein weniger stabiles Land verlegt, so sind damit nicht zu unterschätzende Risiken verbunden. Viele Frachtschiffe segeln unter recht exotischen Flaggen, weil in diesen Ländern nur geringe Sicherheitsbestimmungen für Frachtschiffe existieren. Das Risiko, das hieraus erwächst, ist beträchtlich, leider nicht nur für den Betreiber dieser Schiffe.
- Risiko Import

  Aus dem Import von Dienstleistungen und Produkten können sich zusätzlich zu den oben genannten Aspekten noch ganz andere, unternehmensspezifische Risiken ergeben. Angenommen, das Unternehmen benötigt für die Herstellung seiner Produkte einen bestimmten Rohstoff, der nur in wenigen Ländern dieser Erde vorkommt. Wenn es zu einem Engpass bei dem Import dieses Rohstoffs kommen sollte, stehen die Produktionsstätten in diesem Unternehmen still. Das ist ein wesentliches Risiko für das Unternehmen, auf das die Unternehmensleitung nur wenig Einfluss hat. Gegenüber der Bank muss nun gezeigt werden, welche Maßnahmen gegen dieses Risiko bereits getroffen wurden (Verträge mit mehreren Bezugsländern, Umstellung der Produktion auf Ersatzrohstoffe in Planung etc.)

- Risiko Export
  Einen nicht unbedeutenden Risikofaktor stellt das Wechselkursrisiko dar. Zumindest innerhalb des Handels im „Euroland" ist dieses Risiko Vergangenheit. Entscheidend für den deutschen Export dürften nach wie vor die Währungsschwankungen zwischen US-Dollar und Eurokurs sein. Restriktionen im Außenhandel wie Schutzzölle, Handelsbeschränkungen, Importverbote sind darüber hinaus spezielle Risiken für den Export.

## Interne Einflussfaktoren

### Produktanalyse

Auch das Produkt selbst stellt die Weichen, wie das Unternehmen am Markt bestehen kann. Ist es ein neues Produkt, das erst im Markt eingeführt werden muss? Dann sollte man eher nicht mit den ganz großen Absatzmengen rechnen. Oder handelt es sich um ein bewährtes Produkt, das schon immer ein stabiles Absatzvolumen eingebracht hat?

Die Einschätzung eines Marktes und des Marktanteils eines Produktes in diesem Markt kann sich nicht immer auf absolute Zahlen (z.B. Umsatzzahlen) stützen. Vielmehr handelt es sich dabei um die Einschätzung von Marktkennern. Dies können Mitarbeiter der eigenen Marketingabteilung sein, aber auch Verbraucher. Werbeagenturen und Marktforschungsunternehmen führen Befragungen durch, in denen Testpersonen die Produkte einschätzen und beurteilen sollen. Hierzu wird ihnen z.B. eine Bandbreite von –5 = sehr schlecht über 0 = neutral bis zu +5 = sehr gut vorgegeben. Aus der am häufigsten genannten Einschätzung werden dann Rückschlüsse gezogen über den Stand des Produktes im Markt und die Attraktivität des Produktes bei den Endverbrauchern.

**Mögliche Kennzahlen**

*Marktanteil:*

$$\frac{\text{Umsatz x 100}}{\text{Gesamtmarktvolumen}} = \text{Marktanteil der Produkte am Gesamtmarktvolumen}$$

Auf welches Gesamtmarktvolumen man den Marktanteil bezieht, kann von Unternehmen zu Unternehmen ganz unterschiedlich sein. Ein international tätiges Unternehmen orientiert sich am Weltmarktvolumen für ein Produkt oder eine Dienstleistung. Der Friseur um die Ecke orientiert sich am potenziellen Markt seines Stadtteils für Friseurdienstleistungen.

*Wachstum:*

$$\frac{\text{Umsatz aktuelles Jahr x 100}}{\text{Vorjahresumsatz}} = \text{Umsatzsteigerung eines bestimmten Produktes}$$

Diese Kennzahl zeigt, wie sich der Umsatz eines bestimmten Produktes entwickelt hat. Diesem Wert kann man das Werbebudget, das für dieses Produkt aufgewendet wurde, gegenüberstellen. Das eine Produkt hatte vielleicht eine geringe Steigerungsrate, benötigt dabei aber fast keinen Werbeaufwand, ein Langläufer in der Produktreihe. Ein neues Produkt dagegen hatte vielleicht traumhafte Steigerungsraten, musste aber erst mit hohem Werbebudget am Markt bekannt gemacht werden.

*Produkterfolgsrate:*

$$\frac{\text{Anzahl erfolgreicher Produkte x 100}}{\text{Gesamtzahl neuer Produkte}} = \text{Erfolgsrate neuer Produkte}$$

Diese Kennzahl zeigt, wie erfolgreich neue Produkte am Markt platziert werden konnten. Daraus kann das Unternehmen schließen, welche Produktinnovationen oder Produktänderungen der Markt angenommen hat und welche schlichtweg gefloppt sind.

## Preispolitik

Bei der Preispolitik geht es im ersten Schritt darum, ob man zu niedrigen Preisen anbietet, um konkurrenzfähig zu sein, oder ob die Produkte herausragende Qualitätsmerkmale aufweisen, die auch eine Platzierung im hochpreisigen Marktsegment erlauben. In der Preispolitik wird auch über Rabatte, z.B. Mengenrabatte oder besondere Rabatte für Kundentreue, entschieden und über die Staffelung der Provisionen für die Vertriebspartner.

*Durchschnittspreise:*

$$\frac{\text{Umsatz}}{\text{Anzahl verkaufter Stücke aller Produkte}} = \frac{\text{Durchschnittspreis}}{\text{über alle Produkte}}$$

Es ist ein schlechtes Zeichen, wenn die Durchschnittspreise sinken, denn dann befindet sich das Unternehmen unter Umständen in einem harten Preiswettbewerb mit der Konkurrenz (Beispiel: Billigflieger). In einem weiteren Schritt sind die Ursachen für das Sinken des Preises zu analysieren: Gibt es einen allgemeinen Preisverfall am Markt, sind Produkte nur noch mit hohen Rabatten absetzbar? Kann die Konkurrenz billiger produzieren und gibt daher die Preise vor?

*Deckungsbeitrag je Leistungseinheit (z.B. je Handwerkerstunde):*

$$\frac{\text{Deckungsbeitragsvolumen}}{\text{Anzahl Leistungseinheiten}} = \text{Deckungsbeitrag einer Leistungseinheit}$$

Der Deckungsbeitrag errechnet sich aus dem Umsatz abzüglich der variablen Kosten und drückt damit aus, welchen „Beitrag“ dieses Produkt bzw. diese Leistungseinheit zur „Deckung“ der Fixkosten beiträgt.

Sinkt der Deckungsbeitrag je Leistungseinheit, dann war die Ursache entweder ein geringerer Verkaufspreis für die Leistung oder ein höherer Aufwand an variablen Kosten für die Leistung. Beides geht zu Lasten des Deckungsbeitrags und damit letztendlich zu Lasten der Produktivität einer Leistung.

### Absatzpolitik, auch Distributionspolitik genannt

In der Absatzpolitik werden die Vertriebswege und Vertriebssysteme festgelegt. Wendet man sich über Direktwerbung direkt an den Kunden (z.B. Versandhäuser, direkt über Kundenmailings) oder schaltet man Vertriebsmittler ein? Beispielsweise verkaufen Reiseveranstalter und Fluggesellschaften ihre Produkte meist nicht direkt an den Kunden, sondern nutzen das Vertriebssystem der Reisebüros. Das Internet bietet in diesem Zusammenhang ganz neue Möglichkeiten für die Unternehmen. Das Internet unterstützt den direkten Verkauf an den Kunden und so werden immer mehr Reisen und Flüge, um bei dem genannten Beispiel zu bleiben, direkt über Internet von den Kunden gebucht.

Im Rahmen der Absatzpolitik geht es auch um die Entscheidung, wie hoch die Lieferbereitschaft ist. Ist es vorrangig, dass der Kunde das Produkt notfalls innerhalb 24 Stunden erhält (z.B. bei Arzneimitteln), oder genügt eine Lieferbereitschaft von z.B. fünf Tagen?

*Vertriebskostenentwicklung:*
*(Betrachtung über mehrere Monate oder Vergleich mit dem Vorjahr)*

$$\frac{\text{Kosten des Vertriebs x 100}}{\text{Gesamtkosten}} = \text{Verhältnis Vertriebskosten zu Gesamtkosten}$$

und

$$\frac{\text{Kosten des Vertriebs x 100}}{\text{Umsatz}} = \text{Verhältnis Vertriebskosten zu Umsatzvolumen}$$

Steigen die Vertriebskosten im Verhältnis zu den Gesamtkosten, so kann dies völlig in Ordnung sein, wenn mit diesem Aufwand auch ein höherer Umsatz erzielt wird. Daher werden beide Verhältniszahlen immer gemeinsam betrachtet. Steigen die Vertriebskosten und wird damit trotzdem kein höherer Umsatz erzielt, kann die Ursache ein Preisverfall am Markt, aber auch ein geringeres Kundeninteresse an den Produkten sein.

*Auftragseingang/Auftragsvolumen:*
Der Auftragseingang bzw. das Auftragsvolumen ist eigentlich keine Kennzahl, sondern eine absolute Zahl. Dieser Wert wird aber zur Kennzahl, wenn man die Höhe im Zeitverlauf beobachtet. Auftragseingänge sind der Umsatz von morgen. Sinken also die Eingänge und das Auftragsvolumen im Zeitverlauf, so bedeutet das nichts Gutes für den zukünftigen Umsatz. Gerade in der Baubranche, die lange Herstellungszeiten hat, ist diese Kennzahl ein entscheidender Frühindikator für das zukünftige Geschäftsvolumen.

*Angebotserfolgsquote:*

$$\frac{\text{Anzahl erfolgreicher Angebote x 100}}{\text{Gesamtanzahl abgegebener Angebote}} = \text{Erfolgsquote der Angebote}$$

Es ist ein schlechtes Zeichen, wenn Angebote über Angebote herausgegeben werden, aber nur wenige zum Erfolg führen. Wo liegen die Ursachen: im Vertrieb, beim Produkt, beim Preis? Die Ergebnisse Ihrer Überlegungen zur Kunden-/

Marktanalyse in Ihrem Unternehmen können Sie übersichtlich in der folgenden Checkliste zusammenfassen:

| | Fachbetrieb für Facility Management | |
|---|---|---|
| KUNDE | **Wie treu sind unsere Kunden?** | Die Kundenbindung beträgt 95 %.<br>Die meisten Leistungen werden für Stammkunden erbracht.<br>Geringe Reklamationsquote. |
| | **Wie stark beeinflussen Neukunden unser Geschäft?** | Der Neukundenanteil beträgt 5 %. |
| | **Zielgruppensegmente** | 50 % Privatkunden (z.B. Mietshausbesitzer), 40 % Geschäftskunden (z.B. Ladenbesitzer im Gebäude), 10 % öffentliche Hand (Gemeinde, Bundeswehr). |
| BRANCHE | **Wie stark ist die Konkurrenz?** | Marktführer ist Gerald Facility AG.<br>Es herrscht ein harter Preiskampf.<br>Unsere Stärke ist aber unsere hervorragende Mitarbeiterqualifikation. |
| | **Wie stark ist die Konjunkturabhängigkeit der Branche?** | Geringe Konjunkturabhängigkeit bei den Privatkunden, aber starke Konjunkturabhängigkeit bei den Geschäftskunden (Ladenbesitzer im Gebäude). |
| | **Internationale Wettbewerbslage** | Branche boomt.<br>Gute Zukunftschancen. |
| LAND | **Firmensitz** | Deutschland, München, guter Standort mit hohem Kundenpotenzial. |
| | **Wirtschaftliche Rahmenbedingungen** | Förderung für Existenzgründungen. |
| | **Soziale Rahmenbedingungen** | Hohe Lebenshaltungskosten in München, daher höheres Lohnniveau bei unseren Mitarbeitern als bei vergleichbaren Konkurrenzunternehmen. |
| PRODUKT | **Wie ist unser Marktanteil?** | Ca. 2 % des Marktes in München (Betreuung von 15 Großobjekten). |
| | **Wie hoch ist unser Wachstum?** | Eine Neuakquise im letzten Jahr, zusätzliche Verpflichtung von örtlichen Handwerkern. |
| | **Produkterfolgsrate** | Zusatzangebot Gebäudesicherheitsdienst wurde von den Kunden gut aufgenommen. |

| | | |
|---|---|---|
| PREIS | **Wie entwickeln sich die Durchschnittspreise?** | Harter Preiskampf mit der Konkurrrenz. Preisziel: Mindestens Preise halten. |
| | **Wie hoch ist der Deckungsbeitrag je Leistungseinheit?** | Deckungsbeitrag je Handwerkerstunde = 8 EUR. Ziel: Steigerung auf 8,50 EUR. |
| | **Wo liegt die Gewinnschwelle?** | Mindestens 8 Objekte sind bei derzeitiger Kostenstruktur für die Fixkostenauslastung notwendig. |
| ABSATZ | **Wie ist die Entwicklung der Vertriebskosten?** | Erhöhung der Vertriebskosten aufgrund zusätzlicher Zeitschriftenwerbung (Stadtmagazin), Mailings, Maklerkontakte, Reaktion auf Ausschreibungen. Notwendig, da schwierige und aufwendige Neukundenwerbung. |
| | **Auftragseingang/ Auftragsvolumen** | Auftragseingänge und Auftragsvolumen steigen jährlich stetig um ca. 5%. |
| | **Wie hoch ist die Angebotserfolgsquote?** | Gerade Angebote für die öffentliche Hand (Kommune) haben eine sehr geringe Erfolgsquote, aber bei Zuschlag sind es krisensichere Aufträge. Verbesserung der Angebotsgestaltung, stärkere Offenlegung der Kalkulation. |

**Abbildung 29: Checkliste Kunden-/Marktanalyse**

**Tipp:** Gehen Sie realistisch an diese Checkliste heran. In der Praxis erlebt man oft Einschätzungen, die vor Optimismus strotzen, sich aber in der Realität nicht bewahrheiten. Diese Checkliste eignet sich auch gut als zusätzliche Unterlage für Ihr Ratinggespräch mit Ihrer Hausbank oder einer Ratingagentur.

## Interne Prozessanalyse

Die Einstellung eines neuen Mitarbeiters ist ebenso ein interner Prozess wie der eigentliche Leistungserstellungsprozess oder Serviceprozess. Damit betrifft die interne Prozessanalyse alle Abteilungen und alle Bereiche im Unternehmen. Eine Prozessanalyse kann somit für jeden beliebigen betrieblichen Prozess durchgeführt werden, wobei der detaillierte Ablaufprozess unter Kosten-, Geschwindigkeits- und Qualitätsgesichtspunkten analysiert wird. Die Fragestellungen sind hierbei:

- Wie kann der Prozess vereinfacht werden?
  Aufdecken und Vermeiden von unnötigen Tätigkeiten.
- Wer muss an dem Prozess beteiligt sein?
  Reduzierung der Anzahl von Schnittstellen.
- Wie kann die Vielfalt der Prozesse reduziert werden?
  Konzentration auf das Wesentliche.

Mit der Kunden-/Marktanalyse wurde schon mit dem Einstieg in die Beurteilung der internen Prozesse begonnen, denn Absatzmarktpolitik und Marketing sind bereits interne Prozesse.

Unter internen Leistungsprozessen versteht man zudem:

- Einkauf/Beschaffung
- Lagerwirtschaft
- Produktion/Dienstleistung
- Forschung und Entwicklung
- Qualitätssicherung

Dem allen übergeordnet ist die Unternehmensführung.

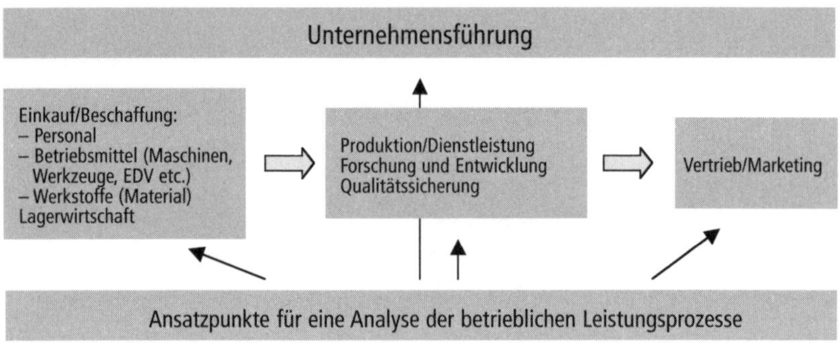


**Abbildung 30: Ansatzpunkte für eine Analyse der betrieblichen Leistungsprozesse**

## Einkauf/Beschaffung/Lagerwirtschaft

Häufig hört man: Im Einkauf liegt der Gewinn. Das ist sicher übertrieben, aber ein guter Einkauf, der günstige Konditionen bei den Lieferanten aushandelt, trägt sicher zur Verbesserung der finanziellen Situation eines Unternehmens bei. Auch die Lagerwirtschaft sollte in ihrer Auswirkung auf die Liquidität eines Unternehmens nicht unterschätzt werden. Gerade wenn es mit der Liquidität eines Unternehmens nicht so gut bestellt ist, ist darauf zu achten, dass Kapital nicht nutzlos in Lagerbeständen gebunden ist. Denn zum einen könnte das Geld woanders Zinsen erbringen und zum anderen fehlt es vielleicht an anderer Stelle, z.B. für Investitionen.

Die wichtigsten Fragestellungen bei der Analyse von Einkauf, Beschaffung und Lagerwirtschaft sind:

- Hat das Unternehmen die geeigneten Lieferanten?
- Gibt es Ausweichmöglichkeiten, wenn der wichtigste Lieferant ausfällt?
- Können mit den Lieferanten günstigere Konditionen ausgehandelt werden?
- Welche Bestellmengen sind optimal? Große Bestellmengen können zu günstigeren Einkaufskonditionen beschafft werden, binden aber andererseits Kapital, das vielleicht an anderer Stelle besser eingesetzt wäre.
- Wie hoch ist der Lagerbestand? Steigen die Bestände? Warum?
- Wie hoch ist die Lagerdauer bzw. die Lagerreichweite, d.h., wie lange reichen die Bestände? Müssen die Bestände so lange vorgehalten werden?
- Braucht das Unternehmen überhaupt ein Lager? Kann das Lager durch ein „Just-in-time"-Zulieferkonzept entfallen? Das bedeutet, dass das Material direkt für den Herstellungsprozess geliefert wird und eine Lagerhaltung damit entfällt. Der betriebliche Prozess wird schlanker und schneller, aber auch anfälliger für Störungen, falls das Material eben nicht zum richtigen Zeitpunkt geliefert wird, sondern zu spät.

Die Beschaffung von Betriebsmitteln, wie z.B. Maschinen und Werkzeugen, aber auch die Einstellung von Mitarbeitern ist eine wesentliche strategische Entscheidung des Managements. Diese Entscheidungen binden Finanzmittel und legen die Höhe der zukünftigen Kosten fest. Auch wenn die Betriebsmittel wie Maschinen nicht ausgelastet sind, laufen die Kosten (Abschreibungen, Instandhaltung etc.) trotzdem weiter.

## Produktion/Dienstleistung

Hier geht es um die Organisation der Produktion oder der Dienstleistungserstellung. Wichtig für die Analyse sind folgende Fragen:

- Welche Kapazitäten sind notwendig?
- Wo gibt es Engpässe? Welcher Engpass ist besonders kritisch?
- Wie müssen die einzelnen Prozessschritte aufeinander abgestimmt sein?

Und ganz entscheidend:

- Wie hoch ist die Produktivität?

Unter Produktivität versteht man das Verhältnis von Input und Output. Also beispielsweise: Wie hoch ist die produzierte Stückzahl pro Arbeitsstunde? Hier arbeitet man in erster Linie mit Produktionskennzahlen:

- Leistung zu Anwesenheit
  Wie hoch ist der Prozentsatz der Anwesenheit der Mitarbeiter, der auch zu Leistung wird? Beispiel: In einem Call-Center sind die Mitarbeiter während ihrer Arbeitszeit 100% anwesend, aber nur 75% ausgelastet, also nur 75% der Anwesenheit wird zur Leistung, z.B. Bestellannahme oder Telefonberatung. Eine 100%-Auslastung wird man nie erreichen. Eine gewisse Überkapazität an Call-Center-Mitarbeitern ist beabsichtigt, um Spitzenzeiten abdecken zu können.
- Kosten pro Leistungsminute oder Produktionsminute
  Um bei obigem Beispiel zu bleiben: Was kostet eine Minute Telefonberatung einschließlich Personalkosten, Grundgebühr der Telefonleitung, Call-Center-Ausstattung etc.? Dies ist eine wesentliche Kalkulationsgrundlage. Wie verändert sich diese Kennzahl bei Wechsel des Telekommunikationsanbieters?

## Forschung und Entwicklung

Wie effektiv sind Forschung und Entwicklung? In manchen Branchen, z.B. der Pharmabranche oder der Automobilbranche, steht und fällt der Unternehmenserfolg mit dem Erfolg neuer Produktentwicklungen. Später müssen sich die hohen Forschungs- und Entwicklungskosten über die Produktpreise wieder amortisieren, d.h., die Produktinnovationen müssen sich auch rechnen. Was nützt das schönste Entwicklungsprojekt auf dem neuesten Stand der Technik, wenn die Kosten später durch den Verkauf der entwickelten Produkte nicht wieder ins Unternehmen hereinkommen? Auch hier bietet sich eine Input-Output-Rechnung an, die ermittelt, was für die Entwicklung des neuen Produktes aufgewendet wurde und was über die Verkaufspreise wieder zurückgeflossen ist.

## Qualitätssicherung

Die Qualitätsdiskussion, die sich traditionell auf die Produktqualität bezog, wurde erweitert, so dass nunmehr das Unternehmen als Ganzes unter Qualitätsgesichtspunkten gesehen wird. Im Mittelpunkt steht die Kundenorientierung und das gesamte unternehmerische Handeln wird gebündelt in Hinblick auf Qualität. Der Qualitätsbegriff, der dabei zu Grunde liegt, ist weiter gefasst: Es geht auch um die Ausnutzung der Kreativität der Mitarbeiter, um das Unterscheiden wertschöpfender Tätigkeiten auf der einen Seite und unnötiger Tätigkeiten auf der anderen Seite. Es ist ein wesentlicher Punkt innerhalb der Diskussion um Qualität, dass die vorhandenen Ressourcen und Möglichkeiten im Unternehmen erkannt und optimal genutzt werden. Schlagworte in diesem Zusammenhang sind auch:

- Zertifizierung nach ISO 9000
  Der Hintergrund einer Zertifizierung ist der Wunsch, Qualitätssicherung zu standardisieren und Unternehmen, die diese Standards erfüllen, besonders zu kennzeichnen, also zu zertifizieren. So soll ein Externer erkennen, dass dieses Unternehmen gewisse Qualitätsstandards erfüllt. Hierbei ist aber zu beachten, dass die ISO-Normen nicht die Produktqualität als Untersuchungsgegenstand haben, sondern lediglich allgemeine Forderungen für Abläufe und Verfahren abprüfen.
- Betriebliches Vorschlagswesen/Kontinuierlicher Verbesserungsprozess
  Diese Verfahren sollen Mitarbeiter motivieren, sich Gedanken darüber zu machen, wie ihr eigenes Arbeitsgebiet verbessert oder das Unternehmen insgesamt effektiver werden könnte. Besonders gute Vorschläge werden prämiert. Dieses Verfahren will die Sensibilität der Mitarbeiter für Qualitätsfragen erhöhen.
- Knowledge-Management/Wissensmanagement
  Das vorhandene Wissen der Mitarbeiter soll besser genutzt werden. Maßnahmen können interne Weiterbildungsveranstaltungen sein, bei denen Mitarbeiter ihr spezielles Fachwissen an andere Mitarbeiter weitergeben. Oft diskutiert ist auch die Einrichtung von internen Wissensdatenbanken, aus denen jeder interessierte Mitarbeiter zu bestimmten Themen Informationen und Praxistipps abrufen kann oder durch die er den Kontakt zu einer Person im Unternehmen herstellen kann, die Spezialist für sein Problem ist.

## Unternehmensführung

Nach den Regelungen von Basel II soll explizit die Qualität der Unternehmensführung, des Managements im Rahmen des Ratingprozesses beurteilt werden. Zu beurteilen ist die *„Stärke und Fähigkeit des Managements, auf veränderte Bedingungen effektiv zu reagieren und Ressourcen einzusetzen, sowie der Grad von Risikobereitschaft versus Konservativität“* (Originaltextauszug Basel II).

Diese Forderung führt unweigerlich zu der Frage: Wer ist ein guter Manager? Eine schwierige Angelegenheit: Wie kann beurteilt werden, was gutes Management ist oder wer ein guter Manager ist?

Für die Beurteilung der Managementqualität werden oft Kriterien ins Feld geführt wie Berufserfahrung, Ausbildung, Branchenerfahrung, fachliche Kompetenz, soziale Kompetenz etc. etc. Diese Kriterien sind sicherlich wichtig, aber schwer zu messen. Noch schwieriger ist die Frage zu beantworten, ob diese Kriterien wirklich entscheidend sind für den Managementerfolg. In manchen Rating-Checklisten erhält ein Manager mit Hochschulstudium und Doktortitel eine bessere Einstufung als ein Manager mit einer branchenspezifischen Ausbildung. Sicher schadet ein Doktortitel nicht, aber macht er erfolgreich? Auch die Dauer der Branchenerfahrung ist ein Kriterium in manchen Rating-Checklisten, aber es gibt auch eine Reihe von erfolgreichen „Quereinsteigern".

Was spricht also, bei so viel Unwägbarkeiten, dagegen, die Managementqualität quantitativ zu messen? Wie? – Mittels einer Managementergebnisrechnung. Der Managementerfolg wird gemessen am Unternehmenserfolg, am Ergebnis.

*Managementergebnisrechnung: Einer muss den Kopf hinhalten*

Die Beurteilung der Qualität des Managements ist also problematisch. Auf jeden Fall wird aber der Managementerfolg personifiziert. Einer muss den Kopf hinhalten, einer ist verantwortlich. Diese Verantwortlichkeit bezieht sich z.B. auf

- Rentabilitäten (ROI)
- Produktergebnisse
- Verkaufsgebietsergebnisse
- Kundenergebnisse
- Produktionsergebnisse

usw.

Inhalt einer Managementergebnisrechnung kann nur sein, was der Verantwortliche auch beeinflussen kann. Für willkürliche, zufällige oder nicht verursachungsgerechte Ergebniseinflüsse, wie z.B. nicht beeinflussbare Umlagen der Konzernzentrale in den USA, kann ein Manager nicht zur Verantwortung gezogen werden. So bietet sich für die Managementerfolgsrechnung die stufenweise Deckungsbeitragsrechnung an, die die Kostenblöcke nach dem Grad der Verursachung zuordnet. In der Praxis hat sich in vielfach modifizierter Weise eine Deckungsbeitragsrechnung für die Beurteilung des Managementerfolgs durchgesetzt. Bei 100.000 verschiedenen Unternehmen gibt es allerdings 100.000 verschiedene Lösungen einer Managementerfolgsrechnung. So ist das im Folgenden vorgestellte Beispiel einer Managementergebnisrechnung eines unter vielen möglichen.

**Managementergebnisrechnung**
**Januar bis Juni 2003**

| | | | Abweichung | |
|---|---|---|---|---|
| **Werte in 1.000 EUR** | **Plan** | **Ist** | **absolut** | **%** |
| **Absatz in Stück** | 19.000 | 17.643 | -1.357 | -7% |
| **Durchschnittspreis netto** | 85,00 | 86,10 | 1,10 | 1% |
| Bruttoumsatz | 1.794 | 1.684 | -110 | -6% |
| - Erlösschmälerungen | 179 | 165 | -14 | -8% |
| **= Nettoumsatz** | **1.615** | **1.519** | **-96** | **-6%** |
| Variable Materialkosten | 392 | 369 | -23 | -6% |
| Variable Personalkosten | 533 | 525 | -8 | -2% |
| **Summe variable Kosten** | **925** | **894** | **-31** | **-3%** |
| **Deckungsbeitrag I** | **690** | **625** | **-65** | **-9%** |
| **DIREKT ZURECHENBARE FIXKOSTEN** | | | | |
| Werbung | 80 | 30 | -50 | -63% |
| Entwicklungskosten | 50 | 0 | -50 | -100% |
| Zurechenbare Produktionskosten | 35 | 42 | 7 | 20% |
| Zurechenbare Vertriebskosten | 24 | 32 | 8 | 33% |
| Sonstige zurechenbare Kosten | 5 | 4 | -1 | -20% |
| Summe zurechenbare Fixkosten | 194 | 108 | -86 | -44% |
| **Deckungsbeitrag II = Managementergebnis** | **496** | **517** | **21** | **4%** |
| **NICHT DIREKT ZURECHENBARE FIXKOSTEN** | | | | |
| Nicht zurechenb. Vertriebskosten | 65 | 72 | 7 | 11% |
| Nicht zurechenb. Verwaltungskosten | 320 | 320 | 0 | 0% |
| Summe nicht zurechenbare Fixkosten | 385 | 392 | 7 | 2% |
| **Ergebnis zu Vollkosten** | **111** | **125** | **14** | **13%** |

**Abbildung 31**

Zu den einzelnen Positionen

- Absatz in Stück:
  Das Management beeinflusst die Absatzmenge durch die Preispolitik, durch Werbemaßnahmen, durch Verstärkung des Vertriebsteams etc.
- Durchschnittspreis netto:
  Das Management ist verantwortlich für die Preis- und Rabattpolitik.
- Bruttoumsatz:
  Dies ist der Preis laut Preisliste ohne Ermäßigungen wie z.B. Rabatte. Dieser Preis wird direkt durch das Management freigegeben.
- Erlösschmälerungen:
  Welche Rabatte gegeben werden und welche Werbeaktionen zu verbilligten Preisen durchgeführt werden, entscheidet das Management und hat damit die Erlösschmälerungen zu vertreten.
- Nettoumsatz: Einfluss durch obige Faktoren
- Variable Materialkosten:
  Diese Kosten werden beeinflusst durch die Produktgestaltung, also durch die vom Management beschlossene Produktpolitik, außerdem durch die Höhe der Materialkosten selbst, also durch die Einkaufspolitik.
- Variable Personalkosten:
  Abhängig von der Produktgestaltung, aber auch von der Gehaltspolitik (Zulagen, Prämien etc.) und sonstigen Motivationsfaktoren.
- Deckungsbeitrag I: Einfluss durch obige Faktoren
- Werbung:
  Das Management entscheidet über das Werbebudget.
- Entwicklungskosten:
  Das Management entscheidet über das Budget für Forschung und Entwicklung und darüber, wie intensiv an der Produktentwicklung gearbeitet wird.
- Zurechenbare Produktionskosten:
  Abhängig von den eingesetzten Maschinen (Abschreibungen) und von den Qualitäts- und Prüfkosten.
- Zurechenbare Vertriebskosten:
  Das Management entscheidet über die Anzahl und Qualifikation der Vertriebsmitarbeiter.
- Deckungsbeitrag II: Das ist ein Managementergebnis! Alle Faktoren, die zum Deckungsbeitrag II führen, sind vom Management beeinflussbar.

Der Vollständigkeit halber wird die Rechnung in unserem Beispiel bis zum Ergebnis nach Vollkosten weitergeführt. Dies wird häufig gemacht, um das endgültige Ergebnis z.B. mit der Gewinn- und Verlustrechnung abzugleichen.

Das Vollkostenergebnis ist also 13% besser als der Plan, davon hat das Management aber nur eine Verbesserung des Ergebnisses von 4% selbst erwirtschaftet.

In diese Rechnung gehen Kosten ein, die nicht mehr vom Management zu vertreten sind. Es handelt sich in der Beispielrechnung um nicht zurechenbare Vertriebs- und Verwaltungskosten, die von der Konzernzentrale in den USA anteilig an die Tochtergesellschaften weiter verrechnet wurden.

## Prognose für die Zukunft des Unternehmens

Ist das Unternehmen fit für die Zukunft? Dazu sollte es im Unternehmen Planungen oder zumindest Szenarien geben: Wo soll das Unternehmen in einem Jahr, in drei oder in fünf Jahren stehen?

Werden Manager oder leitende Mitarbeiter nach der Zukunft des Unternehmens gefragt, so bekommt man häufig Antworten, die auf Wunschvorstellungen oder wenig konkretisierten Visionen basieren, wie: „Wir möchten unseren Marktanteil erhöhen“ oder „Wir möchten kundenorientierter werden.“ Solche Ziele müssen jedoch quantifiziert werden, in etwa der Weise: „Wir möchten unseren Marktanteil um 5% erhöhen“, oder „Wir möchten die Reklamationsquote bei unseren Kunden von derzeit 8% auf das Niveau von 5% senken.“ Nur bei quantifizierten Zielen kann die Zielerreichung später gemessen werden!

### Unternehmensplanung

Ein gängiges Sprichwort heißt: „Planung ersetzt den Zufall durch den Irrtum“. Wie in jedem Sprichwort steckt ein klein wenig Wahrheit darin. Die Wahrheit ist, dass man die einmal festgelegte Planung nie zu genau 100% erreichen wird. Mal liegt man darunter, mal schießt man über das Ziel hinaus. Aber es geht ja auch nicht um exakt 100% Zielerreichung. Bei der Unternehmensplanung z.B. für das nächste Geschäftsjahr geht es darum, sich überhaupt erst mal Gedanken über die zukünftigen Entwicklungen zu machen. Wie sagte ein Geschäftsführer einmal: „Die Erkenntnisse, die während des Planungsprozesses gewonnen werden, sind für mich sogar wichtiger als die Ergebnisse der Planung selbst. Denn im Rahmen der Planung wird das ganze Unternehmen durchleuchtet und die möglichen zukünftigen Entwicklungen durchdacht. Dabei kommt eine Menge über derzeitige Missstände ans Licht, aber auch über die Potenziale, die wir zur Zeit noch nicht voll ausgeschöpft haben."

**Strategische und operative Unternehmensplanung**

Die strategische Planung legt die groben Rahmenbedingungen für die Geschäftstätigkeit fest:

- Wo liegt die Kernkompetenz des Unternehmens?
- Haben wir die richtigen Produkte?
- Wo stehen wir im Markt und welche Marktentwicklung streben wir an?

Die operative Planung soll die Umsetzung der strategischen Planung sichern.

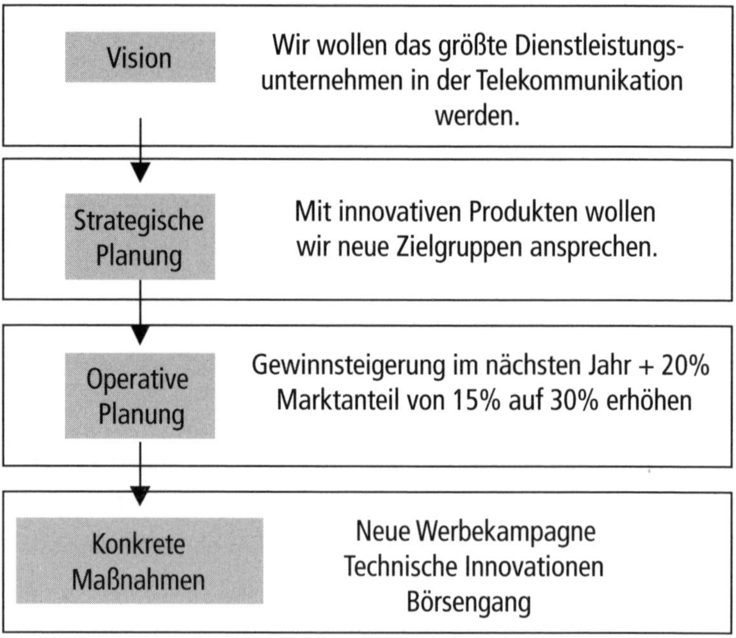


**Abbildung 32: Strategische und operative Planung**

Wie sieht die operative Planung im Detail aus?

Sämtliche Bereiche des Betriebes werden geplant, und es wird versucht, das nächste Jahr gedanklich bzw. zahlenmäßig vorwegzunehmen. Welche Umsätze werden anfallen, was muss produziert werden und welche Kosten werden in der Folge anfallen? Welche zusätzlichen Investitionen sind erforderlich?

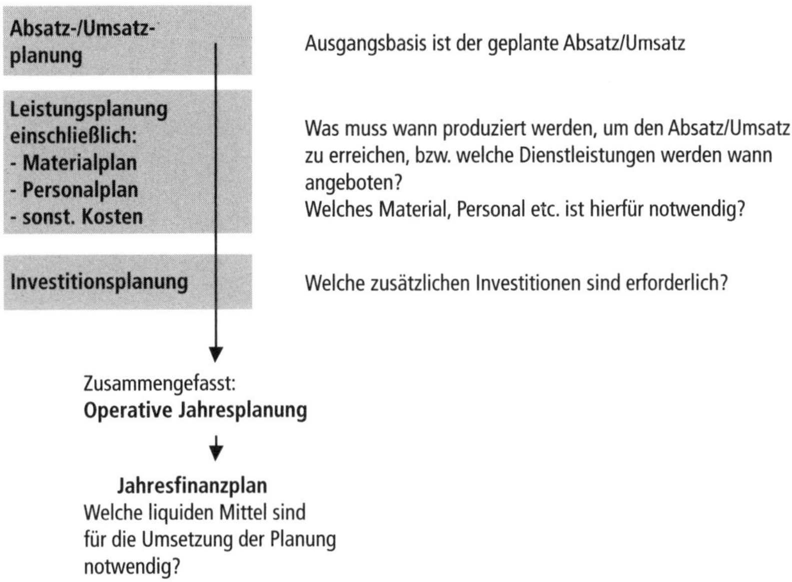


**Abbildung 33: Operative Jahresplanung im Detail**

Aus der operativen Jahresplanung wird der Jahresfinanzplan abgeleitet. In der Finanzplanung wird sichergestellt, dass die aus der Planung erforderlichen liquiden Mittel zur Verfügung stehen. Hierzu ist möglicherweise die zusätzliche Aufnahme von Fremdkapital oder eine Eigenkapitalaufstockung notwendig. Im Rahmen des Rating steht die Investitions- und Finanzplanung im Vordergrund.

## Investitions- und Finanzplanung

Die Investitionsplanung fragt nach dem Was: Welche Investitionen müssen getätigt werden? Die Finanzplanung beschäftigt sich mit dem Wie: Wie wird die Geschäftstätigkeit des Unternehmens im nächsten Jahr bzw. in den nächsten Jahren finanziert? Investitionen entscheiden über die Zukunft des Unternehmens. Und sie geben vor, welche Kosten das Unternehmen künftig haben wird. Aber das Wichtigste bleibt: Investitionen müssen sich rechnen.

Die erste Frage im Rahmen der Beurteilung einer Investition lautet: Soll überhaupt investiert werden und wenn ja, welche Investitionsalternative wird gewählt? Dabei gibt es mehrere Kriterien:

**Abbildung 34: Bewertungskriterien für Investitionen**

- Wirtschaftlichkeit: Man beurteilt die Investition nach den Folgekosten oder danach, welchen Deckungsbeitrag oder Gewinn die Investition über die gesamte Laufzeit (bis das Anlagegut abgeschrieben ist) bringt.
- Rentabilität: Man beurteilt die Investition nach der Verzinsung des eingesetzten Kapitals.
- Risiko: Wie entwickelt sich die Investition langfristig? Wie hoch ist das absehbare Risiko, z.B. dass die Anlage schon nächstes Jahr veraltet ist und nicht mehr dem Stand der Technik entspricht?
- Qualitative Kriterien: Hier geht es um Einflüsse, die schwer rechenbar sind, z.B.: Steigt das Image des Unternehmens durch die Investition? Oder: Wie stark wirkt sich die Investition auf die Motivation der Mitarbeiter aus, weil die neue Maschine leichter zu bedienen ist? Etc.
- Liquidität: Kann die Investition finanziert werden und welche Mittel sind hierfür notwendig?
- Priorität: Die Mittel für Investitionen sind begrenzt. Wie wichtig und dringlich ist die Investition?

In welcher Höhe sollte ein Unternehmen Investitionen tätigen?

Trotz aller unternehmensspezifischen Unterschiede gibt es eine „Daumenregel": *Höhe der jährlichen Abschreibungen = Investitionshöhe für ein Jahr.* Investitionen sollten mindestens in Höhe der Abschreibungen getätigt werden, um einen Substanzverlust des Unternehmens zu vermeiden. Denn Abschreibung bedeutet Wertverlust, Alterung des Anlagegutes, z.B. der Maschine. Zwar spiegelt die Abschreibung den Wertverlust nicht exakt wider, aber immerhin gewinnt man durch die Abschreibung eine grobe Größenordnung des Wertverlustes im Unternehmen. Dieser Wertverlust geschieht laufend, und wenn nicht investiert wird, blutet das Unternehmen aus. Es verliert an Substanz. Wenn z.B. die Abschreibungen die Neuinvestitionen über Jahre deutlich übertreffen, deutet dies auf einen Substanzverlust des Unternehmens hin. Der Ratinganalyst wird der Unternehmensleitung dann die kritische Frage stellen, wieso nicht für den Substanzerhalt des Unternehmens gesorgt wird. Lebt das Unternehmen nur noch „von der Hand in den Mund"?

## Methoden der Investitionsrechnung

Hat man sich entschieden zu investieren, steht eine Reihe von Entscheidungsrechnungen zur Verfügung.

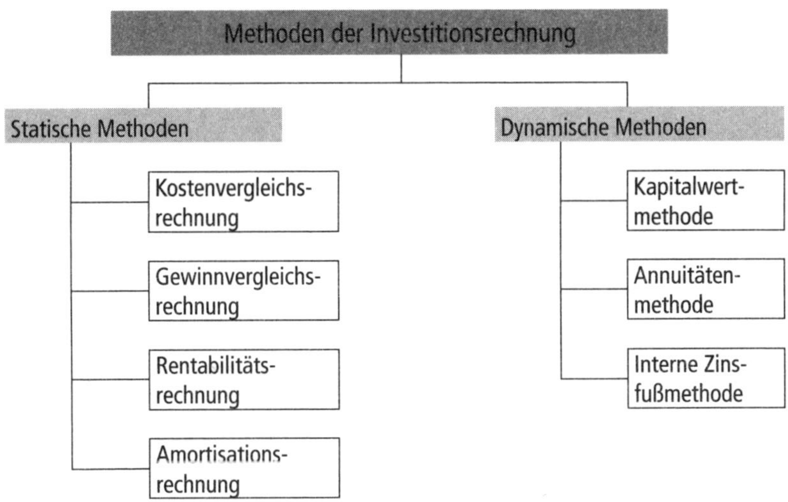


**Abbildung 35: Investitionsrechenmethoden**

### Statische Methoden

Statische Methoden sind einfacher zu rechnen als die dynamischen Methoden. Sie berücksichtigen Ausgaben und Einnahmen über die gesamte Lebensdauer der Investition, aber es wird nicht berücksichtigt, was künftige Einnahmen und Ausgaben aus der Investition zum Zeitpunkt der Investitionsentscheidung – nämlich heute – wert sind. Die Werte werden also nicht auf- bzw. abgezinst. Andererseits sind die prognostizierten Ausgaben und Einnahmen zum heutigen Zeitpunkt auch nicht 100% sicher, so dass dieser Effekt nicht so dramatisch ist und so die statischen Methoden für die meisten Investitionsentscheidungen ausreichend sind.

### Dynamische Methoden

Die dynamischen Methoden berücksichtigen ebenfalls Ausgaben- und Einnahmeströme während der gesamten voraussichtlichen Nutzungsdauer. Der Zeitbezug wird durch finanzmathematische Methoden (Auf- bzw. Abzinsung) berücksichtigt.

Die Darstellung der Investitionsrechenmethoden ist sehr umfangreich. Im Folgenden werden nur die statischen Methoden näher vorgestellt, da sie in der Praxis am verbreitetsten sind:

- Kostenvergleichsrechnung: Diejenige Investition bekommt den Zuschlag, die die geringsten Kosten verursacht. Zunächst wird festgelegt, was die Investition leisten muss, und dann wird die billigste Alternative ausgewählt.
- Gewinnvergleichsrechnung: Diejenige Investition wird genehmigt, die den höchsten Gewinn erwirtschaftet.
- Rentabilitätsrechnung: Hier wird betrachtet, welche Rendite erwirtschaftet wird, der Gewinn aus der Investition wird also ins Verhältnis zum eingesetzten Kapital gesetzt.

  Formel: $\frac{\text{Gewinn x 100}}{\text{eingesetztes Kapital}}$

- Amortisationsrechnung: Hier wird betrachtet, wann das eingesetzte Kapital zurückfließt. Wann hat sich die Investition amortisiert? Je kürzer die Amortisationszeit, desto geringer das Risiko der Investition und desto schneller stehen die Mittel dem Unternehmen für andere Zwecke wieder zur Verfügung.

  Formel: $\frac{\text{Kapitaleinsatz}}{\text{Gewinn + Abschreibung}}$

| Investitionsbezeichnung: | Eröffnung einer neuen Filiale | | | |
|---|---|---|---|---|
| | Alternative A | Alternative B | Alternative C | |
| **Investiertes Kapital** | **350.000** | **400.000** | **250.000** | |
| **Prognostizierter Umsatz** | **200.000** | **240.000** | **200.000** | |
| Abschreibungen | 43.750 | 50.000 | 25.000 | |
| Zinsen | 24.500 | 28.000 | 14.000 | |
| Betriebskosten | 14.000 | 12.000 | 15.000 | |
| Mieten | 8.000 | 8.000 | 5.000 | |
| Hausmeisterservice | 4.000 | 4.000 | 4.000 | |
| Personalkosten | 68.000 | 68.000 | 92.000 | |
| Sonstige Kosten | 8.000 | 5.000 | 8.000 | |
| **Summe Kosten** | 170.250 | 175.000 | 163.000 | **Kostenvergleichsrechnung** |
| **Gewinn** | 29.750 | 65.000 | 37.000 | **Gewinnvergleichsrechnung** |
| **Rentabilität** | **8,5%** | **16,3%** | **14,8%** | **Rentabilitätsrechnung** |
| Gewinn + Abschreibungen | 73.500 | 115.000 | 62.000 | |
| **Amortisationszeit in Jahren** | **4,8** | **3,5** | **4,0** | **Amortisationsrechnung** |

Man wird Alternative B als zukünftige Filiale wählen. Hier hat man zwar die höchsten Kosten, aber im Gegenzug den höchsten Gewinn, die höchste Rentabilität und die kürzeste Amortisationsdauer.

**Abbildung 36: Anwendungsbeispiel für eine statische Investitionsrechnung**

## Finanzplanung: Was wird im nächsten Geschäftsjahr an flüssigen Mitteln benötigt?

Basis für die Finanzplanung ist die operative Jahresplanung. Zudem ist eine langfristige Finanzplanung, z.B. für die nächsten drei Jahre sinnvoll, um mögliche zukünftige Liquiditätsengpässe, die sich heute schon abzeichnen, transparent zu machen.

Um die Finanzplanung zu erstellen, werden im ersten Schritt alle einnahmewirksamen und ausgabewirksamen Positionen aus der operativen Jahresplanung in die Finanzplanung übernommen. Bei der Finanzplanung zählt nur das „Cash", d.h., dass Kosten aus der Jahresplanung, die keine Geldströme verursachen, nicht übernommen werden. Das sind in erster Linie Abschreibungen und Rückstellungen. Diese werden zwar in der Jahresplanung als Kosten geplant, führen aber zu keiner Verringerung der liquiden Mittel.

Im zweiten Schritt wird die Finanzplanung ergänzt um den Cash-Abfluss für Investitionen und um die Mittel aus einer geplanten Kreditaufnahme.

Ergebnis dieser Vorgehensweise ist die Ermittlung des Liquiditätsüberschusses oder der Liquiditätslücke für das Geschäftsjahr.

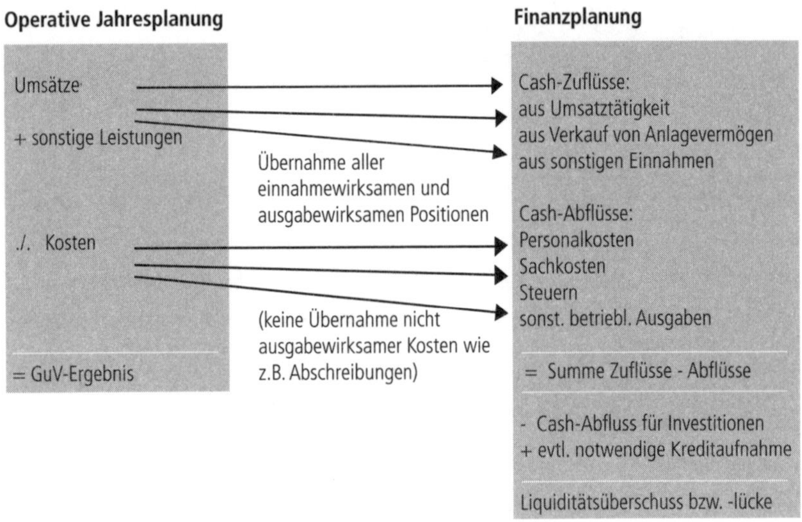


**Abbildung 37: Zusammenhang zwischen operativer Jahresplanung und Finanzplanung**

Die Finanzplanung für das Gesamtjahr sollte auf die einzelnen Monate heruntergebrochen werden. Denn die Finanzsituation kann über das Gesamtjahr gesehen möglicherweise in Ordnung sein. Es kann aber trotzdem in den Einzelmonaten zu Liquiditätsengpässen kommen, wenn gerade hohe Ausgaben anstehen, die Einnahmen aber noch nicht eingegangen sind. Vielleicht kaufen die Kunden vor ihrem Sommerurlaub ein, schonen aber ihr Konto und bezahlen ihre Rechnungen erst im Herbst. Diese Zahlungslücke muss vom Unternehmen überbrückt werden.

*Thema Abgrenzungen:* Dieser Hinweis geht etwas ins Detail, ist aber zur Erstellung eines Finanzplans durchaus relevant.

In der Buchhaltung und in der Kostenrechnung werden häufig Abgrenzungen vorgenommen, auch schon in der Planung. So wird z.B. die Zahlung des Weihnachtsgeldes bereits auf die einzelnen Monate Januar bis Dezember verteilt, damit alle Monate gleichmäßig belastet sind. In der Kostenrechnung macht diese Vorgehensweise Sinn, um nicht im November von der einmaligen Zahlung des Weihnachtsgeldes kostenmäßig in den Keller gezogen zu werden. Um die Kosten gerecht zu verteilen, werden die einmalig anfallenden Zahlungen auf alle Monate verteilt. Für eine Übersicht über die liquiden Mittel ist jedoch die tatsächliche Zahlungsbelastung entscheidend. Werden also abgegrenzte Daten aus der Buchhaltung oder Kostenrechnung in die Finanzplanung übernommen, so sind die exakten Zahlungstermine zu berücksichtigen und nicht der abgegrenzte Monatswert.

| | MONATE | | | | | | | | | | | | |
|---|---|---|---|---|---|---|---|---|---|---|---|---|---|
| | **1** | **2** | **3** | **4** | **5** | **6** | **7** | **8** | **9** | **10** | **11** | **12** | **Summe** |
| Bestand an flüssigen Mitteln (Kasse, Bank usw.) | 25 | 44 | 76 | 53 | -2 | 41 | 22 | -55 | -40 | 90 | 105 | -14 | 345 |
| **Einnahmen:** | | | | | | | | | | | | | |
| Umsatztätigkeit | 155 | 170 | 145 | 140 | 190 | 170 | 150 | 160 | 195 | 160 | 135 | 215 | 1.985 |
| Verkauf von Betriebsvermögen | 0 | 0 | 10 | 0 | 0 | 0 | 0 | 0 | 0 | 0 | 0 | 5 | 15 |
| Sonstige Einnahmen | 10 | 7 | 10 | 7 | 7 | 10 | 11 | 10 | 8 | 11 | 7 | 8 | 106 |
| Kreditaufnahme | 0 | 0 | 50 | 0 | 0 | 0 | 0 | 0 | 100 | 0 | 0 | 0 | 150 |
| **Summe Einnahmen** | **165** | **177** | **215** | **147** | **197** | **180** | **161** | **170** | **303** | **171** | **142** | **228** | **2.256** |
| **Ausgaben:** | | | | | | | | | | | | | |
| Materialkosten | 30 | 28 | 31 | 30 | 32 | 31 | 23 | 29 | 32 | 29 | 33 | 32 | 360 |
| Personalkosten | 95 | 95 | 97 | 99 | 99 | 130 | 101 | 101 | 101 | 101 | 202 | 101 | 1.322 |
| Sonstige betriebl. Ausgaben | 20 | 21 | 20 | 22 | 22 | 23 | 23 | 24 | 25 | 25 | 25 | 25 | 275 |
| Steuern | 1 | 1 | 15 | 1 | 1 | 15 | 1 | 1 | 15 | 1 | 1 | 15 | 68 |
| Investitionen | 0 | 0 | 75 | 50 | 0 | 0 | 0 | 0 | 0 | 0 | 0 | 0 | 125 |
| Kredittilgungen | 0 | 0 | 0 | 0 | 0 | 0 | 90 | 0 | 0 | 0 | 0 | 0 | 90 |
| **Summe Ausgaben** | **146** | **145** | **238** | **202** | **154** | **199** | **238** | **155** | **173** | **156** | **261** | **173** | **2.240** |
| **Liquiditätsüberschuss/ bzw. -lücke** | **44** | **76** | **53** | **-2** | **41** | **22** | **-55** | **-40** | **90** | **105** | **-14** | **41** | **361** |

**Abbildung 38: Beispiel Finanzplan**

Liegt der erste Wurf für den Finanzplan für das kommende Geschäftsjahr vor, so hält man nach Liquiditätslücken Ausschau. In vorliegendem Beispiel kommt es im Juli und August zu einem Liquiditätsengpass, da einerseits die Umsätze zurückgehen, andererseits aber gerade im Juli ein einmaliger Kredittilgungsbetrag bezahlt werden muss. In der Planungsphase liegt der richtige Zeitpunkt, durch Verlegung von Zahlungen diesen Liquiditätsengpass zu umgehen. Man kann die Kredittilgung auf mehrere Monate verteilen oder verschieben, man kann Investitionen erst später im Jahr tätigen. Auf alle Fälle muss jetzt so geplant werden, dass dieser Liquiditätsengpass vermieden wird.

Bei jeder Bank schaffen Sie sich von Anfang an Vertrauen, wenn Sie bei einem Kreditantrag eine Investitionsrechnung und Finanzplanung für die nächste Zeit vorlegen können.

# 3. Betriebswirtschaftliche Instrumente zur Verbesserung der Bonität

**Konkrete Vorschläge, welche Instrumente Ihnen weiterhelfen**

Rating hin, Rating her – auch ohne Basel II ist die Verbesserung der wirtschaftlichen Situation eines Unternehmens erstrebenswert. Die betriebswirtschaftlichen Instrumente dafür sind vielfältig: Risikomanagement, Frühwarnsysteme, Controlling, Benchmarking etc. Es lohnt sich, über die verschiedenen neuesten Entwicklungen in der Betriebswirtschaftslehre informiert zu sein, und jeder kann für sich entscheiden, welche Ansatzpunkte für das eigene Unternehmen nutzbringend übernommen werden können.

## Risikomanagement

In den letzten Jahren ereigneten sich einige spektakuläre Unternehmenszusammenbrüche, beispielsweise die Insolvenz der SAirGroup (SwissAir) oder die Krise der Kirch-Gruppe. Dies sind nur die spektakulären Fälle, andere, vornehmlich kleine Unternehmen, verschwinden sang- und klanglos vom Markt. Im Zusammenhang mit diesen Unternehmenskrisen stellt sich die Frage nach effektiven Kontroll- und Informationsmechanismen, die die Vorzeichen solcher Krisen rechtzeitig anzeigen können und dadurch möglichst Krisen größeren Ausmaßes abwenden. Basel II selbst ist ein Instrument des Risikomanagements der Bankenaufsicht. Es soll helfen, Insolvenzen bei den Kreditinstituten zu vermeiden. Um die Anforderungen aus Basel II zu erfüllen, muss eine Bank Risikomanagement betreiben. Und als Ratingkandidat sollte ein Unternehmen ebenfalls vorweisen können, dass es ein geeignetes Risikomanagementsystem implementiert hat.

Die Anforderungen an ein Risikomanagementsystem können vielfältig sein und sind zum Teil auch branchenspezifisch. Einige Punkte sollten aber mindestens erfüllt sein:

- Risiken müssen systematisch und kontinuierlich erfasst werden.
- Erfasste Risiken müssen analysiert und bewertet werden.
- Erkennen von „Dominoeffekten“: Wenn Risiko 1 eintritt, hat dies auch Risiko 2 als Konsequenz.
- Ein unternehmensinterner Kommunikationsweg für die Prüfung und Aufdeckung von Risiken muss definiert sein.
- Risiken muss frühzeitig mit geeigneten Maßnahmen gegengesteuert werden.
- Sind Maßnahmen festgelegt, müssen deren Einhaltung sowie der Erfolg der Maßnahmen zur Abwendung des Risikos überprüft werden.

## Wie funktioniert ein Risikomanagementsystem?

Meist gibt es Mitarbeiter im Unternehmen, die ein „Gespür“ für mögliche Unternehmensrisiken haben. Der Sinn eines Risikomanagementsystems ist aber die Einführung eines standardisierten Vorgehens zur Aufdeckung und Behebung von Unternehmensrisiken.

Folgende Vorgehensweise kann für das Risikomanagement angewendet werden:

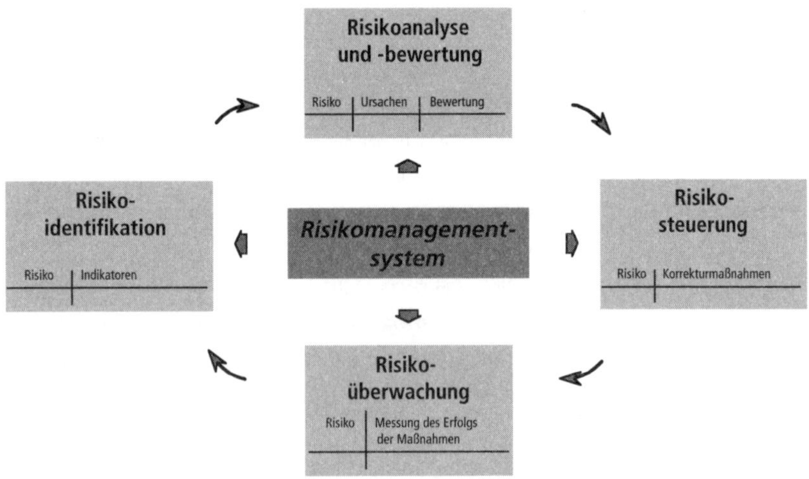


**Abbildung 39: Vorgehensweise beim Risikomanagement**

Um auf Risiken für das Unternehmen reagieren zu können, müssen die Risiken als Erstes identifiziert, also erkannt werden. Welche Risiken können auftreten und anhand welche Indikatoren deuten darauf hin? Ist ein Risiko erkannt, so wird es analysiert und bewertet. Wo liegen die Ursachen, wie hoch ist die Eintrittswahrscheinlichkeit des Risikos und wie hoch könnte der Schaden sein? In einem weiteren Schritt werden Korrekturmaßnahmen zur Abwendung des Risikos definiert, d.h., man versucht das Risiko zu steuern. Und schließlich muss der Erfolg der Korrekturmaßnahmen überwacht werden. Vielleicht wurden die falschen Maßnahmen ergriffen, oder die Maßnahmen waren noch nicht durchgreifend genug, um das Risiko zu minimieren oder abzuwenden. Oder man hat das Risiko nicht richtig eingeschätzt, nicht richtig identifiziert, dann beginnt der Kreislauf des Risikomanagements von neuem.

### Risikoidentifikation

Welche Einflussfaktoren können ein Risiko für das Unternehmen bedeuten? In erster Linie ist hier zwischen externen und internen Risikofaktoren zu unterscheiden.

- Externe Risikofaktoren

  Risiken können von außen auf das Unternehmen einwirken. Eine schlechte Konjunkturlage kann sich negativ auf das Unternehmen auswirken. Auch politische Entscheidungen können ein Risiko für das Unternehmen mit sich bringen (Steuererhöhungen, Abgabenerhöhungen). Der Wettbewerbsdruck durch die Konkurrenz wird stärker, vielleicht senkt die Konkurrenz die Preise, und so muss das Unternehmen die Preise ebenfalls herabsetzen, um im Preiskampf zu überleben. Oder das Kaufverhalten der Kunden ändert sich, das Unternehmen hat ein schlechtes Image oder die Produkte entsprechen nicht mehr dem Kundengeschmack. Diese Liste ließe sich fortsetzen. Externe Risikofaktoren sind überdies stark branchenabhängig. So ist die Modebranche darauf angewiesen, den Geschmack der Verbraucher zu treffen. Demgegenüber ist ein Unternehmen, das in erster Linie vom Export seiner Produkte in die USA lebt, stark vom Dollarkurs abhängig. Bei wieder einem anderen Unternehmen liegt das höchste Risiko möglicherweise in den Schwankungen der Rohstoffpreise, im Beschaffungsmarkt etc.
- Interne Risikofaktoren

  Zu den internen Risikofaktoren zählen in erster Linie finanzwirtschaftliche

Risiken. Mangelnde Liquidität, schlechte Rentabilität, sinkender Cashflow sind Indikatoren, die verfolgt werden müssen und deren Ursache aufgedeckt werden muss. Risiken können auch aus der Organisation des Unternehmens entstehen. Ist die EDV-Organisation nicht mehr auf dem neuesten Stand der Technik oder gibt es eine hohe Mitarbeiterfluktuation? Die Know-how-Träger kündigen und hinterlassen eine schwer zu schließende Lücke oder die interne Kommunikation stimmt nicht. Auch die Produkte des Unternehmens sind hinsichtlich der Risiken zu beurteilen. Sind die Produkte noch am Markt gefragt? Hat das Unternehmen innovative Produkte oder ein altbewährtes Produktsortiment?

### Risikoanalyse und -bewertung

Im ersten Schritt wurden die Risiken identifiziert. Um jetzt Korrekturmaßnahmen einleiten zu können, müssen erst die Ursachen der Risiken erkannt werden. Zudem ist zu klären, wie hoch die Wahrscheinlichkeit ist, dass ein Risiko auch tatsächlich eintritt, und der damit verbundene Schaden für das Unternehmen. Ziel ist es, sowohl das Risiko qualitativ zu beschreiben wie auch ganz konkret messbar zu machen (z.B. die mögliche Schadenshöhe).

Folgendes Beurteilungsschema kann für die Risikoanalyse und -beurteilung herangezogen werden:

| Beschreibung des Risikos | Finanzielle Auswirkung | Eintrittswahrscheinlichkeit | Bewertung |
|---|---|---|---|
| Marktrisiko | < 100 TEUR | 50 % | 50 TEUR |
| Absatzrisiko | 100-500 TEUR | 10 % | 10-50 TEUR |
| Beschaffungsrisiko | 250-500 TEUR | 20 % | 50-100 TEUR |
| Produktionsrisiko | > 1 Mio . EUR | 5 % | 50 TEUR |

**Abbildung 40: Risikobewertungsschema**

**Risikosteuerung**

Nachdem die Risiken durch die vorhergehenden Schritte klar identifiziert, analysiert und bewertet wurden, können nun die Risiken aktiv beeinflusst werden. Es gibt mehrere mögliche Reaktionen:

- Akzeptieren des Risikos

  Es werden keine Korrekturmaßnahmen ergriffen. Das Risiko kann nicht beeinflusst werden. Es ist zu spät für eine Korrekturzündung. Möglicherweise werden die Eintrittswahrscheinlichkeit des Risikos und der zu erwartende Schaden für das Unternehmen als sehr gering eingestuft und daher bewusst akzeptiert.

  Eine weitere Begründung für das Akzeptieren eines Risikos kann auch das Gegeneinander-Abwägen eines möglichen Risikos auf der einen Seite und den sich bietenden positiven Chancen aus der Akzeptanz des Risikos auf der anderen Seite sein. Beispiel: Ein neues Produkt auf den Markt zu bringen beinhaltet immer auch das Risiko, dass das Produkt ein Flop wird. Andererseits verlangen der Markt und die sich ändernden Kundenbedürfnisse nach neuen Produkten, die ja auch die Chance beinhalten, ein Umsatzrenner zu werden.
- Verminderung des Risikos

  Korrekturmaßnahmen werden eingeleitet, um die Eintrittswahrscheinlichkeit des Risikos zu vermindern oder den Schaden für das Unternehmen zu begrenzen. Beispiele: Verbesserung der Produktionsverfahren, um den Schwund zu verringern; Beauftragung eines Meinungsforschungsinstitutes, um die Akzeptanz der Produkte bei den Kunden zu messen und das Unternehmensimage bei den Kunden zu erfragen.
- Vermeidung des Risikos

  Es werden Maßnahmen eingeleitet, die das Risiko abwenden sollen.

  Beispiele: Ablehnung eines Auftrages, da er zu risikoreich erscheint; Schließen eines Produktionsbereiches, dessen Technik nicht mehr den Regelungen des Umweltschutzes oder Gesundheitsschutzes entspricht oder dessen Erneuerung zu teuer wäre.
- Prophylaxe

  Es wird ein Maßnahmenkatalog erstellt, der auch in Zukunft das erkannte Risiko oder ähnliche Risiken vermeiden soll. Beispiele: Abschluss einer Versicherung zur Absicherung von Frachtrisiken und Haftungsrisiken oder Abschluss einer Brandschutzversicherung.

### Risikoüberwachung

Die getroffenen Korrekturmaßnahmen werden umgesetzt und deren Erfolg wird überwacht. Waren die Korrekturmaßnahmen nicht wirksam, so wurde das Risiko vielleicht falsch eingeschätzt. Dann sollte der Prozess des Risikomanagements von neuem angestoßen werden. Die Ursachen für Fehler in der Analyse und Bewertung des Risikos sind aufzuspüren und neue, effektivere Korrekturmaßnahmen zu definieren. Ein regelmäßiges Berichtswesen über die erkannten Risiken und die Verfolgung der Korrekturmaßnahmen hilft, den aktuellen Stand der Risikolage des Unternehmens zu beurteilen und im Auge zu behalten.

Das Risikomanagementsystem selbst muss laufend überwacht werden. Gibt es Schwachstellen in der Risikoanalyse? Werden die Risiken ausreichend kommuniziert, damit auch entsprechende Korrekturentscheidungen getroffen werden können? Sind die getroffenen Korrekturmaßnahmen effizient und angemessen? Ist die Reaktionsgeschwindigkeit auf erkannte Risiken ausreichend? Wie kann diese erhöht werden?

Alle diese Fragen tragen dazu bei, das Risikomanagementsystem ständig zu verbessern und an neue Gegebenheiten anzupassen.

## Wie können Sie schnell zu ersten Erkenntnissen kommen?

In der folgenden Abbildung sehen Sie einen Risikoschnellcheck. Mit Hilfe dieser Checkliste können Sie „auf die Schnelle“ auf lediglich einer Seite analysieren, wie risikoanfällig Ihr Unternehmen ist.

Es wird bewertet, wie hoch die Eintrittswahrscheinlichkeit eines Risikos ist und ob das Risiko kurz-, mittel- oder langfristig eintreten kann. Wichtig für die Risikobewertung ist auch, abzuschätzen, wie hoch der Schaden durch das Risiko in EUR ausfallen kann. Das ist nicht immer einfach, Sie können sich an dem vorher vorgestellten Risikobewertungsschema orientieren.

| Risikoschnellcheck | Eintrittswahrscheinlichkeit | | | Kurz-, mittel-, langfristiges Risiko | | | Quantifizierung des Risikos bei Eintritt in EUR p.a. |
|---|---|---|---|---|---|---|---|
| | Gering | Mittel | Hoch | Kurz | Mittel | Lang | |
| **Marktrisiken:** | | | | | | | |
| Konjunkturrisiken | | | | | | | |
| Veränderte Kundenwünsche | | | | | | | |
| Forschungs- und Entwicklungsrisiken | | | | | | | |
| Konkurs wichtiger Kunden | | | | | | | |
| Dumpingpreispolitik der Konkurrenz | | | | | | | |
| Marktanteilsrisiken | | | | | | | |
| Neukundengewinnung | | | | | | | |
| **Logistikrisiken:** | | | | | | | |
| Verspätete Materiallieferungen | | | | | | | |
| Reklamationsrisiken | | | | | | | |
| Preisstabilität der Materialien | | | | | | | |
| **Finanzwirtschaftliche Risiken:** | | | | | | | |
| Währungsrisiken | | | | | | | |
| Liquiditätsrisiken | | | | | | | |
| Sinkende Gewinne pro Projekt | | | | | | | |
| Zinsrisiken | | | | | | | |
| Steuerrisiken | | | | | | | |
| **Allgemeine Risiken:** | | | | | | | |
| Gesetzesänderungen | | | | | | | |
| Politische Entwicklungen | | | | | | | |
| Naturgewalten | | | | | | | |
| Personalrisiken | | | | | | | |
| **Technische Risiken:** | | | | | | | |
| Technologieänderungen und -sprünge | | | | | | | |
| EDV-Systemausfälle | | | | | | | |

**Abbildung 41**

Zu jedem Bereich kann man unternehmensindividuell mehr ins Detail gehen, je nachdem in welchem Bereich einem Unternehmen der höchste Schaden drohen könnte.

## Rechtliche Rahmenbedingungen für ein Risikomanagementsystem:

### 1. KonTraG

Das Gesetz zur Kontrolle und Transparenz im Unternehmensbereich (KonTraG) ist zum 1. Mai 1998 in Kraft getreten. Ein Vorwurf, der im Rahmen von Unternehmenskrisen oft erhoben wird, ist, dass mangelndes Risikobewusstsein der Unternehmensleitung die Krise verschuldet hat. Oft werden sogar bewusst Risiken in Kauf genommen, die man aber nicht „an die große Glocke hängen“ möchte. Es wird eher versucht, die Risiken vor Anteilseignern, Wirtschaftsprüfern und Banken zu verschleiern. Genau hier setzt das Gesetz zur Kontrolle und Transparenz im Unternehmensbereich (KonTraG) an. Es fordert die Einführung eines Überwachungssystems, das es ermöglicht, frühzeitig Risiken für das Unternehmen zu erkennen und Gegenmaßnahmen zu ergreifen. Hierzu wird auch die Kontrolle der Unternehmensführung durch Aufsichtsrat und Wirtschaftsprüfung stärker in den Vordergrund gerückt.

*Zielsetzung des KonTraG*

Wie der Name des Gesetzes schon sagt, will das KonTraG Kontrolle und Transparenz im Unternehmensbereich erreichen:

- Unternehmenskrisen sollen frühzeitig erkannt und Sanierungsmaßnahmen rechtzeitig ergriffen werden.
- Letztendlich sollen durch ein geeignetes Risikomanagement drohende Unternehmenskrisen abgewendet werden.

*Konkrete Inhalte des KonTraG*

Das KonTraG ist kein eigenes neues Gesetz, sondern besteht aus Ergänzungen zum Aktiengesetz (AktG) und Handelsgesetzbuch (HGB). Das GmbH-Gesetz (GmbHG) ist nicht explizit vom KonTraG betroffen, jedoch wird allgemein davon ausgegangen, dass das KonTraG analog auf eine GmbH übertragbar ist. Das heißt, eine GmbH ist nicht zur Umsetzung des KonTraG gezwungen, aber die

Einführung eines Risikomanagementsystems ist sicher auch für eine GmbH hilfreich. Im Juristenjargon nennt man das die „Ausstrahlungswirkung" des KonTraG auf das GmbHG.

Die konkreten Inhalte des KonTraG sind:

- Das KonTraG sieht vor, dass „der Vorstand geeignete Maßnahmen zu treffen, insbesondere ein Überwachungssystem einzurichten hat, damit den Fortbestand der Gesellschaft gefährdende Entwicklungen früh erkannt werden." (§ 91 Abs. 2 AktG)
- Ist kein ausreichendes Überwachungssystem eingerichtet worden und kommt es zum Schadensfall, so kann der Vorstand einer AG im Sinne einer Pflichtverletzung haftbar gemacht werden (§ 93 Abs. 2 AktG). Der Vorstand haftet gesamtschuldnerisch mit dem Aufsichtsrat.
- Im Lagebericht ist weiterhin „auch auf die Risiken der zukünftigen Entwicklungen einzugehen." (§ 289 Abs. 1 HGB, § 315 Abs. 1 HGB)
- Der Abschlussprüfer/Wirtschaftsprüfer beurteilt, ob das Überwachungssystem eingerichtet ist und ob es seine Aufgaben erfüllen kann (§ 317 Abs. 4 HGB). Weiterhin „ist auch zu prüfen, ob die Risiken der zukünftigen Entwicklung zutreffend dargestellt sind." (§ 317 Abs. 2 Satz 2 HGB). Im Schadensfall kann auch der Abschlussprüfer bei fahrlässigem Handeln haftbar gemacht werden. (§323 Abs. 2 HGB)
- Das Ergebnis der Beurteilung nach § 317 Abs. 4 HGB sowie die Angabe, ob Verbesserungsmaßnahmen erforderlich sind, werden im Prüfungsbericht dargestellt. (§ 321 Abs. 4 HGB)

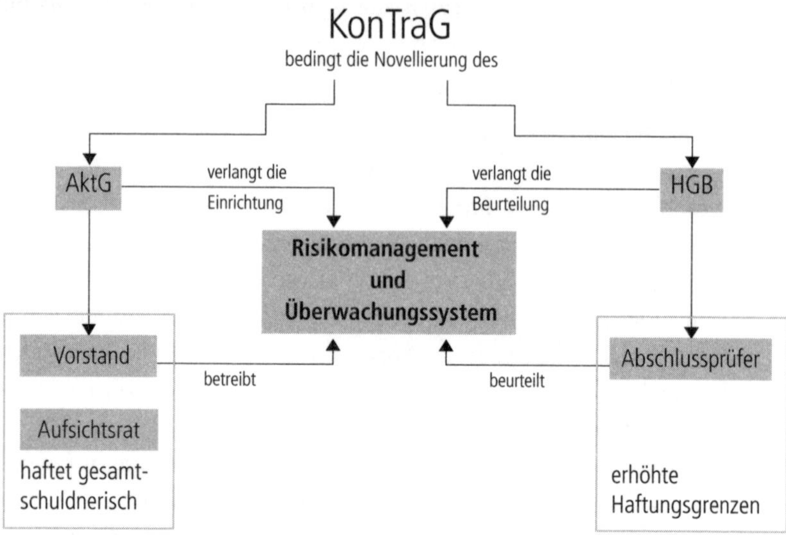


**Abbildung 42: Übersicht über die Anforderungen des KonTraG**

*Konkreter Handlungsbedarf durch das KonTraG*

Das KonTraG fordert zwar die Einführung eines Risikomanagementsystems, wie dieses Überwachungssystem jedoch genau aussehen soll, lässt der Gesetzgeber offen. Hier kommt es sicher auch auf die branchenspezifischen Anforderungen an ein Risikomanagementsystem an.

## 2. Corporate Governance

„Der Deutsche Corporate Governance Kodex verbessert die Attraktivität der deutschen Finanzmärkte" – so verkündete es stolz die deutsche Bundesregierung bei der Veröffentlichung des Kodex Ende Februar 2002. Die Bundesregierung hatte gemeinsam mit der Wirtschaft Regeln erarbeitet, die für mehr Transparenz der Unternehmen gegenüber der Öffentlichkeit sorgen sollen.

Corporate Governance heißt übersetzt Unternehmensleitung. Eine von der Bundesregierung eingesetzte Kommission hat hierzu den „Deutschen Corporate Governance Kodex" herausgegeben, der Verhaltensstandards und Offenlegungspflichten speziell für börsennotierte Unternehmen enthält, u.a. die Verpflichtung, ein angemessenes Risikomanagement und Risikocontrolling im Unternehmen zu betreiben. Die Unternehmen sollen sich freiwillig dazu verpflichten, diesen Kodex einzuhalten. Die im Kodex enthaltenen klaren Regeln für Vorstände und Aufsichtsräte börsennotierter Gesellschaften erhöhen die Transparenz für die Anleger und verbessern den Zugang der Unternehmen zu den internationalen Finanzmärkten. Die Wettbewerbsfähigkeit deutscher Unternehmen soll verbessert, der Schutz der Aktionäre verstärkt und der Finanzplatz Deutschland gefestigt werden. Der Kodex schafft auf diese Weise eine Art „Gütesiegel“ für Aktiengesellschaften und ist somit natürlich auch ein interessanter Aspekt für ein Unternehmensrating. Ob ein Unternehmen die Regelungen des Deutschen Corporate Governance Kodex einhält oder nicht, wird damit ein zusätzliches Bewertungskriterium für ein Rating.

Konkret verfolgt der Deutsche Corporate Governance Kodex folgende Ziele:

- Intensivierung der Kontrolle der Unternehmensleitung durch Stärkung des Aufsichtsrats
- Verbesserung der Aktionärsrechte und des Anlegerschutzes
- Förderung der Transparenz innerhalb und außerhalb des Unternehmens
- Einführung von Standards für eine regelmäßige, zeitnahe und verlässliche Information des Kapitalmarkts über die Vermögens-, Finanz- und Ertragslage von Unternehmen, auch unterjährige Zwischenberichte
- Einrichtung eines angemessenen Risikomanagements und Risikocontrollings im Unternehmen
- Steigerung des nachhaltigen Unternehmenswertes als vorrangiges Ziel für die Tätigkeit des Vorstands

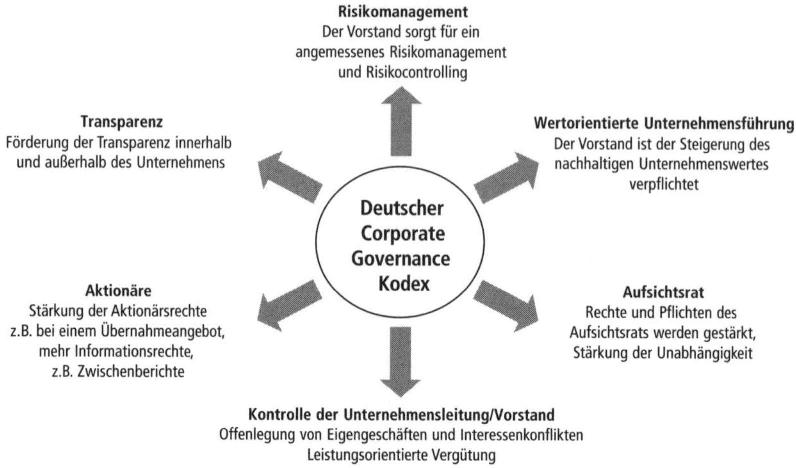


**Abbildung 43: Deutscher Corporate Governance Kodex**

Den Text des Deutschen Corporate Governance Kodex können Sie auf der Internetseite der Kommission: **www.corporate-governance-code.de** nachlesen und herunterladen oder direkt bei der Kommission anfordern:
Regierungskommission Deutscher Corporate Governance Kodex
c/o ThyssenKrupp AG
August-Thyssen-Str. 1
40211 Düsseldorf
E-Mail: geschaeftsstelle.corp.gov.kodex@tk.thyssenkrupp.com
Die Kommission nimmt auch gerne Stellungnahmen und Anregungen zum Kodex entgegen.

## Ratingwerkstatt

Auf der einen Seite ist es für ein Unternehmen schwierig, sich auf eigene Faust auf das Rating vorzubereiten, auf der anderen Seite scheut man teure Beratungskosten. Viele Unternehmen mussten schon die Erfahrung machen, dass Berater eine Ist-Analyse machen, einige Empfehlungen geben und dann wieder weg sind. In der Praxis hat sich der so genannte Werkstattgedanke bewährt. Warum Werkstatt? Die Grundidee ist, und deshalb der Name Werkstatt, dass man sich im Unternehmen konkret und rasch um die entsprechenden Werkzeuge für das Rating kümmert und damit eine schnelle Ratinglösung aufbaut. Was ist bereits vorhanden, was ist schnell ergänzbar? Es muss nicht besonders elegant sein, soll aber funktionieren.

In der Werkstatt geht es weniger um strategische Fragen, sondern eher um die Frage, wie schnell eine erste Zusammenstellung der erforderlichen Unterlagen für das Rating erstellt werden kann. Es soll ja nur ein erster Wurf sein, den man später immer noch detaillieren und verbessern kann. Wenige Mitarbeiter setzen sich für ca. zwei Tage zusammen und basteln eine schnelle Lösung für das Rating. Ergebnis kann z.B. eine Checkliste sein, welche Unternehmensdaten notwendig sind, und eine erste Vorgehensweise für die nächsten Monate, wie man gezielt die Bonität des Unternehmens verbessern will.

## Wer macht mit?

Die Initiative kommt von der Unternehmensleitung. Es empfiehlt sich, dass in der Werkstatt die Unternehmensleitung, die Kostenrechnung oder das Controlling und bei Bedarf Mitarbeiter anderer Fachabteilungen vertreten sind. Eventuell kann ein praxiserfahrener, unternehmensexterner Rating-Advisor Unterstützung leisten.

In einer Werkstatt wird handwerklich gearbeitet. Hier braucht man keine Theoretiker, sondern diejenigen, die mit Hand anlegen. Wenn Externe eingeladen werden mitzuarbeiten, dann müssen diese auch richtig „zupacken", nicht nur beraten!

## Wie lange dauert die Werkstatt?

Man rechnet etwa mit einem Zeitaufwand von ein bis drei Tagen. Die Werkstatt ist damit kürzer als ein Projekt. Es bietet sich an, die Ratingwerkstatt als Vorarbeit zu einem eigentlichen Ratingprojekt durchzuführen, quasi als „Rating-Brainstorming".

## Wie ist der Ablauf?

Will man effektiv und schnell zu einer ersten Einschätzung über die eigene Situation hinsichtlich des Rating kommen, muss das ganze Unternehmen mit einbezogen werden. Dabei kann man sich im Rahmen der Ratingwerkstatt an folgender Darstellung orientieren:

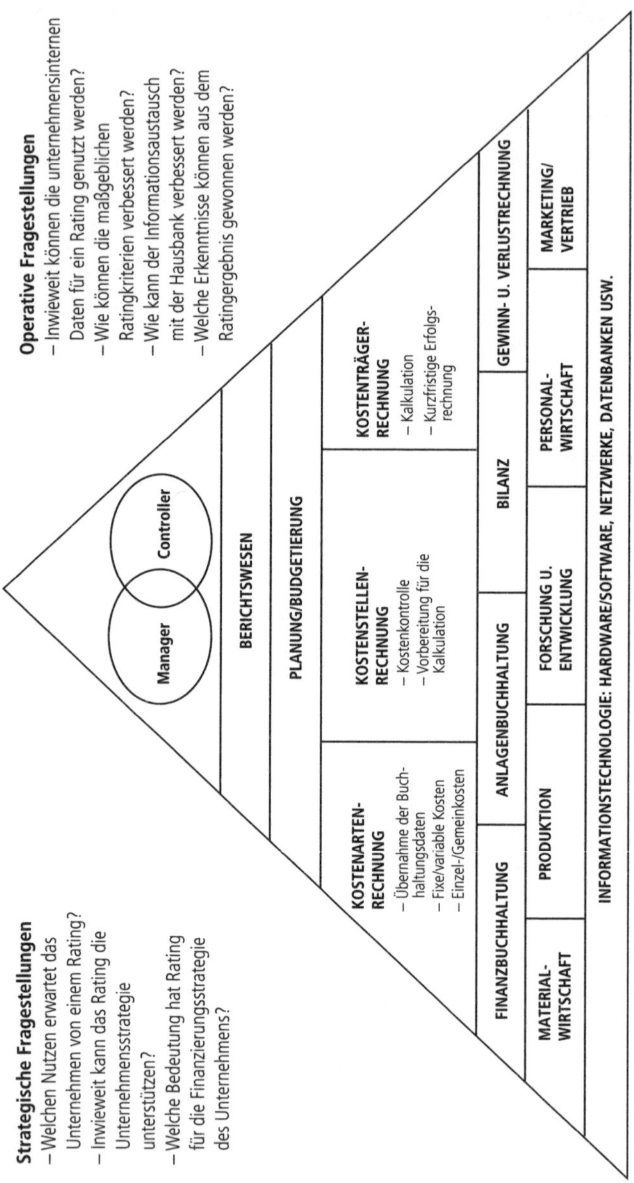


**Abbildung 44: Arbeitsblatt für die Ratingwerkstatt**

*(Entwickelt in Anlehnung an die Abbildung „Controlling Pyramide“ in „Kosten senken leicht gemacht“, Ueberreuter Verlag)*

Jetzt kann man die Ratingvorbereitung von zwei Seiten aus angehen:

1. Man arbeitet sich „von unten nach oben“.
2. Man arbeitet sich „von oben nach unten“.

## Von unten nach oben

Man kann unten im Unternehmen anfangen und fragen:
Was ist vorhanden? Für eine schnelle Ratingeinschätzung wühlt man sich quasi durch das gesamte Unternehmen. Jeder Bereich wird auf seine Tauglichkeit hinsichtlich der Bereitstellung von Informationen für ein Rating abgeklopft.

1. Ganz unten: Mit welcher Informationstechnologie kann man arbeiten? Was ist vorhanden? Welche Daten können für das Rating genutzt werden? Das ist die Frage nach der EDV-Ausstattung bzw. nach den vorhandenen Instrumenten, die das Unternehmen steuern. Dabei stehen zwei Fragen im Vordergrund:
   - Schafft es die Technik, bei der Ratingfrage zu unterstützen, hat das Unternehmen die richtigen Instrumente? Vielleicht ist ein teures, aufwendiges Lagerhaltungsprogramm vorhanden, aber es fehlt eine simple Software für die Kostenrechnung.
   - Stehen die Kosten der Technik im vernünftigen Verhältnis zu den Informationen, die sie hervorbringt? In der Praxis findet man z.B. oft teure Hard- oder Software, deren Möglichkeiten nie vollständig genutzt werden.
2. Als Nächstes werden die klassischen Unternehmensbereiche wie Materialwirtschaft, Produktion usw. durchleuchtet. Dies ist die Mitte, der Kern des Unternehmens. Hier entstehen die Leistungen und die wesentlichen Kosten.
3. Dies alles mündet in die gesetzliche Rechnungslegung wie Bilanz/Gewinn- und Verlustrechnung. Dies ist auch die Basis für die Kostenrechnung und Basis für weitere Aktivitäten.

Mit den Punkten 1-3 ist das Fundament gelegt. Hier dürften Daten für das Rating in jedem Unternehmen in der einen oder anderen Form vorhanden sein. Dies ist sozusagen die Pflicht. Jetzt kommt die Kür. Man braucht auf jeden Fall:

4. Die Kostenrechnung. Hier entsteht das Zahlenmaterial für das Rating. Fragen, die gestellt werden müssen: Wie gut ist die Kostenrechnung ausgebaut? Gibt es überhaupt eine? Auf jeden Fall liegt hier der Anfang jeder detaillierten Ratinganalyse.
5. Die Ist-Zahlen werden mit dem Plan verglichen. Abweichungen werden analysiert.

6. Was nützen die schönsten Erkenntnisse, wenn sie nicht an die relevanten Leute gelangen? Ein effektives Berichtswesen ist notwendig, damit alle Entscheidungsträger im Bilde sind. Die Qualität der Informationen in einem Unternehmen ist ein explizites Bewertungskriterium im Regelwerk Basel II.
7. Wurden alle vorhergehenden Punkte erfüllt, können operative und strategische Fragen beantwortet werden. Jetzt können Controller und Manager über das Rating diskutieren. Alles ist nun für effektive Aussagen über die Unternehmenssituation vorbereitet. An dieser Stelle ist auch eine Aussage über die Managementqualität, ebenfalls ein explizites Bewertungskriterium nach Basel II, angebracht. Wie gut arbeiten die Entscheidungsträger des Unternehmens bei der Ratingeinschätzung zusammen? Wie transparent sind allen die Entscheidungsprozesse und die weitere Vorgehensweise?

### Von oben nach unten

Bei diesem Ansatz beginnt man mit den strategischen und operativen Fragestellungen. Welche Bedeutung hat das Rating für die Finanzierungsstrategie des Unternehmens überhaupt? Wo will das Unternehmen hin? Welchen Nutzen soll das Rating bringen? Viele wählen diesen Weg und definieren zunächst die Ausgangsfragen. Dann erst marschiert man von oben nach unten durch das gesamte Unternehmen. Folgende Ansatzpunkte werden durchlaufen:

- Zur Beantwortung der Ausgangsfragen ist ein schlagkräftiges Berichtswesen notwendig.
- Schlagkräftig kann ein Berichtswesen nur sein, wenn auch eine Planung existiert.
- Ohne Werkzeuge wie Kostenarten-, Kostenstellen- und Kostenträgerrechnung können keine aussagekräftigen Unternehmensdaten geliefert werden.
- Dafür muss allerdings die Basis in Ordnung sein. Dazu gehören die gesetzliche Rechnungslegung, wesentliche Daten aus den Bereichen Materialwirtschaft, Produktion usw., transparente Betriebsdatenerfassung, schlagkräftige EDV-Unterstützung.

Diese Vorbedingungen werden bei der Vorgehensweise von oben nach unten in der Werkstatt auf Inhalt, Effizienz und Tauglichkeit der Daten für das Rating abgeklopft.

Zumindest weiß man nach einer Werkstattsitzung, was man will und was man hat: Wo liegen für die Ratingeinschätzung des Unternehmens die wesentlichen Pluspunkte und wo gibt es die gravierendsten Informationslücken? Erst im Anschluss an diese Vorarbeiten geht es an die Feinarbeit.

Das Motto der Ratingwerkstatt ist: Ärmel hochkrempeln, sich erst mal einen groben Überblick verschaffen, um später am Detail feilen zu können.

## Kostensenkungsmaßnahmen

Wer möchte nicht gern die Kosten im Unternehmen senken? Gerade in wirtschaftlichen Krisenseiten wird hektisch an der einen oder anderen Kostenschraube gedreht. Im Folgenden finden Sie eine Übersicht über Ansatzpunkte für Kostensenkungsmaßnahmen. Der jeweilige Ansatz kann im Rahmen dieses Buches nur kurz gestreift werden und soll lediglich als Denkanstoß dienen.

### Prüfung des Leistungsangebotes

Überprüfen Sie Ihre Leistungspalette bzw. Produktpalette nach Deckungsbeitragsgesichtspunkten. Deckungsbeitrag = Umsatz - variable Kosten. Bei der Betrachtung pro Stück ist die Rechnung wie folgt:
Deckungsbeitrag = Preis - variable Stückkosten.

Erwirtschaftet ein Produkt keinen positiven Deckungsbeitrag, dann ist die Schlussfolgerung: Das Produkt verursacht nur Kosten und deckt noch nicht einmal seine variablen Herstellungskosten.

Produktentscheidungen – wird ein Produkt angeboten oder nicht – sind weitreichende Entscheidungen. Sollte ein Produkt also die variablen Kosten nicht decken, analysieren Sie die Umstände genauer. Die Schlussfolgerung, das Produkt aus dem Sortiment zu streichen, liegt allerdings nahe.

### Wertanalysen

Wertanalysen sind eine systematische Untersuchungsmethode, um das Leistungs-Kosten-Verhältnis in einem Unternehmen zu optimieren.
Die zwei Grundfragen der Wertanalyse lauten:

- Kann die geplante Leistung bzw. das Produkt mit weniger Kostenaufwand produziert werden?
- Sind die geplanten Leistungen/Funktionen des Produktes überhaupt notwen-

dig? Kann der Kundennutzen auch ohne bestimmte Zusatzfunktionen eines Produktes erreicht werden?

Ursprünglich wurden Wertanalysen im Produktions- und Konstruktionssektor angewendet. Inzwischen werden auch Verwaltungstätigkeiten mit der Brille der Wertanalyse betrachtet. Jede Tätigkeit wird unter die Lupe genommen, und dabei wird gefragt, ob diese Tätigkeit überhaupt einen Wert für das Unternehmen oder für den Kunden schafft. Die Wertanalyse stellt die Sinnhaftigkeit und Notwendigkeit jeder Tätigkeit in Frage und weckt dadurch nicht selten Arbeitsplatzängste bei den Mitarbeitern. Wertanalysen müssen deswegen sorgfältig und verantwortungsvoll durchgeführt werden.

## Leerkostenanalyse

Leerkosten sind Kosten, die für nicht genutzte Kapazitäten anfallen. Dies können z.B. die Kosten für eine Maschine sein, die nicht ausgelastet ist, oder nicht genutzte Räumlichkeiten. Die Kosten fallen für das Leerstehen eines Raumes oder den Leerlauf einer Maschine an, also quasi für „nichts", und dienen nicht dem Leistungserstellungsprozess.

Nach diesem Gesichtspunkt wird die Leerkostenanalyse in verschiedenen Unternehmensbereichen durchgeführt. Bedenklich ist, wenn Leerkosten über einen längeren Zeitraum anfallen und keine Veränderung abzusehen ist. Dann muss grundsätzlich überlegt werden, ob diese Maschinen oder ein anderes Anlagegut überhaupt noch gebraucht werden.

## Zero-Base-Ansatz

Zero-Base heißt frei übersetzt „bei Null anfangen". Der Zero-Base-Ansatz macht sich von allem Vergangenen frei und fragt ganz einfach: „Was würden wir tun, wenn wir dieses Unternehmen ganz neu auf der grünen Wiese planen müssten?" Die Zielrichtung ist, eine Idealvision des Unternehmens zu entwerfen und mit Planzahlen zu quantifizieren und diese anschließend mit dem Ist-Zustand des Unternehmens, den Ist-Daten zu vergleichen.

Der Zero-Base-Ansatz liefert einen Planungsansatz, der unbelastet von Vergangenheitswerten ist. Überflüssiges wurde nicht berücksichtigt. Im Anschluss wird dieser Ansatz mit der herkömmlichen Planung verglichen. Jetzt kommen die Fragen: Wo liegt der Unterschied zwischen dem Zero-Base-Ansatz und der aktuellen Jahresplanung? Warum ist der Zero-Base-Ansatz eventuell kostengünstiger? In der Folge wird versucht, sich dem Zero-Base-Wert anzunähern. Jetzt weiß man, was zur Funktionserfüllung notwendig ist und was nicht. Überflüssige Kosten wurden identifiziert.

## Schwachstellenanalyse

Als Hilfsmittel verwendet die Schwachstellenanalyse in der Regel eine Mitarbeiterbefragung. Die Mitarbeiter werden zu den von ihnen im Unternehmen wahrgenommenen Schwachstellen befragt. Oft wird dies auch „Internes Vorschlagswesen“ oder „Kontinuierliches Verbesserungsprogramm“ genannt. Die Vorgehensweise ist, regelmäßig und systematisch die Verbesserungsvorschläge der Mitarbeiter zu ermitteln und besonders gute Vorschläge durch Prämien zu honorieren. Mitarbeiter sind vor Ort im Unternehmen und sehen die Schwachstellen oft deutlicher als die Unternehmensleitung.

Mögliche Fragen sind z.B.: Wo gibt es

- Leerläufe, Leerzeiten
- Unklare Kompetenzverteilung
- Verschwendungen
- Fehlentwicklungen
- Mängel jedweder Art usw.

Nun wird ein Mitarbeiter sich nicht selbst wegrationalisieren, indem er darauf hinweist, dass einiges in seinem Bereich überflüssig ist. Aber die Erfahrungen mit diesem Instrument zeigen, dass die Mitarbeiter bei entsprechender Anerkennung ihrer Verbesserungsvorschläge gern und offen auf Missstände hinweisen. Es sollte im Anschluss an die Befragung auch ein Bemühen des Unternehmens deutlich werden, einen Missstand zu beheben oder die ermittelte Schwachstelle zu beseitigen. Denn andernfalls geht die Motivation, die durch dieses Instrument bei den Mitarbeitern erreicht wurde, wieder verloren.

## Frühwarnsysteme

Hellseher standen zu allen Zeiten hoch im Kurs. Die Qualität und Zuverlässigkeit der Aussagen mit dem Blick in die Kristallkugel ließen aber immer schon zu wünschen übrig. Das Bedürfnis, auf zukünftige Entwicklungen vorbereitet zu sein, ist nachvollziehbar, aber Unternehmen beschäftigen in der Regel hierfür keinen Hellseher. Verlässlicher sind in diesem Zusammenhang Frühwarnsysteme, die überwiegend EDV-unterstützt sind. Zukünftige Entwicklungen und Ereignisse, die für das Unternehmen von Bedeutung sein können, sollen vorab erkannt werden, um dem Unternehmen die Möglichkeit zu verschaffen, rechtzeitig auf diese Entwicklungen zu reagieren.

Bei Frühwarnsystemen werden bestimmte Bandbreiten, z.B. für Umsatzhöhe oder Kostenentwicklung, festgelegt. Werden diese Größen unter- oder überschritten, so erfolgt eine Warnmeldung durch das System. Im Controlling verwendet man auch gern die Ampeltechnik. Die betrieblichen Kennzahlen werden mit den Farben Grün, Gelb oder Rot unterlegt: je nachdem ob die Kennzahl „im grünen Bereich" ist oder schon bedenklich vom Planwert abweicht (= Farbe Gelb) oder gar im „roten Bereich" liegt, also dringender Handlungsbedarf für das Management besteht.

Die meisten Frühwarnsysteme gehen noch einen Schritt weiter. Sie versuchen anhand von geeigneten Indikatoren zu erkennen, welche Entwicklungen auf ein Unternehmen zukommen. Es geht darum, nicht erst dann zu reagieren, wenn der Umsatz erkennbar nach unten geht, sondern diese Entwicklung vorherzusehen und gegenzusteuern, indem man z.B. frühzeitig auf massive Preissenkungen der Konkurrenz reagiert. Diese Systeme berücksichtigen auch Entwicklungen außerhalb des Unternehmens, die einen möglichen Einfluss auf das Unternehmen haben könnten, z.B. durch Beobachtung der Konkurrenz oder des Finanzmarktes.

Durch Nutzung dieser Auswertungen und Vorhersagen über das künftige Geschäftsvolumen kann die Planungssicherheit eines Unternehmens verbessert werden und führt damit auch zu einer besseren Ratingeinstufung. Die Bank kann den Aussagen eines Unternehmens über dessen zukünftige Entwicklungen mehr vertrauen, wenn das Unternehmen ein zuverlässiges Frühwarnsystem besitzt.

Frühwarnsysteme beschäftigen sich konkret mit folgenden Fragen:

- Was kann passieren?

- Warum kann es passieren?
- Wie hoch ist die Wahrscheinlichkeit für einen Schadenseintritt?
- Was ist zu tun? Welche Gegenmaßnahmen sind nun zu ergreifen?

**Instrumente der Früherkennung** sind:

- Frühwarncheckliste
- Szenariotechnik
- Kennzahlensysteme
- Strategische Frühaufklärung

## Frühwarnchecklisten

Bevor man mit der Einführung eines Frühwarnsystems beginnt, stellt sich immer die Frage: Mit welchen Schritten kann man beginnen, um möglichst schnell erste Ergebnisse zu erzielen? Viele Berater nennen das „Quick Hits“, frei übersetzt: „schnelle Erfolgsergebnisse“.

In der Praxis haben sich in diesem Zusammenhang Checklisten als nützliches Instrument bewährt. In komprimierter, stichwortartiger Form werden bestimmte Fragen zu den einzelnen Unternehmensbereichen gestellt, um schnell die wesentlichen Schwachstellen in einem Unternehmen zu erkennen. Beim Aufbau einer Checkliste zu einem unternehmensindividuellen Frühwarnsystem können Sie sich an der folgenden Checkliste orientieren und diese ggf. erweitern oder verändern.

**Frühwarncheckliste**

| Beschreibung einer möglichen Risikoquelle, die zu einem Schaden für das Unternehmen führen könnte | Wahrscheinlichkeit eines Schadenseintritts<br>gering hoch<br>1 2 3 4 5 | Beschreibung von Gegenmaßnahmen |
|---|---|---|
| **Beschaffung/Logistik:** | | |
| **Rohstoffmarkt**<br>Besteht eine Abhängigkeit von Schlüsselrohstoffen (Öl, Erz usw.)? | 1 2 3 4 5 | |
| **Konditionen, Lieferfristen u.ä.**<br>Besteht Gefahr der Änderung von Preisen, Konditionen, Lieferfristen u.ä.? | 1 2 3 4 5 | |

| | | |
|---|---|---|
| **Vertragswesen**<br>Laufen wichtige Beschaffungsverträge aus? Sind die Vertragslaufzeiten o.k. (nicht zu lang, nicht zu kurz)? | 1 \| 2 \| 3 \| 4 \| 5 | |
| **Qualitätsmanagement**<br>Ist die Qualität der beschafften Waren o.k. bzw. sichergestellt? | 1 \| 2 \| 3 \| 4 \| 5 | |
| **Bestandsmanagement**<br>Sind Bestands- und Umschlagsentwicklung o.k. und werden regelmäßig überprüft? | 1 \| 2 \| 3 \| 4 \| 5 | |
| **Ökologie**<br>Entspricht unsere Beschaffungspolitik modernen und aktuellen ökologischen Kriterien? | 1 \| 2 \| 3 \| 4 \| 5 | |
| **Leistungserstellung:** | | |
| **Verfügbarkeit**<br>Sind die Maschinen u. Anlagen sicher verfügbar? Wird ausreichend gewartet? | 1 \| 2 \| 3 \| 4 \| 5 | |
| **Auslastung**<br>Gibt es regelmäßig Übersichten über die Auslastung? Gibt es Leerkosten? | 1 \| 2 \| 3 \| 4 \| 5 | |
| **Produktivität**<br>Wird die Produktivitätsentwicklung regelmäßig verfolgt? Wird die Produktivität als ausreichend (für die Zukunft) eingeschätzt? | 1 \| 2 \| 3 \| 4 \| 5 | |
| **Kapazität**<br>Reichen die Kapazitäten für die Zukunft? | 1 \| 2 \| 3 \| 4 \| 5 | |
| **Technologie**<br>Ist die Technologie auf dem aktuellen Stand? Ist der Technologiestatus besser oder schlechter als bei der Konkurrenz? | 1 \| 2 \| 3 \| 4 \| 5 | |

| | | |
|---|---|---|
| **Lizenz/Patent**<br>Ist die Leistungserstellung wesentlich abhängig von Lizenzen und Patenten (die unter Umständen zurückgezogen werden können)? | 1 2 3 4 5 | |
| **Standort**<br>Sind die Standorte zukunftsorientiert, z.B. im Hinblick auf Infrastruktur und Personalbeschaffung? | 1 2 3 4 5 | |
| **Standortkosten**<br>Sind die Standortkosten o.k.? Sind zukünftig höhere Standortkosten zu erwarten? | 1 2 3 4 5 | |
| **Marketing und Vertrieb:** | | |
| **Angebot**<br>Werden nicht bekommene Aufträge hinsichtlich ihres Scheiterns analysiert? | 1 2 3 4 5 | |
| **Auftragsbestand**<br>Besteht bei vorhandenen Aufträgen ein<br>- Stornorisiko<br>- Insolvenzrisiko der Kunden? | 1 2 3 4 5 | |
| **Service**<br>Ist der Kundendienst o.k.?<br>Gibt es ein ausgebautes Qualitätsmanagement? | 1 2 3 4 5 | |
| **Rabatt**<br>Passt die Rabattpolitik? Werden zu viele Umsätze nur noch über hohe Rabatte realisiert? | 1 2 3 4 5 | |
| **Markt**<br>Wird der Markt beobachtet? Gibt es Indikatoren, die negative Trends signalisieren? Werden Marktvolumen, Marktwachstum u.ä. regelmäßig verfolgt? | 1 2 3 4 5 | |
| **Absatzkanal**<br>Haben sich die benutzten Absatzkanäle | 1 2 3 4 5 | |

| | | |
|---|---|---|
| bewährt? Gibt es Kanäle, die im Gegensatz zur Konkurrenz nicht genutzt werden? | | |
| **Konkurrenz**<br>Kann die Konkurrenz gefährlicher werden? | 1 2 3 4 5 | |
| **Kundenverhalten**<br>Werden Kundenverhalten, Kundenbedürfnisse, Kundentreue u.ä. regelmäßig verfolgt? | 1 2 3 4 5 | |
| **Kundenwirtschaftlichkeit**<br>Wie entwickelt sich die wirtschaftliche Situation der Kunden? Sind Liquiditätsengpässe absehbar? | 1 2 3 4 5 | |
| **Vertriebsinformation**<br>Gibt es ein schlagkräftiges Vertriebsinformationssystem? | 1 2 3 4 5 | |
| **Mitarbeiterführung:** | | |
| **Personalplanung**<br>Erfolgt eine systematische Personal- und Laufbahnplanung? | 1 2 3 4 5 | |
| **Qualifikation**<br>Kennt man zukünftige notwendige Qualifikationen? | 1 2 3 4 5 | |
| **Weiterbildung**<br>Ist die Weiterbildung zeitgemäß und zukunftsorientiert? Geht man planmäßig vor? | 1 2 3 4 5 | |
| **Führung**<br>Sind alle Führungspositionen befriedigend besetzt? Gibt es genügend Nachwuchs? | 1 2 3 4 5 | |
| **Mitarbeiterpotenzial**<br>Kennt man die Potenziale der vorhandenen Mitarbeiter? Geschieht eine regelmäßige Mitarbeiterbeurteilung? | 1 2 3 4 5 | |

| | | |
|---|---|---|
| **Wettbewerbsklausel**<br>Können ausscheidende Mitarbeiter gefährlich werden? | 1 \| 2 \| 3 \| 4 \| 5 | |
| **Nachfolge**<br>Ist die Unternehmernachfolge gesichert? | 1 \| 2 \| 3 \| 4 \| 5 | |
| **Fehlzeiten**<br>Liegt der Krankenstand im Branchenschnitt? Werden Probleme in diesem Bereich analysiert? | 1 \| 2 \| 3 \| 4 \| 5 | |
| **Fluktuation**<br>Gibt es eine überdurchschnittliche Fluktuation? Kennt man die Gründe hierfür? | 1 \| 2 \| 3 \| 4 \| 5 | |
| **Arbeitsmarkt**<br>Signalisiert der Arbeitsmarkt Engpässe? Ist die Rekrutierung geeigneter Mitarbeiter sichergestellt? | 1 \| 2 \| 3 \| 4 \| 5 | |
| **Finanzen/Controlling:** | | |
| **Eigenkapital**<br>Ist die Eigenkapitalquote o.k. (Branchenschnitt)? | 1 \| 2 \| 3 \| 4 \| 5 | |
| **Kapitalbedarf**<br>Ist genügend Kapital für die Zukunft vorhanden? Besteht eine regelmäßige Kapitalbedarfsanalyse und -planung? | 1 \| 2 \| 3 \| 4 \| 5 | |
| **Finanzierung**<br>Ist die Finanzierung (vor allem zukünftiger Investitionen) gesichert? Ist die Finanzierung bezahlbar? | 1 \| 2 \| 3 \| 4 \| 5 | |
| **Liquidität**<br>Ist die Liquidität gesichert? | 1 \| 2 \| 3 \| 4 \| 5 | |
| **Verlust**<br>Können eventuelle Verluste verkraftet werden? In welcher Höhe und für wie lange? | 1 \| 2 \| 3 \| 4 \| 5 | |

| | | |
|---|---|---|
| **Unternehmenswert**<br>Wie entwickelt sich der Gesamtwert des Unternehmens? Ist der Unternehmenswert überhaupt bekannt? | 1 2 3 4 5 | |
| **Reporting**<br>Gibt es ein schlagkräftiges Berichtswesen mit z.B. aussagekräftigen Kennzahlen? | 1 2 3 4 5 | |
| **Kredit**<br>Sind Kreditlinien ausreichend bzw. bereits ausgeschöpft? Müssen Kredite „überteuert" finanziert werden? | 1 2 3 4 5 | |
| **Rückstellung**<br>Sind Rückstellungen risikobehaftet? | 1 2 3 4 5 | |
| **Außenstände**<br>Sind die Forderungen sicher? Drohen Forderungsausfälle? | 1 2 3 4 5 | |
| **Planung**<br>Wird überhaupt geplant? Wenn ja, wie realistisch ist die Planung? | 1 2 3 4 5 | |
| **Methoden**<br>Entsprechen Kostenrechnung und Controlling den Erfordernissen des Rating? Ist das Unternehmen transparent? | 1 2 3 4 5 | |
| **Kosten**<br>Liegen die Kosten im Branchenschnitt? | 1 2 3 4 5 | |
| **Artikelergebnisse**<br>Wissen wir, mit welchen Artikeln/Leistungen wir Geld verdienen oder verlieren? | 1 2 3 4 5 | |
| **Optimierung**<br>Wird regelmäßig an Kostensenkung und Leistungsoptimierung gearbeitet? | 1 2 3 4 5 | |
| **Investition**<br>Wird insgesamt genügend investiert? Wird der Unternehmenswert erhalten? | 1 2 3 4 5 | |

| | | |
|---|---|---|
| **Investitionsabhängigkeit**<br>Hat das allgemeine Investitionsverhalten der Wirtschaft insgesamt oder der Kunden Auswirkungen auf das Unternehmen? | 1 2 3 4 5 | |
| **Informationstechnologie:** | | |
| **IT-Strategie**<br>Gibt es eine IT-Strategie? Wenn ja, ist sie zukunftsorientiert? Zielfrage: Wissen wir, was wir in 3 Jahren an IT-Technologie brauchen? | 1 2 3 4 5 | |
| **Technik**<br>Ist die IT auf dem Stand der Technik? Gibt es gravierende Mängel? | 1 2 3 4 5 | |
| **Ausfallrisiken**<br>Sind die IT-Ausfallrisiken quantifiziert bzw. eingegrenzt? Gibt es einen Notfallplan? | 1 2 3 4 5 | |
| **Kopfmonopol bei IT-Mitarbeitern**<br>Gibt es wichtiges Know-how nur bei einzelnen IT-Mitarbeitern? Was, wenn diese Mitarbeiter ausfallen? | 1 2 3 4 5 | |
| **Dokumentation**<br>Ist alles ausreichend dokumentiert? | 1 2 3 4 5 | |
| **Berechtigungskonzept**<br>Ist die IT sicher hinsichtlich der Zugriffsrechte? Gibt es ein Berechtigungskonzept? | 1 2 3 4 5 | |
| **Datenschutz**<br>Ist der Datenschutz gewährleistet? | 1 2 3 4 5 | |
| **Interne Prozesse:** | | |
| **Qualität**<br>Kennt man überhaupt wichtige interne Prozesse (z.B. Qualitätsprozess)? Sind diese transparent, dokumentiert und werden regelmäßig beobachtet und verbessert? | 1 2 3 4 5 | |

| | | |
|---|---|---|
| **Vernetzung**<br>Sind strategische und operative Planung bzw. Prozesse aufeinander abgestimmt? | 1 2 3 4 5 | |
| **Bericht**<br>Gibt es ein handlungsorientiertes Berichtswesen (oder werden Informationen für die Ablage produziert)? | 1 2 3 4 5 | |
| **Organisation**<br>Gibt es eine flexible Organisationsstruktur, mit der auch zukünftige Probleme bewältigt werden können? | 1 2 3 4 5 | |
| **Rechtliche Fragen:** | | |
| **Vertrag**<br>Werden alle wichtigen Verträge regelmäßig geprüft? Sind Überraschungen zu erwarten? | 1 2 3 4 5 | |
| **Gesetze**<br>Werden neue Gesetze, Verordnungen usw. erwartet? | 1 2 3 4 5 | |
| **Versicherung**<br>Ist das Unternehmen genügend abgesichert? | 1 2 3 4 5 | |
| **Formal**<br>Sind alle gesetzlichen Formalien o.k., z.B. aktuelle Entwicklungen im Handelsregister berücksichtigt? | 1 2 3 4 5 | |
| **Gesellschaftsvertrag**<br>Gesellschaftsverträge sind oft uralt. Sind sie noch auf dem letzten Stand der Unternehmensentwicklung? | 1 2 3 4 5 | |
| **Drittrechte-/Produkthaftung**<br>Sind alle Lizenzen, Patente u.ä. sicher? Gibt es Probleme mit der Produkthaftung? Sind die rechtlichen Regelungen z.B. anderer Länder überhaupt bekannt und berücksichtigt? | 1 2 3 4 5 | |

| Wirtschaftliche Entwicklung und politische Rahmendaten: | | |
|---|---|---|
| **Bevölkerungsentwicklung**<br>Macht man sich in Abständen Gedanken, ob die Bevölkerungsentwicklung Auswirkungen auf das Unternehmen haben kann? | 1 \| 2 \| 3 \| 4 \| 5 | |
| **Konjunktur**<br>Welche Auswirkungen haben konjunkturelle Schwankungen auf das Unternehmen? | 1 \| 2 \| 3 \| 4 \| 5 | |
| **Inflation**<br>Ist die Inflation nicht nur im eigenen Land, sondern auch im Ausland berücksichtigt? | 1 \| 2 \| 3 \| 4 \| 5 | |
| **Trendentwicklung**<br>Sind langfristige Trends bekannt, die Auswirkungen auf das Unternehmen haben? | 1 \| 2 \| 3 \| 4 \| 5 | |
| **Steuer**<br>Sind Nachteile aus der Entwicklung der Steuerbelastung zu befürchten? | 1 \| 2 \| 3 \| 4 \| 5 | |
| **EU-Erweiterung**<br>Werden die neuen EU-Länder als neue Konkurrenz eingeschätzt? | 1 \| 2 \| 3 \| 4 \| 5 | |

**Abbildung 45**

## Szenariotechnik

Ein weiteres Instrument der Frühwarnung ist die Szenariotechnik. Dabei geht es um die spannende Frage „Was wäre, wenn …?“ Sich ein Szenario vorzustellen oder zu berechnen heißt, dass man sich Gedanken um die zukünftige Entwicklung des Unternehmens macht.

Was wäre, wenn …

- der wichtigste Kunde zur Konkurrenz geht?
- der Euro um 20% an Wert gegenüber dem Dollar verliert?
- das Unternehmen in Osteuropa expandieren würde?
- die nächste Tarifrunde eine Lohnsteigerung von 4% erbringt?

Dabei muss ein Unternehmen nicht immer nur die Extremszenarien wie „Welche Auswirkungen hat es, wenn der Umsatz um 25% sinkt?" bedenken. Es geht auch darum, sich auszumalen, wie die Unternehmenssituation in drei oder fünf Jahren sein könnte. Ein Unternehmen sollte sich regelmäßig Gedanken um die Entwicklung von Zukunftsbildern, also Szenarien machen. Wie werden sich die Märkte entwickeln, was werden die Kunden erwarten, welche Risiken könnten von politischen Entscheidungen (Streichung von Subventionen, Steuererhöhungen etc.) ausgehen? Je besser man zukünftige Entwicklungen schon einmal in Gedanken und vielleicht auch in harten Zahlen mit dem Kostenrechner oder dem Controller „durchgespielt" hat, desto leichter fällt die Reaktion auf Veränderungen. Im besten Falle hat man sich auf die Änderung vorbereitet und rechtzeitig Maßnahmen ergriffen.

In der Praxis werden häufig zwei Extremszenarios erstellt:

- Was tritt ein im schlimmsten Fall: „Worst-Case-Szenario"
- Was passiert im günstigsten Fall: „Best-Case-Szenario"

Die Zukunft des Unternehmens wird sich dann wahrscheinlich irgendwo zwischen diesen beiden Extremszenarios abspielen.

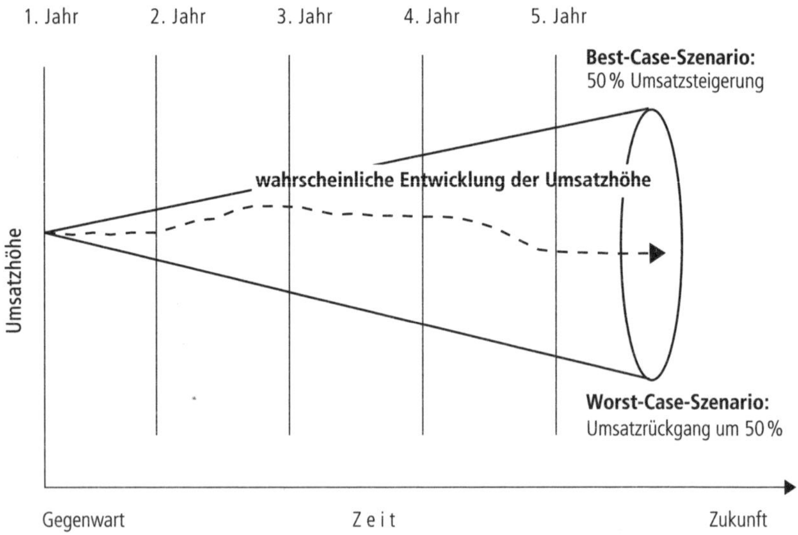


**Abbildung 46: Szenario-Denkmodell**

## Kennzahlensysteme

Kein Frühwarnsystem wird ohne Kennzahlen auskommen. Mit der systematischen Verfolgung von Kennzahlen können positive, aber auch negative Trendentwicklungen frühzeitig erkannt werden.

Vorgehensweise beim Arbeiten mit Kennzahlensystemen:

1. Zunächst stellt man eine Liste an möglichen Kennzahlen für das Unternehmen zusammen. Man kann sich dabei daran orientieren, welche Kennzahlenauswertungen überhaupt mit dem vorhandenen Zahlenmaterial im Unternehmen möglich sind. Nur mit diesen Daten ist eine schnelle Umsetzung möglich. Darüber hinaus sollte man aber auf lange Sicht eine umfassende Kennzahlensicht auf das Unternehmen erreichen, auch wenn die vorhandenen Daten das im ersten Ansatz noch nicht hergeben. Kennzahlen, wie in Kapitel 2, „Praxisbeispiel: Anwendung der Finanz- und Erfolgsanalyse", vorgestellt, sollte ein Frühwarnsystem bereitstellen können.
2. Nun trifft man eine Auswahl aus der zusammengestellten Kennzahlenliste. Jeder Bereich im Unternehmen sollte mit mindestens einer Kennzahl beleuchtet werden, auch wenn es dort aktuell noch nicht kriselt. Für bereits als kritisch erkannte Bereiche kann eine Sonderauswertung mit mehreren Kennzahlen durchgeführt werden.
3. Es wird ein Kennzahlenblatt erstellt. Es werden Toleranzbereiche bzw. Eingreifpunkte für die Kennzahlenwerte festgelegt. Es ist der Clou eines Frühwarnsystems, dass man sich im Vorhinein überlegt, welche Werte einer Kennzahl noch toleriert werden und ab welchen Werten vom Management zwingend eingegriffen werden muss.

   Beispiel:

   Mit Selbstkosten pro Stück von 24 EUR ist ein Unternehmen noch konkurrenzfähig. Kritisch wird es allerdings ab 27 EUR. Zwischen 24 und 27 EUR liegt der Toleranzbereich, 27 EUR ist der Eingreifpunkt.

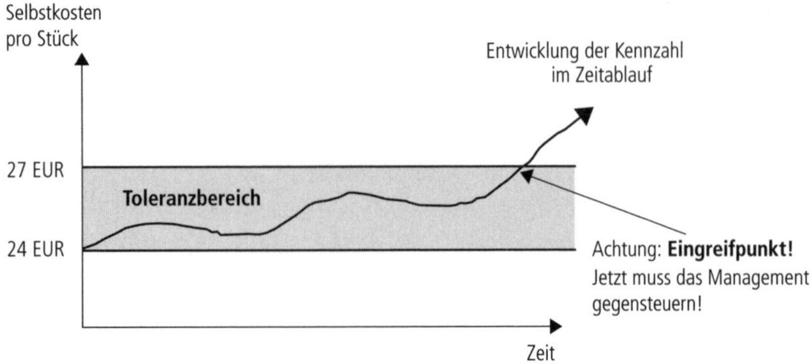


**Abbildung 47: Toleranzbereich und Eingreifpunkt**

4. Zum Abschluss dieser Vorgehensweise wird noch bestimmt, wie oft die Daten ermittelt werden und wer regelmäßig mit welchen Kennzahlenblättern über seinen Bereich informiert wird.

## Strategische Frühaufklärung

Über die beschriebenen Instrumente hinaus gibt es auch strategische Instrumente für die Frühwarnung. Hier eine Auswahl der wichtigsten Instrumente:

- Gap-Analyse
- Lebenszyklusanalyse
- Portfolio-Analyse
- Konzept der „schwachen Signale“

### Gap-Analyse

Die Gap-Analyse (englisch „gap“ = Lücke) will eine mögliche strategische Lücke aufzeigen. Als strategische Lücke wird das Auseinanderklaffen von gewünschter Erreichung eines strategischen Zieles und tatsächlicher aktueller Prognose dieser Zielerreichung bezeichnet.

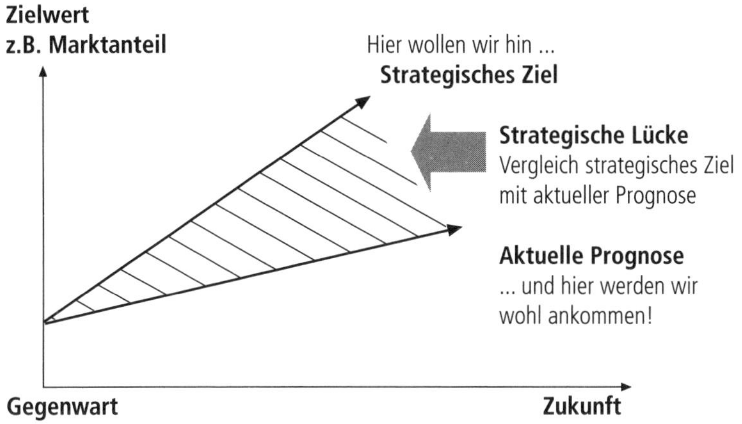


**Abbildung 48: Gap-Analyse**

Diese Darstellung zeigt den Unterschied zwischen dem strategischen Ziel und seiner aktuellen Prognose.

In vorliegendem Beispiel ist das strategische Ziel z.B. eine Erhöhung des Marktanteils um 20%. Die aktuelle Prognose spricht nicht dafür, dass dieses Ziel erreicht wird. Also ist diese Darstellung Anlass dafür, weitere Maßnahmen zu ergreifen, um das Ziel doch noch zu erreichen, z.B. durch zusätzliche Werbemaßnahmen oder durch die Verstärkung des Vertriebs. Oder das Unternehmen gibt dieses Ziel auf und begnügt sich z.B. mit einer Marktanteilssteigerung von 10%.

Strategische Ziele sind häufig recht ehrgeizig aufgestellt und so ergeben sich in der Betrachtung der strategischen Ziele eines Unternehmens oft derartige Lücken in der Zielerreichung. Ihrer Hausbank werden Sie eine Darstellung wie die obige Abbildung vielleicht nicht zeigen, aber Erkenntnisse über nicht mehr erreichbare Ziele, die Sie früher aber der Bank bereits kommuniziert haben, sollten Sie schon weitergeben.

Es ist auf alle Fälle wichtig, sich unternehmensintern dieser strategischen Lücken bewusst zu sein. So darf in dem gezeigten Fall die Produktion ihre Kapazitäten nicht auf eine 20%-Marktanteilssteigerung ausrichten und z.B. noch zusätzliche Mitarbeiter einstellen, die dann jedoch wieder entlassen werden müssen, weil die erhoffte Absatzsteigerung nicht erreicht wurde.

Von Zeit zu Zeit sollte man eine Gap-Analyse durchführen und überprüfen, ob man nicht dabei ist, sich in seinen strategischen Zielen zu verzetteln.

## Lebenszyklusanalyse

Als weiteres Hilfsmittel zur strategischen Früherkennung bietet sich die Lebenszyklusanalyse an. Dieses Konzept geht davon aus, dass jedes Produkt einen Lebenszyklus hat:

- Einführungsphase:
  Der Produktlebenszyklus beginnt mit der Einführung des Produktes in den Markt.
- Wachstumsphase:
  Die Absatzmengen steigen kontinuierlich, das Produkt kommt bei den Käufern an. Werbemaßnahmen unterstützen die Wachstumsphase des Produktes.
- Reifephase:
  Das Produkt kommt gut an im Markt. Die Absatzmengen sind hoch, können aber noch durch Werbemaßnahmen gesteigert werden.
- Marktsättigungsphase:
  Es ist keine weitere Steigerung der Absatzmenge mehr möglich. Der Markt ist gesättigt.
- Degenerationsphase:
  Die Absatzzahlen gehen zurück. Das Produkt wird vom Markt genommen.

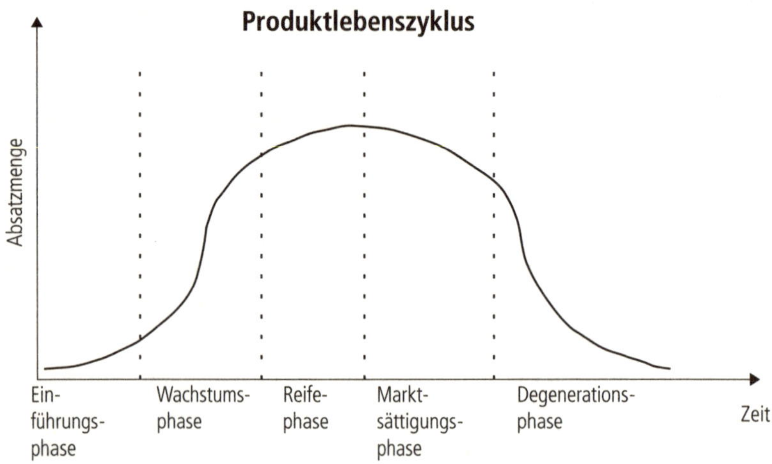


**Abbildung 49**

Dieser Verlauf des Produktlebenszyklus ist idealtypisch. Nicht jedes Produkt nimmt diesen Lauf. Ein Produkt beispielsweise, das überhaupt nicht vom Markt angenommen wird, ist ein so genannter „Flop". Das Produkt erreicht gar nicht erst die Wachstumsphase. In diesem Fall kann das Unternehmen versuchen, durch massive Werbemaßnahmen das Produkt zu fördern, die Preispolitik zu ändern oder das Produkt in abgewandelter Form neu auf den Markt zu bringen.

Ein weiteres Beispiel für einen abweichenden Produktlebenszyklus ist der so genannte „Relaunch". In diesem Fall befindet sich das Produkt in der Degenerationsphase, die Absatzzahlen sinken. Unterstützt durch massiven Werbeeinsatz, wird versucht, die Absatzzahlen wieder zu steigern, indem man eine kleine Änderung am Produkt vornimmt oder eine Verbesserung des Produktes erfindet. Im Waschmittelbereich ist dies schön zu beobachten. Da wirbt man mit „Jetzt noch weißer" oder „Neue Formel", um der Hausfrau den Eindruck zu vermitteln, dass das Waschmittel „Jetzt noch besser" sei.

In welcher Phase sind Ihre Produkte?
Mit dieser Methode können Sie Ihre Produktstruktur analysieren. Gibt es genügend neue Produkte, wenn eine Vielzahl der Produkte der Veralterung entgegengeht? Ist somit rechtzeitig für Folgeprodukte gesorgt worden? Was nützen zurzeit noch erfolgreiche Produkte, die aber in absehbarer Zeit vom Markt verschwinden werden?
Im Rahmen der Lebenszyklusanalyse sollte man sich folgende Fragen stellen:

- Welchen Marktanteil hat das Produkt? Wann wurde das Produkt eingeführt und wann jeweils weiterentwickelt?
- Wie wird das Produkt von den Kunden beurteilt?
- Wie ist das Produkt im Vergleich zu Konkurrenzprodukten positioniert?
- Welche Maßnahmen sind möglich, um das Produkt länger am Markt zu halten, z.B. durch eine geringfügige Produktänderung oder durch einen neuen Namen einen „Relaunch" zu erreichen?

### Portfolio-Analyse

Entwickelt wurde dieses Instrument von der Unternehmensberatung Boston Consulting Group. Die Portfolio-Analyse soll den Zusammenhang zwischen Marktwachstum und Marktanteil darstellen. Diese gelten als die wesentlichen strategischen Eckdaten eines Produktes.

Portfolio ist eigentlich ein Begriff aus dem Bankenbereich. Dort spricht man z.B. von einem Wertpapier-Portfolio, d.h., ein Anleger hat verschiedene Wertpapiere in seinem Anlagedepot. Manche Wertpapiere sind sichere Anlagen, andere haben ein hohes Risiko. Übertragen auf die Produktpalette eines Unternehmens bedeutet die Portfolio-Analyse die Analyse der Produkte nach ihrer Stellung im Markt.

- Star
  Befindet sich das Produkt in einem wachsenden Markt und hat gleichzeitig einen hohen Anteil an diesem Markt, so ist es ein Star-Produkt. Dies könnte z.B. ein Mobiltelefon (Handy) eines führenden Telekommunikationsanbieters sein. Der Telekommunikationsmarkt ist ein Markt mit hohem Marktwachstum. Ist ein bestimmtes Mobiltelefon in diesem Markt gut eingeführt und hat es einen hohen Marktanteil, ist es ein „Star".
- Question Mark
  Im Gegensatz zum Star ist ein „Question Mark" (Fragezeichen) ein Produkt, das sich zwar auch in einem wachsenden Markt befindet, aber noch keinen hohen Marktanteil hat. Es könnte sich um ein Produkt handeln, das frisch auf dem Markt ist, also in der Einführungsphase, und man weiß noch nicht, ob das Produkt sich am Markt behauptet oder ein Flop wird. Daher wird es als Fragezeichen, als Question Mark bezeichnet. Beispiel für ein Question Mark: ein Mobiltelefon, mit dem man gleichzeitig auch Fernsehsendungen empfangen kann. Nimmt der Markt diese Produktinnovation an oder wird es ein Flop?
- Cash Cow
  Als „Cash Cow" („Melkkuh" oder „Goldesel") werden Produkte bezeichnet, die sich in einem Markt befinden, der nur noch wenig wächst, die aber an diesem Markt einen hohen Marktanteil haben. Nach dem Produktlebenszyklus-Bild sind dies Produkte, die sich in der Marktsättigungsphase befinden. Ein Beispiel hierfür ist eine bekannte Schokoladenmarke. Der Pro-Kopf-Verbrauch von Schokolade steigt nicht mehr, es gibt also kein Marktwachstum, aber durch attraktive Verpackungen und geschickte Werbung schafft es eine bekannte Schokoladenmarke, sich einen hohen Marktanteil an diesem Markt zu sichern.
- Poor Dog
  Ein „Poor Dog" („Armer Hund") ist schließlich ein Produkt, das es nie in den Markt geschafft hat, oder ein Produkt, das „out" ist. Das Marktwachstum ist gering und ebenso der Marktanteil.

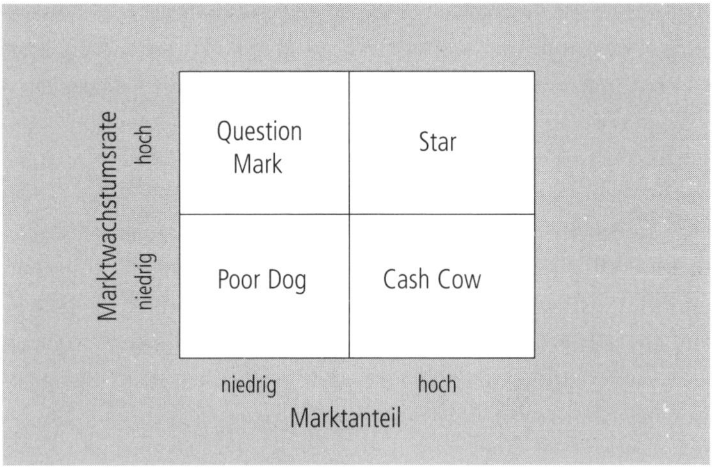


**Abbildung 50: Portfolio-Analyse**

Die Portfolio-Analyse ist ein interessantes Instrument. Aber wie kommt man überhaupt zu der Einschätzung, ob ein Produkt ein Star oder ein Poor Dog ist? Wer beurteilt das eigentlich?

Die Einschätzung eines Marktes und des Marktanteils eines Produktes in diesem Markt kann sich nicht immer auf absolute Zahlen (z.B. Umsatzzahlen) stützen. Vielmehr handelt es sich dabei um die Einschätzung von Marktkennern. Dies können Mitarbeiter der eigenen Marketingabteilung sein, aber auch Verbraucher. Werbeagenturen und Marktforschungsunternehmen führen dafür Befragungen von Testpersonen durch. Sie sollen die Produkte einschätzen und beurteilen. Hierzu wird ihnen z.B. eine Bandbreite von -5 = sehr schlecht über 0 = neutral bis zu +5 = sehr gut vorgegeben. Aus der am häufigsten genannten Einschätzung werden dann Rückschlüsse gezogen, über den Stand des Produktes im Markt und die Attraktivität des Produktes bei den Endverbrauchern.

## Konzept der „schwachen Signale"

Das Konzept der „schwachen Signale" von Igor Ansoff geht davon aus, dass ein Unternehmen frühzeitig Chancen oder Risiken erkennen kann, wenn es auf „schwache Signale" achtet. Schwache Signale sind im ersten Ansatz und auf den ersten Blick unbedeutend erscheinende kleine Ereignisse. Z.B. führt ein Konkurrenzunternehmen ein Produkt auf dem Markt ein, das Ihrem Produkt gleicht. Zunächst ist das kein Grund zur Panik, aber wie entwickelt sich dieses neue Konkurrenzprodukt und ist es vielleicht besser als das eigene Produkt? Schwache Signale sollte man nach Ansoffs Ansicht näher untersuchen, um mögliche Konsequenzen für das eigene Unternehmen zu ziehen.

Ein anderes Beispiel: Ein Konkurrenzunternehmen wirbt Ihrem Unternehmen den besten Vertriebsmitarbeiter ab. War der Grund nur ein höheres Gehalt oder hat man das Interesse des Mitarbeiters durch eine neue attraktive Marketingstrategie geweckt? Welche Auswirkungen hat dies für das eigene Unternehmen? Ansoff meint, dass es nicht immer die großen Ereignisse sind, die das Management aufhorchen lassen sollten. Es reichen auch kleine Hinweise, die man normalerweise kaum beachtet, die man aber näher untersuchen sollte. Besonders aufmerksam sollte man werden, wenn sich schwache Signale häufen.

### Früherkennung von Chancen

Traditionell spricht man von Frühwarnung, also von dem frühzeitigen Erkennen von Risiken und Gefahren. Auf der anderen Seite können mit denselben Instrumenten aber auch die potenziellen Chancen für ein Unternehmen erkannt werden. Ohne das Eingehen gewisser Risiken kann kein Unternehmenserfolg erreicht werden. Wenn ein Unternehmen keine neuen Produkte auf den Markt bringt, weil es Angst vor einem „Flop" hat, wird es nicht mehr lange am Markt bestehen können. Es kommt darauf an, Risiken und Gefahren richtig einzuschätzen und den potenziellen Schaden für das Unternehmen bei Eintreten des Risikos abzuwägen gegen den potenziellen Gewinn für das Unternehmen, wenn alles gut geht. So können Frühwarnsysteme im positiven Sinne auch als Früherkennungssysteme verstanden werden, um Zukunftschancen des Unternehmens aufspüren zu können.

## Balanced Scorecard

Eine der neuesten Entwicklungen in der Unternehmensführung der letzten Jahre ist das Konzept der Balanced Scorecard. Entwickelt haben dieses Konzept die beiden US-Professoren Kaplan und Norton.

Im Mittelpunkt dieses Denkansatzes stehen Vision und Strategie eines Unternehmens. Die Balanced Scorecard soll dabei helfen, diese Visionen und Unternehmensstrategien im täglichen Geschäft umzusetzen. Hierzu werden aus der Vision eines Unternehmens konkrete Strategien und Ziele abgeleitet, deren Erreichen mit konkreten Zielgrößen gemessen wird. Anschließend werden Maßnahmen definiert, die zur Erreichung dieser Unternehmensvision beitragen. Durch die Festlegung von Messgrößen ist es möglich, den Grad der Erreichung der strategischen Ziele eines Unternehmens konkret zu messen. Die Balanced Scorecard ist damit ein strategisches Steuerungssystem.

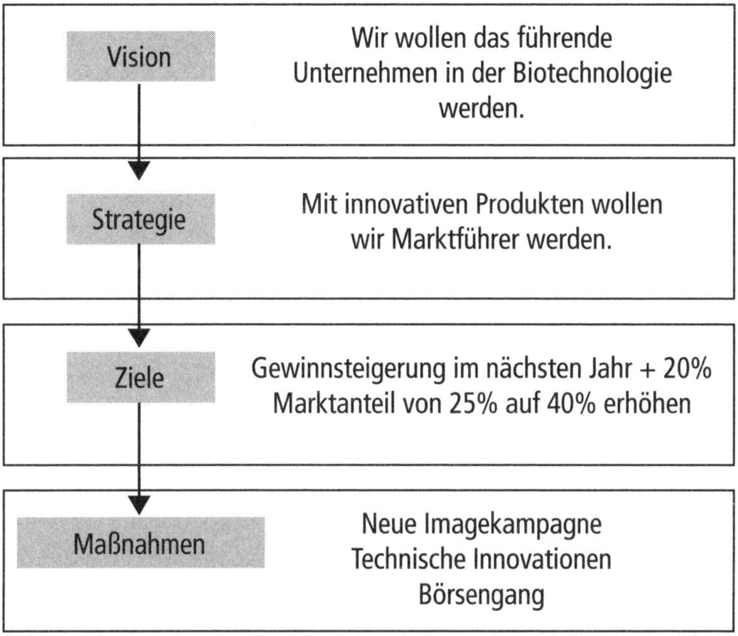


**Abbildung 51: Wie aus einer Unternehmensvision konkrete Maßnahmen werden**

Das Spezielle an dem Balanced-Scorecard-Ansatz ist nicht nur, dass Visionen und Strategien in konkrete Beurteilungsgrößen umgesetzt werden, sondern auch, dass alle Unternehmensbereiche in diese Zielerreichung mit einbezogen werden. Es geht darum, sich nicht nur auf die Finanzzahlen zu konzentrieren, sondern das Unternehmensgeschehen ganzheitlich zu betrachten. „Balanced" heißt ausgeglichen, im Gleichgewicht, und „Scorecard" ist eigentlich ein Begriff aus dem Sport und bezeichnet eine „Punktekarte", in der die Ergebnisse eines Sportlers aus verschiedenen Spielen oder verschiedenen Sportdisziplinen „gepunktet", also bewertet werden. „Balanced Scorecard“ könnte man frei übersetzen mit „in verschiedenen Gebieten gleichmäßig gut sein“.

Im Rahmen der Ratingkriterien wirkt sich die Einführung einer Balanced Scorecard positiv auf das Bewertungskriterium „Information“ aus, d.h., die Qualität und rechtzeitige Verfügbarkeit von Informationen über das Unternehmen wird verbessert. Zudem wird das Management des Unternehmens befähigt, die Umsetzung von Vision und Strategie des Unternehmens konkret zu überwachen und ggf. Korrekturmaßnahmen einzuleiten. Damit wird auch das Bewertungskriterium „Management“ eindeutig positiv beeinflusst.

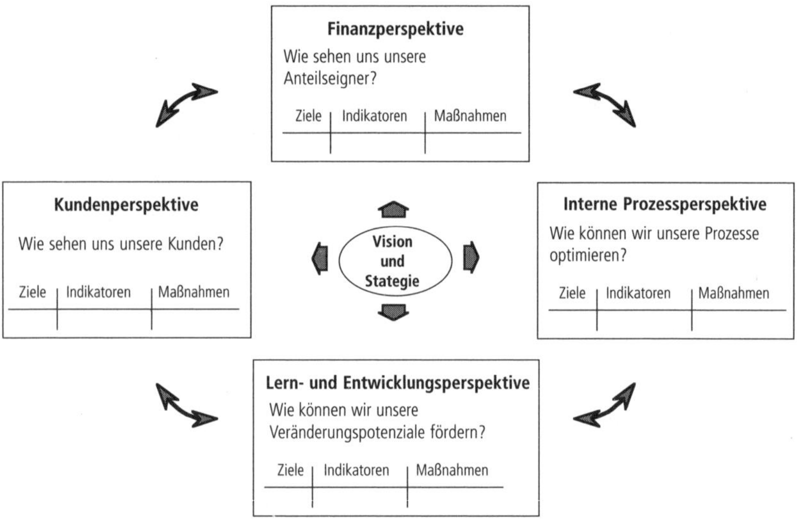


**Abbildung 52: Die vier Perspektiven der Balanced Scorecard**

- **Finanzwirtschaftliche Perspektive**
  Dies ist eher die traditionelle Sichtweise, wie sie auch bisher schon im Vordergrund stand. Es geht um die Frage nach den Indikatoren wie z.B. Rentabilität, Cashflow oder Shareholder Value, mit denen die Finanzkraft und Ertragskraft eines Unternehmens beurteilt werden kann. Dies sind die maßgeblichen Kriterien, nach denen die Anteilseigner das Unternehmen beurteilen.
- **Kundenperspektive**
  Dies ist die Sichtweise, die bisher schwerpunktmäßig vom Marketing eines Unternehmens wahrgenommen wurde. Im Ansatz der Balanced Scorecard

geht die Kundensicht in die Betrachtung mit ein. Um festzustellen, wie die Kunden das eigene Unternehmen sehen und wie sie die Produkte einschätzen, werden Indikatoren untersucht wie z.B. Kundentreue, Stammkundenanteil, Kundenzufriedenheit, Reklamationshäufigkeit.

- **Interne Prozessperspektive**
  Hier wird das Augenmerk auf die internen Prozesse gelegt. Wie effizient laufen die Entscheidungswege? Ist die Organisationsform noch zeitgemäß? Werden Verbesserungsvorschläge der Mitarbeiter gefördert? Wie ist die Vertriebsorganisation aufgebaut? Sind die Produktionsprozesse verbesserungsbedürftig? Ziel ist, die internen Prozesse, wo möglich, zu optimieren.
- **Lern- und Entwicklungsperspektive**
  Diese Perspektive stellt den Mitarbeiter in den Mittelpunkt. Werden die Mitarbeiter regelmäßig weitergebildet? Wird die Personalentwicklung gefördert? Wie hoch ist das Schulungsbudget durchschnittlich pro Mitarbeiter? Sind die Mitarbeiter in der Lage, sich Veränderungsprozessen gut anzupassen, wie z.B. an neue Produktionsmethoden und neue technische Anforderungen? Wie unterstützt das Unternehmen die Flexibilität der Mitarbeiter, ohne sie zu überfordern? Hintergrund ist die Annahme, dass ein Unternehmen sich besser an Änderungen im Geschäftsumfeld anpassen kann, wenn auch die Mitarbeiter ein hohes Maß an Flexibilität und Veränderungspotenzial mitbringen.

Die vier Perspektiven sind miteinander vernetzt. Wenn das Unternehmen ein gutes Image bei den Kunden hat und die Mitarbeiter zufrieden sind, sind wahrscheinlich auch die Prozesse gut organisiert und das Unternehmen erzielt gute Finanzergebnisse. Die Betrachtung aus diesen vier Blickwinkeln auf ein Unternehmen soll ein umfassendes Bild des Betriebsgeschehens ermöglichen. Interne wie externe Sichtweisen auf das Unternehmen sind in diese Betrachtung mit eingeschlossen. Wie sehen uns die eigenen Mitarbeiter, wie sehen uns die Inhaber und wie sehen uns die Kunden?

### Einbeziehung qualitativer Faktoren

Der Balanced-Scorecard-Ansatz ist auch deswegen so innovativ, da er einen Schwerpunkt in der Einbeziehung so genannter qualitativer Faktoren setzt. Qualitative Faktoren sind Einflussgrößen auf das Unternehmen, die man nur schwer messen kann. Verkaufsmengen und Kosten lassen sich in Zahlen ausdrücken, aber qualitative Faktoren wie Mitarbeiterzufriedenheit, Kundenzufriedenheit und Servicequalität sind schwer zu fassen. Man nennt die qualitativen Faktoren auch die „soft facts“ (weiche Tatsachen) als Gegensatz zu den „hard facts“ (harte Tatsachen) wie z.B. Kosten, Umsatzzahlen etc.

Um die „soft facts“ messbar zu machen, orientiert man sich oft an Messlatten, die dem Schulnotensystem ähnlich sind. Man lässt z.B. Mitarbeiter, Kunden oder Lieferanten Schulnoten verteilen von 1 = sehr gut bis 6 = ungenügend für Kundenservice, Qualität, Mitarbeiterzufriedenheit oder ähnliche schwer messbare Einflussgrößen.

Der Ansatzpunkt der Balanced Scorecard berücksichtigt somit die harten Finanzzahlen ebenso wie die weichen Faktoren, wie Betriebsklima, Servicequalität etc., im Sinne einer ganzheitlichen Betrachtung eines Unternehmens.

Zusammenfassend kann man die Vorteile einer Balanced Scorecard folgendermaßen beschreiben:

- Die Balanced Scorecard zwingt dazu, eine Unternehmensvision mit konkreten Zielgrößen messbar zu machen.
- Das ganze Unternehmen geht in die Betrachtung mit ein.
- Qualitative Faktoren werden berücksichtigt und messbar gemacht.
- Lücken in der Erfassung wichtiger Daten, die zur Überprüfung der Umsetzung einer Strategie notwendig sind, werden aufgedeckt und geschlossen.
- Die Balanced Scorecard verbessert das Berichtswesen.
- Die Vision und Strategie des Unternehmens werden für alle transparent formuliert und können somit konkret kommuniziert werden.

## Benchmarking

Benchmarking ist ein neuer Begriff in der Unternehmensführung, der Gedanke, der dahinter steckt, ist jedoch uralt. Es ist ähnlich wie in der Schule: Man orientiert sich am Klassenbesten und fragt sich: „Wie hat der Klassenbeste das geschafft?“ Übertragen auf ein Unternehmen heißt das, dass man sich an dem erfolgreichsten Unternehmen, z.B. seiner Branche, aber auch branchenübergreifend, orientiert. Wieso ist dieses Unternehmen so erfolgreich, was ist sein „Erfolgsrezept“? Und was davon kann man auf das eigene Unternehmen übertragen, um auch erfolgreicher zu werden?

„Bench“ ist ein Begriff, der eigentlich aus dem Vermessungswesen kommt. Dort wird mit Stützen (englisch: „bench“) gearbeitet, die als Basispunkte dienen, und mit Hilfe der Bezugspunkte der Messlatte (englisch: „mark“) kann dann vermessen werden. „Mark“ bedeutet im Übrigen auch Schulnote. So kann Benchmarking frei übersetzt werden mit „Sich an der Meßlatte des Besten orientierten“ oder „Sich am Klassenbesten orientieren“.

Ein Wirtschaftslexikon (Gabler) definiert Benchmarking:

„Instrument der Wettbewerbsanalyse. Benchmarking ist der kontinuierliche Vergleich von Produkten, Dienstleistungen sowie Prozessen und Methoden mit (mehreren) Unternehmen, um die Leistungslücke zum sog. Klassenbesten (Unternehmen, die Prozesse, Methoden etc. hervorragend beherrschen) systematisch zu schließen. Grundidee ist es, festzustellen, welche Unterschiede bestehen, warum diese Unterschiede bestehen und welche Verbesserungsmöglichkeiten bestehen.“

Man spricht auch von der Orientierung an der „best practice“ („beste Praktik“) der Vergleichsunternehmen.

Benchmarking ist der kontinuierliche Vergleich von Produkten, Dienstleistungen, Prozessen und Methoden eines Unternehmensbereichs mit Bereichen im eigenen Hause, oder besser, mit einem oder mehreren anderen Unternehmen derselben Branche, idealerweise mit dem Unternehmen, das in dem untersuchten Bereich am erfolgreichsten ist. Wie macht die XY-GmbH das? Wie sehen ihre Zahlen aus? In der Folge wird festgestellt, welche Leistungslücken das eigene Unternehmen aufweist, oder einfacher ausgedrückt: „Warum machen wir das nicht auch so?“

Verglichen wird

- intern: Das ist zunächst am einfachsten. Wie machen es andere im eigenen Unternehmen, welche Daten gibt es dort?
- mit den Unternehmen der Branche
- und branchenübergreifend

Man unterscheidet

- Produktbenchmarking:
  Vergleich von Produkten, Dienstleistungen usw. unter der Fragestellung, was „können“ die Vergleichsprodukte bzw. was macht diese Produkte für die Kunden so attraktiv.
  Ziel: Verbesserung der eigenen Produkte.

- Prozessbenchmarking:
  Im Mittelpunkt steht: „Wie machen es andere?“ Welche Fertigungsprozesse werden benutzt, wie erfolgt der Dienstleistungsprozess?
  Ziel: Verbesserung eigener Prozesse.
- Organisationsbenchmarking:
  Wie ist die Auf- und Ablauforganisation anderer? Welches Unternehmen hat effektivere Strukturen? Was kann davon auf das eigene Unternehmen übertragen werden?
  Ziel: Verbesserung der eigenen Organisation.
- Strategiebenchmarking:
  Was wollen andere Unternehmen erreichen? Was ist die Kernkompetenz der Vergleichsunternehmen? Wo stehen wir am Markt, wo stehen andere am Markt?
  Ziel: Finden einer passenden Strategie für das eigene Unternehmen.

Das Schwierige am Benchmarking ist nicht, diese Fragen zu stellen, sondern Antworten auf diese Fragen zu finden. Denn wie in der Schule, wo einen der Klassenbeste vielleicht nicht abschreiben lässt, so ist es auch bei den Unternehmen: Sie verraten ihr Erfolgsrezept nicht gern!

Informationsquellen sind die Wirtschaftspresse, Fachartikel von Branchenexperten oder Börsenanalysten und Verbandsinformationen. Manchmal schließen sich Unternehmen auch zu einer Benchmark-Partnerschaft zusammen und legen gegenseitig ihre Daten offen, um voneinander zu lernen.

Für das Benchmarking hilfreiche Branchenkennzahlen finden Sie im **Anhang 2.** Dort sind die **„Verhältniszahlen aus Jahresabschlüssen deutscher Unternehmen für das Jahr 2000“**, herausgegeben von der Deutschen Bundesbank, abgebildet, gegliedert nach:

- Bilanzstrukturzahlen
- Strukturzahlen aus der Erfolgsrechnung
- Sonstige Verhältniszahlen

## Shareholder Value

Warum steigt der Börsenkurs innerhalb von Minuten, wenn das Unternehmen in den Medien Entlassungen ankündigt? Die Aktionäre sind der Überzeugung, dass sich durch die Kostenentlastungen das Unternehmen zukünftig positiv entwickeln wird, was die Aktienkurse steigen lässt.

Etwas verkürzt gesagt, ist der Sinn des Einsatzes der Shareholder-Value-Idee, dass die Aktienkurse steigen. Der Shareholder ist der Aktionär, Value ist der Wert. Es geht also um den Wert des Unternehmens für die Aktionäre. Die grobe Kurzdefinition wäre: Der Vorstand einer Aktiengesellschaft soll alles unternehmen, was den Wert des Unternehmens steigert. Oder vereinfacht gesagt: Die Unternehmensleitung kann machen, was sie will, Hauptsache, der Aktienkurs steigt.

Was ist nun so kompliziert am Shareholder Value? Kann man sich nicht am Gewinn des Unternehmens orientieren?

Der Jahresgewinn reicht nicht zur Beurteilung. Denn bei der Betrachtung des Gesamtwertes, insbesondere des *zukünftigen* Wertes des Unternehmens, ist der Gewinn als zentrale Aussage problematisch. Denn: Ein Gewinn kann mit bilanzpolitischen Mitteln gesteuert werden. Er kann über Jahre niedrig gehalten werden oder bei Bedarf auch einmal in einer Höhe gezeigt werden, die über die tatsächliche Ertragskraft des Unternehmens hinausgeht. So etwas macht man über Rückstellungen, Bewertungsspielräume usw. Ferner betrachtet ein Gewinn nicht die Rentabilität, also das Verhältnis Gewinn zum eingesetzten Kapital, sondern ist eine absolute Größe. Einfach gesagt: Ein Gewinn von 100.000 EUR kann „viel oder wenig sein“. Setze ich 100.000 Kapital ein, ist der Gewinn hoch, setze ich 10.000.000 Kapital ein, ist ein Gewinn von 100.000 eine Katastrophe.

Shareholder Value kümmert sich also weniger um den aktuellen Gewinn einer Periode. Das Konzept des Shareholder Value ist „Cash-orientiert“. Die Aktionäre interessiert nämlich, was das Unternehmen an „Cash“ produziert. Der Cashflow ist die wichtigste Kennzahl in diesem Zusammenhang. Cashflow ist der Kassenzufluss, berechnet aus Gewinn + Abschreibungen. Der ermittelte Cashflow ist die Menge an Geld, die dem Unternehmen insbesondere für die Zukunft zur Verfügung steht: für Investitionen, für Werbung usw. Und was an Cash da ist, muss nicht mit Krediten finanziert werden; je höher also der Cashflow, desto unabhängiger das Unternehmen.

Dieser Cashflow wird nun für die nächsten Jahre ermittelt. Basis sind Controllingdaten, Ist-Daten, Planungen, Strategien usw. Es beginnt ein komplizierter finanzmathematischer Prozess. Der Cashflow wird nun abgezinst, der Marktwert des Fremdkapitals wird festgestellt und abgezogen. Details der Berechnung würden in diesem Rahmen zu weit führen. Ergebnis ist die Kennzahl Shareholder Value.

Bei der Shareholder-Value-Diskussion geht es aber letztlich nicht um den Rechenprozess. Den verstehen häufig nicht einmal die Börsenprofis. Es gilt vielmehr die Aussage: *Shareholder Value ist weniger eine Rechenformel als vielmehr ein Denkansatz.*

Die entscheidende Frage im Rahmen des Shareholder-Value-Ansatzes lautet: Ist das Unternehmen so zukunftsorientiert, dass man sein Geld dort anlegen möchte? Und: Ist es lukrativer, seine Anteile am Unternehmen zu behalten, als diese zu verkaufen? Ein solches Unternehmen wird sicher auch im Ratingprozess gut abschneiden.

## Change Management

Im Regelwerk Basel II wird beim Bewertungskriterium „Management" explizit gefordert, dass „die Stärke und Fähigkeit des Managements, auf veränderte Bedingungen effektiv zu reagieren", vom Kreditinstitut zu prüfen ist.

Jedes Unternehmen unterliegt Veränderungen. Mal muss sich das Unternehmen neuen Kundenwünschen anpassen, mal zwingt der technische Fortschritt zu tief greifenden Veränderungen im Produktions- bzw. Arbeitsablauf. Vor diesem Hintergrund hat sich der Begriff Change Management etabliert. Change Management will das Unternehmen fit machen für Veränderungen.

Entweder werden diese Veränderungsprozesse intern, ohne externe Berater, durchgeführt oder aber – was durchaus (auch in kleineren Unternehmen) verbreitet ist – es wird ein externes Beratungsunternehmen eingeschaltet. Diese externen Berater nennen sich Change Manager oder Change Agent.

Ein funktionierendes Change Management wirkt sich direkt positiv auf das Rating-Bewertungskriterium „Management" aus.

*Was können Change-Management-Projekte sein?*

- Sanierung des Unternehmens, Vergrößerung oder Verkleinerung des Unternehmens
- Eingliederung übernommener Unternehmen oder Unternehmensteile in das Mutterunternehmen
- Erhebliche organisatorische Umstrukturierungen im Unternehmen, z.B. bei einem Generationswechsel
- Einführung neuer Produkte oder neuer Vertriebswege
- Hilfestellung bei der Informationsverarbeitung im Unternehmen (z.B. bei neuem übergreifendem Softwareeinsatz)
- Einführung neuer Methoden, z.B. Verstärkung der Projektarbeit

*Was sind Hindernisse für Veränderungen?*

Ein wichtiger Erfolgsfaktor für den Erfolg des Change-Management-Projektes ist der Abbau von internen Barrieren:

- Barrieren des Nicht-Wissens: Bei Veränderungen muss eventuell neues Know-how in den Betrieb integriert werden, z.B. EDV-Know-how.
- Noch wichtiger: Barrieren des Nicht-Wollens. Veränderungen sprengen alte Routinen und dagegen gibt es oft Widerstände. Change Management hat also auch viel mit Überzeugungsarbeit zu tun.

*Auf was ist zu achten?*

Diese Punkte sind es, die immer wieder im Rahmen des Change Managements diskutiert werden:

- Organisationskultur: Einführungsprobleme sollen nicht ausschließlich personifiziert werden. Es ist vielmehr die Organisation – oder besser – die oft genannte Organisationskultur, auf die es ankommt.
- Schaffung einer Vertrauenskultur: Wenn man sich misstraut, wird man nicht erfolgreich sein. Das bedeutet Offenheit und Information bei Veränderungsprozessen. Alle müssen wissen, was das Ziel ist (auch wenn das Ziel nicht immer populär ist).
- Leitbild der lernenden Organisation: Lernende Organisation bedeutet zunächst Offenheit und Aufnahmebereitschaft für Neues. Ständige Verbesserung der Prozesse wird angestrebt.
- Ausgeprägte Feedback-Kultur: Das bedeutet Kunden-, Mitarbeiter- und Führungskräftebefragungen. Was ist gut gelaufen, was ist schief gelaufen? Die

Feedback-Kultur ist in Deutschland noch nicht sehr ausgeprägt. Feedback „riecht“ hier immer wieder nach Kritik.

- Systematisches Aufbereiten von Fehlern: Das bedeutet auch, dass nicht bei jedem entdeckten Fehler „der Kopf abgeschlagen“ wird. Man kann es auch so ausdrücken: Fehler können auch einen Lernprozess aller auslösen.
- Zielgerichtetes und effektives Projektmanagement: Termine machen fleißig und Kostentransparenz macht sparsam! Und durch das Setzen von so genannten Meilensteinen weiß jeder, wo er steht.

*Phasen des Change Managements*

Häufig findet man in der Praxis folgende Phasen:

- Auftauen: Ablösung von alten Theorien/Denk- und Verhaltensmustern, emotionale Bindungen lösen, Akzeptanz für das Neue wecken. Schöne Worte, aber wer schon einmal versucht hat, z.B. in einem mittelständischen, alt eingesessenen Familienbetrieb etwas zu verändern, weiß, was dies bedeuten kann.
- Verändern: Neuformung, Umformung bestehender Konzepte und Prozesse auf neue Gegebenheiten. Ist erst einmal aufgetaut, macht dies jede Veränderung leichter.
- Festigen: Integration der veränderten Konzepte, Verhaltensmuster und Prozesse in das Unternehmen.
- Die einzelnen Phasen können dabei durchaus teilweise ineinander übergehen.

Ein Change Manager drückte es in aller Kürze einmal so aus: „Wichtigster Punkt ist die Akzeptanz des Veränderungsprozesses im Unternehmen. Wird von allen Beteiligten die Notwendigkeit der Veränderung eingesehen, ist das Projekt fast schon ein Erfolg.“

# 4. Erfolgreich im Ratinggespräch

**Gute Vorbereitung ist wichtig!**

Die vorhergehenden Kapitel haben die Grundlagen des Rating und das dafür erforderliche betriebswirtschaftliche Know-how vermittelt. Wichtig ist auch die Kunst, seine Interessen gut „an den Mann bzw. an die Frau zu bringen". Dazu dient dieser Einblick in die Zusammenstellung und professionelle Präsentation der erforderlichen Unterlagen für ein Ratinggespräch. Zudem werden die aktuellen Erkenntnisse über Kommunikationstechniken und Gesprächsführung angesprochen, damit Sie ein entspanntes und hoffentlich auch erfolgreiches Ratinggespräch führen können.

## Erforderliche Unterlagen

In der Vergangenheit konzentrierten sich Bankmitarbeiter bei der Kreditvergabe auf das externe Rechnungswesen, den Jahresabschluss, und stellten die Inhalte der Kostenrechnung und des Controllings nicht so sehr in den Vordergrund. Gerade aus diesen Bereichen kommen aber wichtige Daten zur Steuerung des Unternehmens und mit diesen Instrumenten kann das Unternehmensgeschehen transparent aufbereitet werden. Aber wie aussagekräftig ist Ihr Controlling und welche Daten und Kennzahlen können Sie der Bank oder der Ratingagentur bieten?

Beginnen wir mit einer einfachen Ausgangssituation:
*Wie fängt man an, wenn man gar nichts hat?*
Dies ist etwas übertrieben, sicherlich liegen Ihnen Unternehmensdaten in der einen oder anderen Form vor. Oft stellt sich aber die Frage, wie diese Daten systematisch zusammengestellt werden können.

Im Folgenden wird zuerst eine Checkliste der notwendigen Unterlagen für ein Ratinggespräch dargestellt, das ist sozusagen das Grundgerüst. Als Draufgabe sollten Sie ein kleines Unternehmensporträt zusammenstellen, das Ihr Unternehmen kurz vorstellt. Größere Unternehmen können für diesen Zweck Hochglanz-Imagebroschüren vorweisen, aber es geht auch in kleinerem Rahmen.

Darüber hinaus ist es besonders empfehlenswert, die vorhandenen Unternehmensdaten zu einem Geschäftsplan, auch Business Plan genannt, zusammenzustellen. Hierzu wird ein Leitfaden vorgestellt.

## Checkliste der Unterlagen für ein Ratinggespräch

Damit der zuständige Bankmitarbeiter bzw. der Ratinganalyst das Rating durchführen kann, benötigt er fundierte Informationen über das Unternehmen. Bislang wurden den Banken zumeist einmal jährlich Jahresabschlüsse und weitere Unterlagen eingereicht. Die Informationen hieraus sind wichtig, müssen aber um zusätzliche Daten ergänzt werden. Zu Ihrer Unterstützung folgt hier eine Checkliste der Unterlagen, die für das Ratinggespräch notwendig sind.

Eventuell werden Sie nicht alle der unten aufgeführten Unterlagen dem Kreditinstitut gleich im ersten Gespräch präsentieren, aber es ist immer besser, „auf Verdacht" alles dabei zu haben.

*Grundlegende Informationen zum Unternehmen:*

- Informationen über grundlegende Unternehmenseckdaten:
  Rechtsform, Mitarbeiter, Kerngeschäft, aktuelle Umsatzentwicklung
- Informationen zur Geschäftsführung und den Gesellschaftern:
  Name, Alter, Qualifikation und beruflicher Werdegang
- Übersicht über die Unternehmensbeteiligungen

*Daten des externen Rechnungswesens:*

- Jahresabschlüsse der letzten drei Jahre und die Prüfungsberichte der Wirtschaftsprüfer
- Ergänzungen zum Jahresabschluss, z.B. Information über Bilanzgestaltungsmaßnahmen, stille Reserven etc. (Vielleicht haben Sie sich in der Bilanz durch Ausnutzen der gesetzlichen Gestaltungsspielräume arm gerechnet, um wenig Steuern zu zahlen. Ihre reale Unternehmenssituation sieht jedoch besser aus; dies sollten Sie der Bank transparent machen.)

*Daten des internen Rechnungswesens:*

- Beschreibung der im Unternehmen benutzten Planungs- und Steuerungssysteme wie z.B. Controllingsystem, Risikomanagement, Frühwarnsystem, Balanced Scorecard etc.
- Zeitnahe betriebswirtschaftliche Auswertungen (z.B. aktueller Stand der Forderungen und Verbindlichkeiten, Aussagen zu unterjährigen Abschreibungen auf Sachanlagen, Bestandsveränderungen etc.)
- Erfolgskennzahlen wie Artikelergebnisse, Kundenergebnisse, evtl. Profit-Center-Ergebnisse
- Umsatz-, Finanz-, und Investitionsplanungen für die nächsten drei bis fünf Jahre

*Grundlegende Formalien:*

- Handelsregisterauszug sowie Kopie der Gesellschaftsverträge
- Kopien der wichtigsten Versicherungspolicen und langfristiger Miet- und Leasingverträge
- Unterlagen über Patente, Rechte, Lizenzen und Zertifizierung (z.B. DIN EN ISO 9001)

## Unternehmensporträt

Für das Ratinggespräch sind Informationen zu den Unternehmenseckdaten und zu Geschäftsführung und Gesellschafter gefordert. Speziell diese Informationen kann man in ansprechender Form zu einem Unternehmensporträt aufbereiten und damit ein detailliertes und ansprechendes Bild vom Unternehmen vermitteln. Ein Unternehmensporträt ist eine Kurzbeschreibung des Unternehmens, seiner Produkte, seiner Mitarbeiter und Geschäftsfelder.

Ein Unternehmensporträt enthält in der Regel:

- Leitbild des Unternehmens
  Ein Leitbild ist die schriftlich fixierte Darstellung der Vision und strategischen Positionierung des Unternehmens. Es wird ergänzt durch Unternehmenswerte, die so genannte Unternehmensphilosophie. Das Selbstverständnis des Unternehmens wird im Leitbild definiert. Das Leitbild ist somit die Richtlinie für das Verhalten und Agieren von Management und Mitarbeitern des Unternehmens. Beispiel eines Tourismusunternehmens:
  „Wir möchten, dass unsere Kunden zufrieden und begeistert von unseren

Reisen zurück nach Hause kommen. Dabei setzen wir uns für einen sozial- und umweltverträglichen Tourismus ein und respektieren die kulturelle Vielfalt der Gastgeberländer. Wir fördern unsere Mitarbeiter und sehen diese als Garant für unseren Unternehmenserfolg."

Das Leitbild des Unternehmens eignet sich gut für die Titelseite des Unternehmensporträts oder als Aufhänger vor der eigentlichen Unternehmensdarstellung. Für die Beurteilung durch den Ratinganalysten trägt ein ansprechendes Leitbild zum guten Gesamteindruck bei.

- Angaben zum Unternehmen: Name des Unternehmens, Rechtsform, Gesellschafter, Geschäftsführung etc.
  Gerade was die Vorstellung der Geschäftsführung betrifft, sollte man sich an das Bewertungskriterium „Qualität des Managements" im Regelwerk Basel II erinnern. Betrachten Sie diese Angaben als Visitenkarte, die dem Ratinganalysten Auskunft über Qualifikation und Werdegang der im Unternehmen handelnden Personen gibt. Betont werden sollten insbesondere die für die Branche relevanten Kenntnisse und Fähigkeiten der Inhaber oder der Führungskräfte des Unternehmens, eventuell mit Foto und Kurzlebenslauf.
- Unternehmenshistorie
  In diesem Abschnitt werden Informationen zur Gründung des Unternehmens (wann, wer) und zu eventuell erfolgten Änderungen der Rechtsform im Zeitablauf gegeben. Zudem ist interessant, ob das Unternehmen seit seiner Gründung expandiert hat und wenn ja, in welchen Geschäftsbereichen oder Regionen.
- Standorte
  Welche Betriebsstandorte hat das Unternehmen? Tätigt es seine Geschäfte nur in Deutschland oder auch im Ausland? Hier wird der Ratinganalyst das Länderrating der einzelnen Firmenstandorte zur Beurteilung heranziehen.
- Umsatzentwicklung
  Die Umsatzentwicklung der letzten drei Jahre sollte in Zahlen dargestellt und grafisch aufbereitet werden. Stellen Sie die Umsatzentwicklung eventuell für Kundengruppen, Produktsparten etc. dar.
- Personelle Entwicklung
  Die Entwicklung des Personalstands wird ebenfalls über die letzten drei Jahre in Zahlen und grafisch aufbereitet dargestellt. Besonderheiten wie spezielle Qualifizierungsprogramme können genannt werden.

- Leistungsspektrum: Produkte und Dienstleistungen
  An dieser Stelle werden die Vorteile und die Wettbewerbsfähigkeit der Produkte und Dienstleistungen des Unternehmens beschrieben. Im Marketing gibt es den Begriff des USP (Unique Selling Proposition), zu deutsch „Alleinstellungsmerkmal". Die Alleinstellungsmerkmale der Produkte und Dienstleistungen gegenüber denen der Konkurrenz können hier hervorgehoben werden. Das Unternehmensporträt kann auch durch Produktprospekte ergänzt werden.
- Referenzen
  Arbeitet das Unternehmen für namhafte Kunden (z.B. als Zulieferer für BMW), so sollten diese auch als Referenz genannt werden.

Geschmückt werden kann ein Unternehmensporträt durch Fotos der Betriebsstandorte, durch ein Foto des Geschäftsführers oder Bilder der hergestellten Produkte.

Ein Unternehmensporträt kann auch kreativ gestaltet werden. So können Sie z.B. anstatt der üblichen Überschriften: Unternehmen, Strategie, Mitarbeiter, Produkte etc. Ihre Darstellung mit folgenden Begriffen gliedern:
- **Unser Denken:** Unternehmensgrundsätze, Leitbild, Vision, Strategie
- **Unser Tun:** Unternehmensbereiche, Produkte, Dienstleistungen, Service
- **Unser Wissen:** Qualifikation und Berufserfahrung der Geschäftsführung und der Mitarbeiter, personelle Entwicklung
- **Unser Sein:** Unternehmenshistorie, Rechtsform, Standorte, Umsatzentwicklung, Referenzen

## Leitfaden für einen Geschäftsplan/Business Plan

Die Erstellung eines Geschäftsplans, auch Business Plan genannt, ist ein weiteres Hilfsmittel zur detaillierten und systematischen Darstellung der Unternehmensdaten. Mit einem Geschäftsplan können Sie ein umfassendes Bild Ihres Unternehmens zeigen. Der Geschäftsplan stellt wichtige Eckdaten des Unternehmens dar, zeigt die zukünftige Entwicklung des Unternehmens auf und behandelt nahezu alle betriebswirtschaftlichen Fragen im Zusammenhang mit der Bonitätseinstufung. Der Bankmitarbeiter bzw. Ratinganalyst muss davon überzeugt werden, dass Ihr Unternehmen auch in Zukunft erfolgreich sein wird. Im Geschäftsplan können Sie hierzu die Informationen für eine betriebswirtschaftliche Erfolgsprognose Ihres Unternehmens liefern.

Folgende Gliederung ist ein Leitfaden für die Erarbeitung eines Geschäftsplans:

**1. Zusammenfassung**

*Beschreibung der strategischen Ausrichtung des Unternehmens, der wesentlichen Erfolgsfaktoren und der Unternehmensziele*

Dem Geschäftsplan vorangestellt ist eine kurze Zusammenfassung über die wesentlichen Eckpunkte des Unternehmens, um dem eiligen Leser die Möglichkeit zu geben, sich zunächst schnell zu informieren. Dies erleichtert es dem Bankmitarbeiter, der das Unternehmensrating durchführen soll, sich rasch einzulesen. Adressat der Zusammenfassung kann auch das Management der Bank oder der Ratingagentur sein, die auf diese Weise einen schnellen Einblick in das Unternehmen erhält.

Folgende Grundinformationen sollten in der Zusammenfassung dargestellt werden:

- Was ist Ihr Geschäft?
- Mit welchen Produkten wollen Sie welche Märkte bedienen?
- Wie hoch sind die erforderlichen Investitionen?
- Was macht Ihr Unternehmen erfolgreich?
- Welche Vision und, daraus abgeleitet, welche Strategie hat Ihr Unternehmen?
- Was sind die konkreten Unternehmensziele?
- Wie, mit welchen konkreten Schritten, wollen Sie diese Unternehmensziele erreichen?
- Wie sieht kompakt zusammengefasst die kurz-, mittel- und langfristige Planung für Ihr Unternehmen aus?

**2. Rechtsform und Unternehmensleitung**

*Beschreibung der Rechtsform des Unternehmens, Vorstellung der Unternehmensleitung, gegebenenfalls der Gesellschafter*

Die Rechtsform ist das juristische Kleid eines Unternehmens. Ganz am Anfang der Unternehmensgründungsphase entscheidet man sich für eine Rechtsform und wechselt diese eventuell im Laufe der Geschäftstätigkeit. Mit der Entscheidung für eine Rechtsform werden die Weichen für die Geschäftstätigkeit schon grob gestellt. Fragen der Kapitalstruktur, der Haftung und der Geschäftsführung sind mit der Rechtsform meist schon vorgegeben und damit für das Rating interessant. Mit der Rechtsform verbunden sind folgende Rahmenbedingungen:

- Muss Kapital eingebracht werden und wenn ja, wie viel?
  Es gibt bestimmte Rechtsformen, z.B. die GmbH, die nur mit einem bestimmten Mindestkapital gegründet werden können. Dies offenbart dem Bankmitarbeiter, welches Mindestkapital gegebenenfalls als Sicherheit zur Verfügung steht, wenn schon, wie im Falle der GmbH, die Haftung ansonsten beschränkt ist.
- Wer haftet für die Schulden des Unternehmens?
  Ein entscheidender Punkt für die Bonitätsprüfung. Haftet der Eigentümer des Unternehmens auch mit seinem Privatvermögen oder bezieht sich die Haftung nur auf das Grundkapital des Unternehmens?
- Welche Vorteile oder Restriktionen bietet die Rechtsform hinsichtlich der Kapitalbeschaffung und der Aufnahme neuer Gesellschafter?

Aus diesen Gründen ist die Rechtsform ein wesentliches Kriterium bei der Bonitätsprüfung und sollte im Geschäftsplan mit allen Eckpunkten, z.B. Gründungskapital, Haftungsgrenzen etc., aufgelistet werden.

Ein zweiter wichtiger Punkt, der zum Teil auch schon durch die Rechtsform vorgezeichnet wird, ist die Frage nach der Geschäftsführung. Wer führt die Geschäfte des Unternehmens und vertritt die Gesellschaft nach außen?

Geben Sie im Geschäftsplan Antwort auf folgende Fragen:

- Welche Gesellschafterstruktur besitzt das Unternehmen?
  Bei einer Offenen Handelsgesellschaft (OHG) führen die Gesellschafter die Geschäfte gemeinsam und haften auch gemeinsam. Im Gegensatz dazu gibt es bei der Kommanditgesellschaft (KG) Komplementäre, die unbeschränkt auch mit dem Privatvermögen haften, und andere Gesellschafter, so genannte Kommanditisten, die nur mit ihrer Kapitaleinlage haften.
- Welche Mitspracherechte besitzen die Gesellschafter? Wer ist für das Außenverhältnis (z.B. Vereinbarungen mit Dritten, Abschluss von Verträgen) zuständig und wer führt die Geschäfte im Innenverhältnis, z.B. die Personalführung? Nicht bei allen Gesellschaftsstrukturen muss das immer dieselbe Person sein.
- Wie sieht die Organisationsstruktur des Unternehmens aus?
- Wie war der berufliche Werdegang der Unternehmensführung bzw. der Gesellschafter?

- Welche beruflichen Erfolge kann die Unternehmensführung bereits vorweisen?
- Wer führt die Geschäfte bei Ausfall des Geschäftsführers? Inwieweit ist eine Vertretungsregelung bzw. auch Nachfolgeregelung getroffen?

### 3. Produkte/Dienstleistungen

*Beschreibung der Produkte bzw. der vom Unternehmen angebotenen Dienstleistungen, Stand der Produktentwicklung, Produktinnovationen, Stand der Technik.*

Nachdem Sie in den vorigen Punkten die übergeordnete Geschäftsidee und Strategie des Unternehmens dargestellt haben und auch Auskunft darüber gegeben haben, wer in Ihrem Unternehmen das Sagen hat, geht es jetzt um das Kerngeschäft. Mit welchen Produkten/Dienstleistungen ist das Unternehmen am Markt präsent?

Beantworten Sie im Rahmen des Geschäftsplans folgende Fragen:

- Welches sind die wichtigsten Merkmale Ihres Produktes, Ihrer Dienstleistung?
- Welche Konkurrenzprodukte existieren bereits oder werden derzeit entwickelt?
- Besitzen Ihre Produkte/Dienstleistungen Alleinstellungsmerkmale, die sie gegenüber den Konkurrenzprodukten hervorheben?
- Kennen Sie die Bedürfnisse Ihrer Kunden?
- Welchen Zusatznutzen hat Ihr Angebot aus Sicht der Kunden?
- Welche Stärken/Schwächen hat Ihr Produkt gegenüber der Konkurrenz?
- Wie ist der aktuelle Stand der Technik in Ihrem Fachgebiet?
- Welche Weiterentwicklung planen Sie für Ihr Produkt?

Erstellen Sie, wenn Sie es für vorteilhaft erachten, eine Portfolio-Analyse Ihrer Produktpalette, Ihres Dienstleistungsangebots (siehe dazu auch Kapitel 3).

### 4. Branche/Markt/Wettbewerb/Kunden

*Beschreibung des Marktumfeldes des Unternehmens*

In diesem Teil des Geschäftsplans wird die Stellung des Unternehmens im Markt erläutert. Externe Faktoren wie Konjunktur, Käuferverhalten und Konkurrenz werden dargestellt, und es wird aufgezeigt, wie stark diese die Stellung des Unternehmens am Markt beeinflussen. Dieser Punkt des Geschäftsplans entspricht den Inhalten der Kunden-/Marktanalyse, wie in Kapital 2 dargestellt. Mögliche Darstellungspunkte für Ihr Unternehmen sind:

Branche:
- Entwicklung der Branche insgesamt (Wachstumsbranche oder stagnierende Branche)
- Wesentliche Einflussfaktoren auf die Branche, z.B. starke konjunkturelle Abhängigkeit
- Entwicklung der Kosten-/Preissituation in der Branche
- Wichtigkeit von Innovationen und technischem Fortschritt innerhalb der Branche
- Vergleich des Unternehmens mit Branchenvergleichsdaten

Markt:
- Marktanteil des Unternehmens
- Trendentwicklungen am Markt
- Durchschnittliche Renditen der Unternehmen in diesem Markt

Wettbewerb:
- Auflistung der wichtigsten Mitbewerber
- Wettbewerbsvorteile gegenüber der Konkurrenz
- Strategien zur Verteidigung des Marktanteils gegenüber der Konkurrenz

Kunden:
- Kundengruppen
- Anteil Stammkunden, Aussagen zur Kundentreue
- Referenzkunden

### 5. Marketing/Vertrieb

*Darstellung der Marketing- und Vertriebsmaßnahmen*

Stellen Sie dar, wie Sie Ihre Produkte an den Mann bzw. an die Frau bringen. Um dem Ratinganalysten einen besseren Einblick in Ihr Geschäft zu geben, nehmen Sie zum Gespräch Produktprospekte und Beispiele Ihrer Werbemaßnahmen, z.B. Zeitschriftenanzeigen, mit.

Beantworten Sie im Geschäftsplan folgende Fragen:
- Welche Marketingstrategie verfolgt das Unternehmen?
- Wie sieht Ihre Preispolitik aus?

- Welche Produkteinführungen sind geplant?
- Welche Umsätze werden mit welchen Produkten erwirtschaftet?
- Welchen Absatz/Umsatz wollen Sie zukünftig erreichen?
- Wie sieht ein typischer Vertriebsprozess aus?
- Welche Vertriebswege nutzen Sie?
- Welche Zielgruppen erreichen Sie durch welche Vertriebskanäle?
- Welche Werbemittel nutzen Sie?
- Welche Marketingschwerpunkte setzen Sie in den nächsten Jahren?

**6. Unternehmensplanung für die nächsten drei Jahre**

*Darstellung der geplanten Unternehmensentwicklung für die nächsten drei Jahre*

Hier geht es nicht um die letzten Details. Wer weiß schon, was in den nächsten drei Jahren auf das Unternehmen zukommt? Aber eine grobe Trendentwicklung sollte schon geplant werden und für den Ratinganalysten nachvollziehbar sein, z.B.:

- Welche grundsätzliche Unternehmensstrategie wird in den nächsten Jahren verfolgt?
- Welche konkreten Unternehmensziele sollen erreicht werden?
- Wie soll sich der Personalstand in den nächsten Jahren entwickeln?
- Welche technische Weiterentwicklung ist geplant?
- Welche Investitionen sind geplant? Wie sehen die dazugehörigen Investitionsrechnungen aus?
- Welche Umsätze und Kosten erwarten Sie?
- Auf welche Trendentwicklungen am Markt bereiten Sie sich vor?
- Welche Chancen und Risiken erwarten Sie für Ihre Geschäftstätigkeit?
- Wie sieht das Risikomanagement für die nächsten Jahre aus?
- Welche konkreten Planungs- und Steuerungssysteme werden im Unternehmen angewandt, z.B. Controllingsystem, Balanced Scorecard, Frühwarnsysteme etc.?

**7. Kapitalbedarf**

*Kurz-, mittel- und langfristiger Kapitalbedarf des Unternehmens*

Der Hintergrund Ihres Ratinggesprächs ist vielleicht ein anstehender Kapitalbedarf für eine Neuinvestition. Stellen Sie die Kapitalstruktur Ihres Unternehmens dar, z.B. Eigenkapitalquote, bisherige Finanzierungsquellen etc.

Folgende Fragestellungen sollten Sie zudem bearbeiten:

- Wie hoch ist laut Ihrer Unternehmensplanung der kurz-, mittel- und langfristige Kapitalbedarf?
- Welche Finanzierungsquellen stehen dem Unternehmen zur Verfügung?
- Gibt es Pläne, falls der prognostizierte Kapitalbedarf nicht ausreicht?
- Werden alternative Finanzierungsquellen wie z.B. Leasing oder Factoring bereits genutzt?

Der vorgestellte Geschäftsplan ist sicherlich eine recht umfangreiche Darstellung der Unternehmenssituation. Es müssen auch nicht alle genannten Fragestellungen in einem unternehmensindividuellen Geschäftsplan beantwortet werden, aber grundsätzlich sollten Aussagen zu jedem aufgeführten Gliederungspunkt getroffen werden.

Jeder Punkt sollte so gut wie möglich mit Zahlenmaterial unterstützt werden. Auch die eine oder andere Grafik trägt zum besseren Verständnis der Daten bei und wertet den Geschäftsplan insgesamt optisch auf. Eine grafische Aufbereitung der Unternehmenseckdaten im Rahmen der SWOT-Analyse passt gut in das Gesamtbild eines Geschäftsplans.

### SWOT-Analyse

Für eine erste Übersicht über Stärken, Schwächen, Chancen und Gefahren eignet sich die so genannte SWOT-Analyse.
S W O T =
S = Strengths = Stärken
W = Weaknesses = Schwächen
O = Opportunities = Chancen
T = Threats = Gefahren
Hier werden in übersichtlicher Form alle strategischen Eckdaten des Unternehmens gezeigt. Im Rahmen des Geschäftsplans ist dies eine gute Möglichkeit, die wesentlichen Aussagen zum Unternehmen wirkungsvoll zu präsentieren.

| | |
|---|---|
| Stärken<br>(S = Strengths)<br><br>- Marktkenntnis des Inhabers<br>- Guter Auftragsbestand<br>- Motivierte Mitarbeiter | Schwächen<br>(W = Weaknesses)<br><br>- Geringe Kapitalausstattung<br>- Technische Veralterung der Anlagen<br>- Starke Konkurrenz |
| Chancen<br>(O = Opportunities)<br><br>- Branche boomt<br>- Rechtzeitig auf neue Trends reagieren<br>- Erfolg versprechende Produktinnovationen | Gefahren<br>(T = Threats)<br><br>- Hoher Investitionsaufwand für neue Technologien<br>- Neue Wettbewerber drängen auf den Markt |

**Abbildung 53: SWOT-Analyse**

## Anforderungen an die vorgelegten Unterlagen

- Die vorgelegten Unterlagen sollen zeitnah sein.
- Der Ratinganalyst muss die komplexen Zusammenhänge verstehen können. Visualisierungen durch Bilder oder Grafiken können zum besseren Verständnis beitragen.
- Das reine Zahlenmaterial allein erschließt sich dem Ratinganalysten schwer. Mit Erläuterungen der Daten im Kontext der speziellen Situation des Unternehmens lässt sich das Zahlenmaterial besser interpretieren. Die Daten sollten also immer schriftlich kommentiert und erläutert werden.

**Wichtiger Hinweis**

Sichten Sie vor dem Gespräch Ihre Bilanzkennzahlen und kümmern Sie sich um Ihre Problembereiche, bei denen Sie ausführlicher in die Analyse gehen sollten. Für die Kennzahlen, die ein negatives Bild Ihres Unternehmens zeichnen, sollten Sie gute Erklärungen finden bzw. insbesondere Wege aufzeigen können, wie die Werte verbessert werden können. Im Idealfall können Sie belegen, wie sich ein negativer Wert innerhalb eines überschaubaren Zeitrahmens spürbar verbessern wird.

Warten Sie also nicht, bis der Ratinganalyst von selbst auf Ihre Schwachstellen stößt. Weisen Sie aktiv auf Probleme hin und zeigen Sie Lösungswege auf, wie diese in der Zukunft angepackt werden.

## Tipps für das Ratinggespräch: Präsentation und Kommunikation

Für das Ratinggespräch ist ein Vertrauensverhältnis zwischen Bank und Unternehmen wichtig. Nur bei einer offenen Kommunikation zwischen beiden Seiten und der bereitwilligen Weitergabe von Unternehmensinformationen kann Transparenz über die Lage des Unternehmens für den Bankmitarbeiter bzw. Ratinganalysten erreicht werden. Gute Vorbereitung ist dabei schon der erste wichtige Schritt zu einem erfolgreichen Ratinggespräch. Stellen Sie alle benötigten Unterlagen gut aufbereitet zur Verfügung. Das Unternehmen sollte bei Nachfragen offen Auskunft geben und keine wesentlichen Informationen zurückhalten. Je genauer Ihre Informationen sind, umso leichter wird der Bankmitarbeiter oder Ratinganalyst Zugang zu den Daten und den Inhalten, die dahinterstehen, finden. Informationsdefizite tragen nicht zur Vertrauensbildung bei und beeinflussen das Ratingergebnis negativ.

### Vorbereitungsphase des Gesprächs

In der Vorbereitungsphase für das Ratinggespräch werden die Rahmenbedingungen für das Ratinggespräch festgelegt.

#### Terminvereinbarung und Agenda (Tagesordnung)

Für das Ratinggespräch sollte ein ausreichender zeitlicher Rahmen mit einer konkreten Agenda (Tagesordnung) schriftlich festgelegt werden. Unter Zeitdruck wird keine vernünftige Unternehmensdarstellung möglich sein.

Im Vorhinein sollte die Bank mitteilen, welche Informationen sie konkret für das Ratinggespräch benötigt. Klären Sie diesen Punkt in einem Vorgespräch mit der Bank, also vor dem eigentlichen Ratinggesprächstermin.

### Personenkreis für das Ratinggespräch

Das Unternehmen sollte abwägen, welche Mitarbeiter sinnvollerweise bei dem Ratinggespräch dabei sein sollten. Die Unternehmensführung selbst wird die allgemeine Unternehmenspräsentation (z.B. Vorstellung des Unternehmensporträts) übernehmen. Spezielle Themen wie die Kunden-/Marktanalyse oder die Finanz- und Erfolgsanalyse des Unternehmens können von dem jeweiligen Abteilungsleiter (Marketingleiter bzw. kaufmännischer Leiter) vorgetragen werden. Ein Team von 3 bis 5 Teilnehmern von Unternehmensseite erscheint angemessen. Auf der Seite des Kreditinstituts werden mindestens zwei Mitarbeiter teilnehmen, die das Rating konkret durchführen. Darüber hinaus werden je nach Größe und Komplexität des Unternehmens weitere Bankmitarbeiter am Gespräch teilnehmen.

### Sorgfältiges Zusammentragen der notwendigen Informationen für das Ratinggespräch

Die für das Rating notwendigen Unternehmensdaten werden für das Gespräch zusammengestellt. Hierzu wurde bereits eine Checkliste der notwendigen Unterlagen vorgestellt.

Das Unternehmen sollte überlegen, welche zusätzlichen Informationen zur Unternehmenssituation die Unternehmensdaten positiv unterstützen könnten. Welche qualitativen Aspekte, z.B. Mitarbeiterzufriedenheit, hohe Kundentreue, könnten zusätzlich besonders herausgestellt werden? Zudem ist zu überlegen, auf welche Schwachstellen im Unternehmen Sie aktiv hinweisen. Wer dem Kreditinstitut nur seine Topergebnisse präsentiert, muss damit rechnen, dass nach den Schwächen besonders intensiv gesucht wird. Schwache Leistungen sollten nicht unter den Tisch gekehrt werden. Kein Unternehmen ist in jedem Teilaspekt überragend gut.

Eine wichtige Aufgabe im Ratinggespräch ist es auch, dem Kreditinstitut Glaubwürdigkeit zu vermitteln!

### Wie war die bisherige Kundenbeziehung zum Kreditinstitut?

Unabhängig von der konkreten Unternehmensdarstellung im Ratinggespräch wird die Bank auch die Zuverlässigkeit der bisherigen Kundenbeziehung beurteilen. Dazu gehören Auffälligkeiten im Zahlungsverhalten wie Überziehungen ohne Absprache, Häufungen von Inkassoverfahren, Mahnbescheide, Wechselproteste,

Kontopfändungen, eidesstattliche Versicherungen, außergerichtliche Vergleiche und Insolvenzanträge. Negative Beurteilungen in diesem Bereich lassen sich nur schwer mit positiven Bewertungen in anderen Bereichen ausgleichen. Typische Fragen im Hinblick auf die Kontoführung betreffen vor allem die folgenden Punkte:

- Überziehung der Kreditlinien
- Verringerung der Zahlungseingänge
- Bonitätsanfragen von anderen Banken
- Eröffnung zusätzlicher Bankverbindungen
- Negative Bonitätsauskünfte
- Zins- und Tilgungsrückstände

Das Unternehmen sollte sich in der Vorbereitungsphase auf das Ratinggespräch überlegen, welche kritischen Fragen von Seiten des Kreditinstituts zur bisherigen Kundenbeziehung kommen könnten. Für die genannten Punkte sollten plausible Erklärungen vorgetragen werden, die mögliche Zweifel an der Bonität des Unternehmens ausräumen können.

### Eventuell den Einsatz von Präsentationsmedien einplanen

Der Sinn des Einsatzes von Präsentationsmedien (Flipchart, Oberheadprojektor, Pinnwand oder PC-Präsentation mit Beamer) ist es, neben dem gesprochenen Vortrag den Zuhörern weitere Hilfestellungen zu geben, die Informationen aufzunehmen und behalten zu können. Man erinnert sich an die gesprochenen Worte eben besser, wenn man damit ein Bild, eine Grafik oder schlicht eben auch das geschriebene Wort verbinden kann. Die meisten Menschen können sich Informationen besser merken, wenn sie diese nicht nur hören, sondern auch sehen.

Der Einsatz von Präsentationsmedien ist grundsätzlich immer zu begrüßen. Allerdings sollte man den Ratinganalysten nicht mit einer Multimediashow erschlagen. Dann ist alles nur noch bunt und der Zuhörer wird eher durch die Bilder abgelenkt, als dass sie die Inhalte des Vortrags verdeutlichen.

### Oberheadprojektor

Der Folienvortrag ist eine der gängigsten Präsentationsarten. Aber auch hier kann man viel falsch machen.

Steht auf den Folien reiner Fließtext und wird dieser von dem Vortragenden nur vorgelesen, kann man sich den Folienvortrag getrost schenken. Auf die Folie gehören nur die Schlagworte oder die wesentlichen Aussagen eines Vortrages, nicht der gesamte Text zum Mitlesen. Mit Farben kann man gezielt Akzente setzen. Die Folien sollten nicht mit Inhalten überfrachtet werden.

Beim Folienvortrag kann man immer wieder beobachten, dass die Vortragenden nur ihre Folie ansehen und keinen Blickkontakt zu den Zuhörern herstellen. Besonders schlimm wird das, wenn der Vortragende das projizierte Bild der Folie an der Wand hinter ihm betrachtet und dabei nur mit der Wand spricht statt sich seinen Zuhörern zuzuwenden. Dagegen hilft ein Ausdruck der Folien, den man als Erinnerungsstütze während des Vortrags in der Hand behält. Reden Sie mit Ihren Zuhörern, nicht mit der Wand oder dem Oberheadprojektor!

### PC-Präsentationen mit Beamer-Einsatz

Grundsätzlich gelten hier dieselben Regeln wie für den Folienvortrag.

PC-Präsentationen eignen sich sehr gut für einen Vortrag, der eben nur mit einem PC möglich ist, z.B. die Präsentation der aktuellen Internet-Homepage des Unternehmens.

### Flipchart

Der Vorteil des Einsatzes eines Flipcharts liegt darin, dass man Inhalte schrittweise entwickeln kann. Man skizziert z.B. ein Thema und entwickelt darum herum die Schnittmengen mit anderen Themen. Beispiel: Man skizziert die Unternehmenssituation am Flipchart und zeichnet dann um das Unternehmensbild herum die wesentlichen externen Einflussfaktoren auf das Unternehmen, z.B. Konjunktur, Konkurrenz, Kundenverhalten etc. Diese Einflussfaktoren kann der Vortragende dann mit Pluszeichen „+“ oder Minuszeichen „-“ kennzeichnen, je nachdem ob dieser Einflussfaktor positiv oder negativ auf das Unternehmen einwirkt.

Ein Flipchart-Blatt eignet sich auch als „Themenspeicher“, d.h., alle Fragen, die während des Ratinggesprächs nicht geklärt werden können, werden auf diesem Blatt festgehalten. Beim nächsten Gesprächstermin wird dann genau auf diesen Themenspeicher eingegangen und das Unternehmen erläutert die Antworten auf die inzwischen geklärten Fragen.

### Pinnwand (Metaplanwand)

Ein Vorteil der Pinnwände sind die großen Flächen, auf denen man Plakate, aktuelle Unternehmensanzeigen, Produktdarstellungen oder sonstige Schaubilder befestigen kann. Im Rahmen eines Ratinggesprächs kann dieses Präsentationsmedium unterstützend eingesetzt werden, ist aber in diesem Zusammenhang eher von nachrangiger Bedeutung.

## Gesprächsphase

Jetzt kommen wir zum wichtigen Thema Kommunikation:
Das ganze Leben ist Kommunikation. Wir kommunizieren unentwegt. Auch wenn wir nichts sagen, spricht unser Gesichtsausdruck oder unsere Körperhaltung Bände über die Art und Weise, wie wir uns gerade fühlen, oder was wir von dem halten, was gerade jemand sagt.

Wenn Ihr Gesprächspartner z.B. die Arme verschränkt, während er Ihnen zuhört, deutet dies meist auf Skepsis hin. Oder stellen Sie sich vor, Ihr Gesprächspartner kann kaum das Gähnen zurückhalten. Dies könnte zwei Ursachen haben: Entweder ist Ihr Gesprächspartner tatsächlich von Ihren Ausführungen gelangweilt, oder aber, was in Besprechungsräumen oft vorkommt, die Luft ist schlecht bzw. enthält zu wenig Sauerstoff. Dies führt unweigerlich zu Gähnen.

Im Berufsleben wie im Privatleben spielt Kommunikation eine wesentliche Rolle. Sehen wir uns an, wie das Grundmodell der Kommunikation aussieht. Das Sender-Empfänger-Modell veranschaulicht, wie Kommunikation abläuft.

**Das Sender-Empfänger-Modell:**

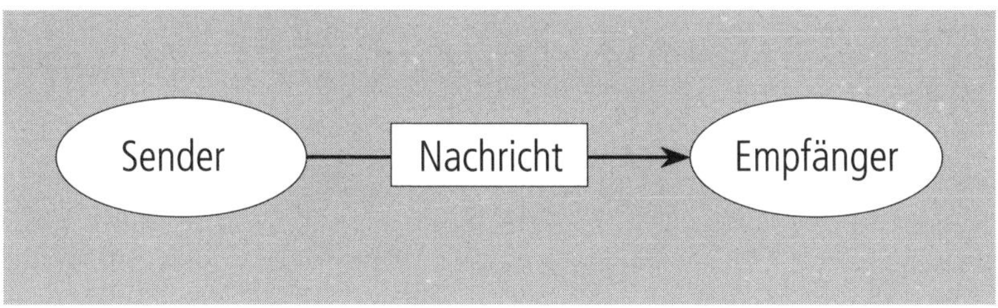


**Abbildung 54**

Der Sender sendet eine Nachricht an den Empfänger. Hört sich trivial an, aber im täglichen Leben können dabei eine Menge Missverständnisse auftreten. Folgender gern zitierte Merksatz verdeutlicht die Komplexität von Kommunikation:

- Gemeint ist nicht gesagt
- Gesagt ist nicht verstanden
- Verstanden ist nicht Einverstanden

**Beispiel:**

Ein Ratinggespräch findet zwischen dem Geschäftsführer eines mittleren Unternehmens, der gleichzeitig der Firmeninhaber ist, und dem Ratinganalysten der Hausbank statt. Der Ratinganalyst hat eine Checkliste vor sich und fragt den Firmeninhaber nach verschiedenen Unternehmensdaten. Der Ratinganalyst hat als nächsten Punkt auf seiner Checkliste das Bewertungskriterium Management und fragt den Firmeninhaber: „Haben Sie eine Nachfolgeregelung für die Geschäftsführung Ihrer Firma getroffen?" Der Firmeninhaber hört diese Frage und interpretiert die Frage als Infragestellung seiner Leistung und als unangenehme Erinnerung an sein Alter. Er wird wütend und fragt sich insgeheim, wieso er so einem Grünschnabel von der Bank eigentlich alle diese Fragen beantworten soll. Die bisher gute Gesprächsatmosphäre ist dahin.

Die Nachricht ist nicht so angekommen, wie sie gemeint war, denn der Ratinganalyst hatte keinerlei Hintergedanken bei dieser Frage. Er arbeitete nur die Fragen seiner Checkliste ab. In der Kommunikationswissenschaft nennt man dies einen „Verzerrungswinkel" zwischen Sender und Empfänger. Man könnte auch ganz einfach sagen, es ist zu einem großen Missverständnis zwischen den beiden gekommen.

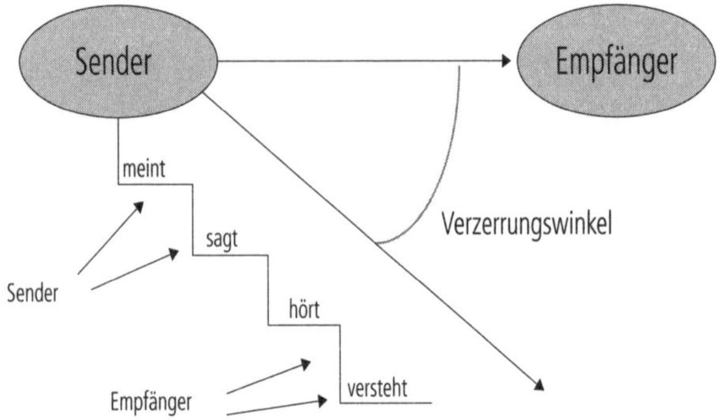


**Abbildung 55: Verzerrungswinkel zwischen Sender und Empfänger**

Der Sender (Ratinganalyst) *meint* die Frage als Abarbeitung eines Punktes seiner Rating-Checkliste.

Der Ratinganalyst *sagt:* „Haben Sie eine Nachfolgeregelung für die Geschäftsführung Ihrer Firma getroffen?"

Der Empfänger (Firmeninhaber) *hört* den Satz akustisch einwandfrei (manchmal treten Missverständnisse gerade dadurch auf, dass man etwas akustisch falsch verstanden hat).

Der Firmeninhaber *versteht* aus dem Gesagten einen Angriff auf seine Person und dass infrage gestellt wird, ob er noch lange zur Geschäftsführung seiner Firma in der Lage ist.

Wie kann man nun diesen Verzerrungswinkel auflösen bzw. wie löst man das Problem von Missverständnissen? Das geht nur, wenn den Beteiligten überhaupt klar ist, dass es zu einem Missverständnis gekommen ist. Wenn der Firmeninhaber in unserem Beispiel nichts sagt, nicht darüber redet, wie das Gesagte bei ihm angekommen ist, wird das Missverständnis nie aufgedeckt werden. Der Konflikt schwelt unter der Oberfläche weiter und wird nicht gelöst.

Die Empfehlung der Kommunikationswissenschaft lautet daher: „Feedback geben!" Feedback geben heißt, dass der Empfänger der Nachricht sagt, wie er/sie die Sache verstanden hat, und fragt, ob es tatsächlich auch so gemeint war.

Der Firmeninhaber könnte sagen: „Wieso fragen Sie danach? Wollen Sie mich etwa schon aufs Altenteil schieben?" Jetzt kann man über das Missverständnis reden. Erst mit diesem Feedback ist dem Ratinganalysten klar, dass er ungewollt in ein Fettnäpfchen getreten ist. Nun hat er Gelegenheit, die Sache richtig zu stellen und zu beteuern, dass er ohne böse Absicht oder Hintergedanken lediglich die Fragen seiner Checkliste durchgeht.

### Tipps für eine erfolgreiche Gesprächsführung:

In diesem Buch kann nicht das ganze Fachgebiet der Kommunikationswissenschaft behandelt werden. Hier aber ein paar hilfreiche Tipps für eine erfolgreiche Gesprächsführung:

- Bereiten Sie sich auf ein Gespräch immer gut vor.

  Gab es zu dem Thema Rating bereits einen Schriftverkehr mit der Bank, so lesen Sie ihn vorher nochmals durch, um zu Gesprächsbeginn auf dem aktuellen Stand zu sein. Ihr Gegenüber merkt sehr genau, ob Sie sich auf das Gespräch gut vorbereitet haben oder das Thema Rating nur zwischen Tür und Angel anreißen wollen.

- Gleichen Informationsstand bei allen Beteiligten erreichen
  Zu Gesprächsbeginn sollte abgeklärt werden, ob alle Beteiligten denselben Informationsstand haben und ob z.B. die Bank alle eingereichten Unterlagen auch erhalten hat.
- Vorstellung aller Gesprächsteilnehmer
  Sollten sich die Gesprächsteilnehmer noch nicht alle untereinander kennen, ist eine Vorstellung sinnvoll. Der Leiter des Gesprächs auf Seiten der Bank stellt sich und seine Mitarbeiter vor. Die Unternehmensleitung stellt sich und die Mitarbeiter des Unternehmens vor.
- Vorstellung der Agenda (Tagesordnung)
  Die vorher schriftlich vereinbarte Agenda (Tagesordnung) für das Ratinggespräch sollte zu Beginn noch einmal vorgestellt werden, damit alle Gesprächsbeteiligten wissen, welche Einzelthemen besprochen werden und wie der konkrete Zeitrahmen für das Gespräch aussieht.
- Sinnvolle Zeiteinteilung
  Pausen sollten sinnvoll eingesetzt werden. Es soll kein Gesprächsmarathon werden. Tagen Sie nie länger als eineinhalb Stunden am Stück!
- Nehmen Sie Ihren Gesprächspartner als gleichwertigen Partner ernst. Behandeln Sie ihn weder von oben herab noch so, als ob er die allein selig machende Wahrheit verkündet. Weder Arroganz noch Unterwürfigkeit sind gute Gesprächsbegleiter. Fordern Sie diese Einstellung aber auch von Ihrem Gegenüber ein.
- Wer fragt, führt! Durch geschicktes Fragen leiten Sie das Gespräch.
- Arbeiten Sie hart am vereinbarten Thema und lassen Sie sich nicht auf Nebenschauplätze locken. Hierzu kann eventuell ein gesonderter Besprechungstermin vereinbart werden.
- Wichtig: Offen kommunizieren, jeder kann zu Wort kommen, immer ausreden lassen!
- Die Ergebnisse sollten durch ein Protokoll gesichert werden. Eventuell wird ein Nachfolgetermin vereinbart.

## Nachbearbeitung des Gesprächs

Nach dem Gespräch sollten Sie für sich selbst überlegen: Was lief gut, was lief nicht so gut? Zum Trost: Misserfolg ist die Chance, es beim nächsten Mal besser zu machen. Neudeutsch nennt man das: „Lessons learned“, was soviel heißt wie „Welche Lektionen haben wir aus dem Erlebten gelernt“ oder „Aus Fehlern lernen“. Beim Militär kennt man diesen Grundsatz schon lange, da gab es schon immer die „Manöverkritik“.

Nach Gesprächsende zieht man Bilanz. Was lief gut, was lief nicht so gut? Welche Fehler sollte man tunlichst beim nächsten Mal vermeiden? Folgender Fragenkatalog ist zu beantworten:

- War das Gespräch ein Erfolg? Konnte der Ratinganalyst von der Finanzkraft und Zukunftsfähigkeit des Unternehmens überzeugt werden?
- Wie war die Gesprächsatmosphäre?
- Gab es Probleme? Verständnisprobleme, Konflikte, Informationsdefizite?
- Was würde man in der Unternehmenspräsentation im Nachhinein gesehen anders machen?
- Was haben wir durch das Ratinggespräch gelernt?
- Welche Bereiche müssen nachgearbeitet werden?
- Welche Steuerungs- und Informationssysteme müssen eventuell zusätzlich eingeführt werden, z.B. Risikomanagement, ein ausgefeilteres Controlling etc.?

Durch die Vorbereitung und die Durchführung des Ratinggesprächs haben Sie eine Reihe von Erfahrungen gemacht: fachlich, fachübergreifend, organisatorisch, methodisch, menschlich. Diesen Erfahrungsschatz können Sie für das nächste Ratinggespräch nutzen. Im Gespräch sind möglicherweise Schwachstellen des Unternehmens, des Präsentationsstils etc. ans Licht gekommen, die jetzt aktiv bearbeitet und verbessert werden müssen.

### Schlusswort:

Es reicht nicht aus, ein gesundes Unternehmen zu haben, man muss die Bank auch davon überzeugen können!

# 5. Hilfen, Anlaufstellen, Internetadressen

**Wo kann man sich informieren, wer hilft weiter?**

Zum Thema Rating und Basel II gibt es eine Vielzahl von Anlaufstellen. Allen voran sind hier die *Deutsche Bundesbank* und die *Bank für Internationalen Zahlungsausgleich (BIZ)* zu nennen, die wesentlich bei der Gestaltung der Regelwerke mitwirken. Die verschiedenen *Spitzenverbände der Kreditwirtschaft* bieten ihren Firmenkunden Beratung und Unterstützung zum Thema Rating. Die Banken haben sich darauf vorbereitet, ein internes Rating durchzuführen.

Für die Durchführung eines externen Rating steht eine große Anzahl an *Ratingagenturen* bereit. Neben den großen internationalen Agenturen wie Moody's, Fitch und S&P gibt es auch eine Reihe von deutschen Ratingagenturen, die ihre Leistungen anbieten. Weitere *empfehlenswerte Anlaufstellen* sind z.B. das Bundesministerium für Wirtschaft und Arbeit oder der Deutsche Industrie- und Handelskammertag (DIHK), die Hilfestellungen und Informationen anbieten. Bei *Online-Diensten für Branchendaten* und *Wirtschaftsinstituten* kann ein Unternehmen Vergleichsdaten der Branche abrufen, um die eigene Standortbestimmung für ein Rating vorzunehmen.

## Lohnenswerte Internetadressen:

**www.bundesbank.de**
Dies ist die Homepage der Deutschen Bundesbank und „die erste Adresse" innerhalb der deutschen Webseiten, wenn es um das Thema Rating und Basel II geht.

Wer ist die Deutsche Bundesbank und welche Aufgaben nimmt sie wahr? Die Deutsche Bundesbank nimmt als Zentralbank eine Reihe historisch gewachsener Funktionen wahr: Sie ist Notenbank, Bank der Banken, Bank des Staates und Verwalterin der Währungsreserven. Hinzu kommt ihre Einbindung in die **Bankenaufsicht**. Darüber hinaus nimmt die Deutsche Bundesbank Aufgaben im Rahmen des Europäischen Systems der Zentralbanken (ESZB) wahr.

Unter dem Menüpunkt: **Bankenaufsicht/Basel II** finden Sie Erläuterungen zum aktuellen Stand von Basel II. Die Seite bietet zudem viele weitere Informationen und Dokumente zum Thema Basel II. Sie können sich beispielsweise aktuelle Arbeitspapiere des Basler Ausschusses für Bankenaufsicht herunterladen („downloaden“). Die Deutsche Bundesbank bietet auch eine deutsche Fassung der im Original englischen Konsultationspapiere an.

Ein Besuch auf dieser Webseite ist lohnenswert!

**www.bis.org**

Dies ist die Homepage der Bank for International Settlements (BIS), zu deutsch: Bank für Internationalen Zahlungsausgleich (BIZ).

Die BIZ ist die Wiege von Basel II (wie auch schon von Basel I) und damit „die erste Adresse“ der internationalen Webseiten, wenn es um das Thema Rating und Basel II geht.

Die BIZ ist eine internationale Organisation, die die internationale Zusammenarbeit im Währungs- und Finanzbereich fördert. Sie bietet ein Forum, um unter Zentralbanken und in internationalen Finanzkreisen Diskussionen zu fördern und die Entscheidungsfindung zu erleichtern. In dieser Funktion stellt BIZ das Sekretariat für den Basler Ausschuss für Bankenaufsicht in ihrem Hauptsitz in Basel.

Unter dem Menüpunkt **Basel Committee** finden Sie viele Informationen zum Basler Ausschuss für Bankenaufsicht und dessen Publikationen. Aktuelle Pressemitteilungen des Ausschusses sowie die englischen Originaltexte der Konsultationspapiere stehen zum Download bereit.

**www.zka.de**

Im Zentralen Kreditausschuss (ZKA) sind seit 1932 die fünf Spitzenverbände der deutschen Kreditwirtschaft (Bundesverband der Deutschen Volksbanken und Raiffeisenbanken e.V., Bundesverband deutscher Banken e.V., Bundesverband Öffentlicher Banken Deutschlands e.V., Deutscher Sparkassen- und Giroverband e.V. und Verband deutscher Hypothekenbanken e.V.) zusammengeschlossen.

Der ZKA vertritt die gemeinsamen Standpunkte der kreditwirtschaftlichen Spitzenverbände gegenüber den gesetzgebenden Organen, der Regierung, den Behörden sowie bank- und finanzwirtschaftlichen Institutionen auf nationaler und europäischer Ebene. Darüber hinaus informiert der ZKA die Presse und Öffentlichkeit über die Positionen der Kreditwirtschaft.

Auf dieser Internetseite finden Sie insbesondere die veröffentlichten Pressemitteilungen und Stellungnahmen des ZKA.

**www.ratingampel.de**

Diese Internetseite ist eine wahre Fundgrube zum Thema Rating. Das Hintergrundwissen zum Thema Rating wird erläutert, es gibt eine hilfreiche Linksammlung, und Fachbegriffe rund um Rating und Basel II können Sie in einem Glossar nachschlagen.

Das Herausragendste an dieser Internetseite ist aber die RATINGAMPEL selbst. Die Ratingampel zeigt, wie gut Ihr Unternehmen strategisch und operativ auf ein Rating vorbereitet ist oder inwieweit sich Erklärungsbedarf in einem Ratingverfahren ergibt. Außerdem weist sie auf mögliche Schwierigkeiten im Umgang mit Ihrem Kreditinstitut hin. Diese werden in der RATINGAMPEL als Sonderfragen bezeichnet.

Für das Ausfüllen der RATINGAMPEL müssen Sie rund 30 Minuten Zeit einplanen. Sie benötigen folgende Unterlagen:

- Ihren letzten Jahresabschluss oder einen vorläufigen Jahresabschluss
- Ihre Planung für das kommende Jahr
- Informationen über Ihre Entnahmen und Einlagen
- Informationen über die Tilgungen von Darlehen
- Informationen über die Investitionshöhe

Alle Informationen werden ausschließlich verschlüsselt auf Ihrem lokalen PC verarbeitet. Es erfolgt keine zentrale Speicherung und keine Übertragung über das World Wide Web.

Die Seite basiert auf einer Initiative des Niedersächsischen Ministeriums für Wirtschaft, Technologie und Verkehr.

Niedersächsische Landestreuhandstelle
Hamburger Allee 4
30161 Hannover
E-Mail: rating@lts-nds.de

**www.dvfa.de**

Die Deutsche Vereinigung für Finanzanalyse und Asset Management (DVFA) ist der Berufsverband der Kapitalmarktexperten. Die DVFA bietet Aus- und Weiterbildung zu vielfältigen Themen im Rahmen des Kapitalmarktgeschäftes an. Zudem richtet die DVFA Analystenkonferenzen und Foren für eine effektive Kapitalmarktkommunikation aus. Kapitalmarktexperten aus ganz Deutschland bringen ihr Wissen in ständigen Kommissionen, Arbeitskreisen und Arbeitsgruppen der DVFA ein. Dort werden aktuelle Fragestellungen des Kapitalmarktes behandelt und für bestimmte Themen Standards entwickelt. Eine DVFA-Kommission hat **Ratingstandards** entwickelt, die zu mehr Transparenz für das Unternehmensrating beitragen sollen. Diese Standards können auf der Homepage gelesen und heruntergeladen werden.

DVFA e.V.
Postfach 101030
D-63264 Dreieich
Tel.: 06103 / 5833-0
Fax: 06103 / 5833-33

**www.ratingcert.de**

Der RATING CERT e.V., Berlin, ist ein wirtschaftsfördernder gemeinnütziger Verein, dessen Ziel es ist, allgemein gültige **Qualitätsstandards für die Durchführung von Unternehmensratings** für den Mittelstand zu entwickeln und in Europa bekannt zu machen.

Der Rating Cert hat einen Verhaltenskodex und Qualitätsstandards für Ratingagenturen erarbeitet, denen die Mitglieder des Vereins verpflichtet sind. Diese können Sie auf der Homepage von Rating Cert e.V. nachlesen. Die dort formulierten Standards können wie allgemeine Geschäftsbedingungen behandelt werden. Dazu gehören:

- Allgemeine Pflichten der Ratingagentur
- Erhebungsgrundsätze
- Beurteilungsgrundsätze
- Allgemeine Pflichten des Analysten

Rating Cert e.V., Berlin
Lindenstraße 38
81545 München
Tel.: 089 / 65 103 292
Fax: 089 / 65 103 295
E-Mail: info@ratingcert.de

**www.eigenkapitalrichtlinien.de**
Unter dieser Internetadresse finden Sie das Portal Basel-II.info. Dieses Portal möchte Ihnen alle relevanten Informationen zum Thema „Basel II“ aus einer Hand anbieten. Angeboten werden verschiedene Themen:

- Alternative Finanzierungsformen
- Informationen rund um Basel II
- Pressemeldungen zum Thema Basel II
- Informationen von Ratingagenturen

Sie finden Hinweise auf Bücher und Studien rund ums Thema Basel II sowie Links zu Kreditinstituten, Ratingagenturen usw. Ein Newsletter hält Sie über aktuelle Informationen auf dem Laufenden.

## Spitzenverbände der Kreditwirtschaft:

Die Bankenverbände veröffentlichen aktuelle Informationen und Stellungnahmen rund um das Thema Rating und Basel II. Diese Informationen können auf den Internetseiten der Verbände nachgelesen werden. Meist gibt es auch schriftliche Informationen und Broschüren vor Ort in den Bankfilialen. Zudem bieten die Verbände ihren Kunden auch Branchendaten an, anhand deren sich ein Unternehmen mit den durchschnittlichen Werten seiner Branche vergleichen kann.

**Bundesverband der Deutschen Volksbanken und Raiffeisenbanken eV.**
Schellingstraße 4, 10785 Berlin
Tel.: 030 / 20210
Internet: www.bvr.de

**Bundesverband deutscher Banken e.V.**
Burgstraße 28, 10178 Berlin
Tel.: 030 / 16630
Internet: www.bdb.de

**Bundesverband Öffentlicher Banken Deutschlands e.V.**
Lennéstraße 17, 10785 Berlin
Tel.: 030 / 81920
Internet: www.voeb.de

**Deutscher Sparkassen- und Giroverband e.V.**
Charlottenstraße 47, 10117 Berlin
Tel.: 030 / 202250
oder
Simrockstraße 4, 53113 Bonn
Tel.: 0228 / 2040
Internet: www.dsgv.de

**Verband deutscher Hypothekenbanken e.V.**
Georgenstraße 21, 10117 Berlin
Tel.: 030 / 209150
Internet: www.hypverband.de

## Internationale Ratingagenturen:

Es gibt eine Vielzahl von international tätigen Ratingagenturen. Die folgenden drei Agenturen werden jedoch international als „die großen Drei" der Branche anerkannt.

**Moody's Deutschland GmbH**
An der Welle 4
60322 Frankfurt/Main
Tel.: 069 / 707-30-700
Fax: 069 / 707-68-911
E-Mail: contact.eu@moodys.com
Internet: www.moodys.de

**Standard & Poor's**
Neue Mainzer Straße 52-58
60311 Frankfurt/Main
Tel.: 069 / 33-999-0
Fax: 069 / 33-999-119
E-Mail: info@standardandpoors.com
Internet: www.standardandpoors.com

**Fitch Deutschland GmbH**
Friedrich-Ebert-Anlage 18
60325 Frankfurt/Main
Tel.: 069 / 76 80 76 0
Fax: 069 / 76 80 76 20
Internet: www.fitchibca.com

## Deutsche Ratingagenturen:

Hier eine Auswahl an deutschen Ratingagenturen. Die Liste erhebt nicht den Anspruch auf Vollständigkeit. Der Markt ist im Umbruch, somit kann diese Auswahl nur ein Blitzlicht auf den aktuellen Markt an Ratingdienstleistungen sein.

**cofacerating.de GmbH**
Isaac-Fulda-Allee 1
55124 Mainz
Tel.: 0800 / 25 72 84 64
Tel.: 06131 / 323-777
Fax: 06131 / 372-153
Internet: www.cofacerating.de

**Creditreform Rating AG**
Hellersbergstraße 12
41460 Neuss
Tel.: 02131 / 109 626
Fax: 02131 / 109 627
E-Mail: info@creditreform-rating.de
Internet: www.creditreform-rating.de

**GDUR® - Mittelstands-Rating AG**
Mainzer Landstraße 27 -31
60329 Frankfurt/Main
Tel.: 069 / 27 40 15 512
Fax: 069 / 27 40 15 111
E-Mail: rating@gdur.de
Internet: www.gdur.de

**Global-Rating GmbH**
Dr.-Ernst-Derra-Straße 6
94036 Passau
Tel.: 0851 / 98 84 38-0
Fax: 0851 / 98 84 38-65
E-Mail: Service@Global-Rating.de
Internet: www.global-rating.de

**HERMES Rating GmbH**
Gasstraße 18, Haus 2
22761 Hamburg
Tel.: 040 / 88 34 - 64 0
Fax: 040 / 88 34 - 64 13
E-Mail: info@hermes-rating.com
Internet: www.hermes-rating.com

**RS Rating Services AG**
**Haus der Bayerischen Wirtschaft**
Max-Joseph-Straße 5
80333 München
Tel.: 089 / 55178-430
Fax: 089 / 55178-439
E-Mail: info@rating-services.de
Internet: www.rating-services.de

URA UNTERNEHMENS RATINGAGENTUR AG
Postfach 90 11 27
81511 München
Tel.: 0 89 / 642 76 18-0
Fax: 0 89 / 642 76 18-5
E-Mail: service@ura.de
Internet: www.ura.de

## Weitere empfehlenswerte Anlaufstellen:

**Bundesministerium für Wirtschaft und Arbeit (BMWA)**
Scharnhorststraße 34-37, 10115 Berlin
Postanschrift: 11019 Berlin
Tel.: 01888 / 615-0
Fax: 01888 / 615-7010
Internet: www.bmwa.bund.de bzw. www.bmwi.de

Auf der Homepage des Bundesministeriums für Wirtschaft und Arbeit (BMWA) finden Sie eine Vielzahl von Hilfestellungen und Informationen. Es gibt z.B. Hinweise für eine erfolgreiche Unternehmensführung oder allgemeine Informationen zum E-Business, um nur einige Themen zu nennen. Über die Suchfunktion findet man Informationen, z.B. Pressemitteilungen zum Thema Rating.

Insbesondere für Existenzgründer stellt das BMWA kostenlos ein BMWi-

Softwarepaket für Gründer und junge Unternehmen (Version 6.0, Stand: August 2002) zur Verfügung. Neben der klassischen Gründungsvorbereitung nimmt auf dieser CD-ROM der Bereich des Controllings breiten Raum ein – nicht zuletzt als Voraussetzung für die sich abzeichnenden Anforderungen eines das gesamte Unternehmen betreffenden Rating.

**Institut für Mittelstandsforschung (IfM) Bonn**
Maximilianstraße 20
53111 Bonn
Tel.: 0228 / 72 99 7-0
Fax: 0228 / 72 99 7-34
E-Mail: post@ifm-bonn.org
Internet: www.ifm-bonn.de

Das Institut für Mittelstandsforschung (IfM) Bonn hat die Aufgabe, Lage, Entwicklung und Probleme des Mittelstandes zu erforschen und die Forschungsergebnisse der Öffentlichkeit zugänglich zu machen.

Auf dieser Seite finden Sie insbesondere die Folien zu Vorträgen, die vom IfM Bonn bei verschiedenen Anlässen gehalten wurden und Themen behandeln wie z.B. „Veränderungen im Finanzierungsumfeld des Mittelstands" oder „Geld für morgen – wie die Mittelstandsfinanzierung der Zukunft aussieht". Zudem gibt das IfM verschiedene Publikationen heraus, die insbesondere Anliegen des Mittelstands behandeln, z.B. „Erste Auswirkungen der Insolvenzrechtsreform 1999 auf mittelständische Unternehmen" oder „Die Konjunktur im Mittelstand zum Jahresbeginn 2002 – 37. Mittelstands-Konjunkturbericht".

**Rationalisierungs- und Innovationszentrum der Deutschen Wirtschaft**
- Bundesgeschäftsstelle -
Düsseldorfer Straße 40
65760 Eschborn
Tel.: 06196 / 495-1
Fax.:06196 / 495-304
E-Mail: rkw@rkw.de
Internet: www.rkw.de

Das RKW Rationalisierungs- und Innovationszentrum der Deutschen Wirtschaft ist das neutrale Netzwerk für den Mittelstand. Wirtschaft, Gewerkschaften, Wissenschaft und Staat arbeiten im RKW zusammen, um gemeinsam die Wettbewerbsfähigkeit der deutschen Unternehmen in ökonomischer, technologischer, sozialer und ökologischer Hinsicht zu fördern. Das RKW ist in die Wirtschafts- und Technologiepolitik des Bundes und der Länder eingebunden.

Das Netzwerk besteht aus zwölf Landesverbänden und der Bundesgeschäftsstelle, die sich auf diese Themenbereiche konzentriert:

- Mittelstandsfinanzierung
- EU-Erweiterung
- Beschäftigung, Arbeit und Organisation
- Innovative Technologien in Produktion und Dienstleistung

Das RKW bietet Weiterbildungsveranstaltungen, Internet-Foren für Diskussion und Erfahrungsaustausch und verschiedene Publikationen auch zum Thema Rating an.

Weiterbildungsveranstaltungen zu vielen Themen finden Sie bei den RKW-Landesverbänden. Sie kommen direkt zu den Angeboten des jeweiligen RKW, wenn Sie im Menü „Landesverbände" Ihr Bundesland auswählen.

**Deutscher Industrie- und Handelskammertag (DIHK) e.V.**
Breite Strasse 29
10178 Berlin
Tel.: 030 / 20308-0
Fax: 030 / 20308-1000
E-Mail: dihk@berlin.dihk.de
Internet: www.ihk.de

Der Deutsche Industrie- und Handelskammertag (DIHK) ist die Spitzenorganisation der 82 Industrie- und Handelskammern. Alle deutschen Unternehmen im Inland – ausgenommen Handwerksbetriebe, freie Berufe und landwirtschaftliche Betriebe – sind per Gesetz Mitglied einer Industrie- und Handelskammer.

Die IHKs vertreten das Interesse ihrer zugehörigen Unternehmen gegenüber den Kommunen, Landesregierungen, regionalen staatlichen Stellen und durch den DIHK gegenüber der Bundesregierung und der Europäischen Kommission.

Auf dieser Internetseite finden Sie Informationen und Hintergrundpapiere zu Basel II und Rating, insbesondere DIHK-Stellungnahmen zu Basel II und Download-Möglichkeiten der Konsultationspapiere zu Basel II. Zudem bietet der DIHK zu günstigen Preisen eigene Publikationen zu vielfältigen Themen an. Zum Thema Rating gibt es z.B. die DIHK-Broschüren:

- Externes Rating, Finanzdienstleistung und Entscheidungshilfe
- Rating für den Mittelstand, Fit für das Gespräch mit der Hausbank

**Bundesanstalt für Finanzdienstleistungsaufsicht**

Graurheindorfer Straße 108 oder Lurgiallee 12
53117 Bonn 60439 Frankfurt
Tel.: 0228 / 4108 - 0
Fax: 0228 / 4108 - 1550
E-Mail: poststelle@bafin.de
Internet: www.bafin.de

Durch das Gesetz über die integrierte Finanzdienstleistungsaufsicht vom 22. April 2002 wurde zum 1. Mai 2002 die Bundesanstalt für Finanzdienstleistungsaufsicht (BaFin) gegründet. Unter dem Dach der neuen Anstalt sind die Aufgaben der ehemaligen Bundesaufsichtsämter für das Kreditwesen (BAKred), das Versicherungswesen (BAV) und den Wertpapierhandel (BAWe) zusammengeführt worden. Damit existiert in Deutschland eine staatliche Aufsicht über Kreditinstitute, Finanzdienstleistungsinstitute und Versicherungsunternehmen, die sektorübergreifend den gesamten Finanzmarkt umfasst. Mit der Einrichtung der BaFin werden zentrale Aufgaben des Kundenschutzes und der Solvenzaufsicht gebündelt. Die neue Bundesanstalt wird daher einen wichtigen Beitrag zur Stabilität des Finanzplatzes Deutschland leisten und seine Wettbewerbsfähigkeit stärken.

Auf der Homepage sind die Reden, Pressemitteilungen und Jahresberichte der Bundesanstalt für Finanzdienstleistungsaufsicht nachzulesen. Neben aktuellen Bekanntmachungen gibt es zudem spezielle Hinweise für Verbraucher, Anbieter und Anleger.

## Online-Dienste für Branchendaten:

Hinweis: Im Anhang finden Sie die von der Deutschen Bundesbank veröffentlichten Daten zur Ertragslage und den Finanzierungsverhältnissen deutscher Unternehmen für das Jahr 2000, gegliedert nach Branchen.

**Statistisches Bundesamt**

Gustav-Stresemann-Ring 11
65180 Wiesbaden
Tel.: 0611 / 75-2405
Fax: 0611 / 75-3330
E-Mail: info@statistik-bund.de

Das Statistische Bundesamt präsentiert sich unter der Adresse **www.statistik-bund.de**. Zahlen & Fakten bilden den Schwerpunkt des Informationsangebots. Neben tagesaktuellen Pressediensten werden Basisdaten mit Grund- und Strukturdaten aus vielen Bereichen der amtlichen Statistik präsentiert. Es werden die Indikatoren mit Monats- und Quartalsergebnissen aus dem Wirtschaftsleben zur Verfügung gestellt. Zudem gibt es den Zeitreihenservice, der Abonnenten den Zugriff auf ca. eine Million Zeitreihen aus der Datenbank STATIS-BUND ermöglicht. Während Informationen zum Inhalt der Datenbank (einschließlich Definitionskatalog) über ein umfassendes Dokumentations- und Recherchesystem kostenfrei erschlossen werden können, ist der Bestell- und Abholdienst für Daten kostenpflichtig und nur mit einer persönlichen Zugangsberechtigung erreichbar.

Eine Neuerung stellt der **Statistik-Shop** dar, der über die Homepage des Statistischen Bundesamtes angewählt werden kann. Hier können Publikationen rund um die Uhr online eingekauft werden. Unter der Rubrik „Downloads“ lassen sich Publikationen mit den neuesten statistischen Ergebnissen direkt auf den PC laden. Daneben können Sie in einem virtuellen „Buchladen“ Printveröffentlichungen, Disketten und CD-ROMs bestellen. Das Angebot wird laufend aktualisiert und erweitert.

### Anbieter von Branchendaten über Branchenbuch oder Internetrecherche:

Zudem gibt es eine Reihe von Anbietern für Branchendaten. Geben Sie z.B. „Branchendaten“ als Suchbegriff in eine Internet-Suchmaschine ein und Sie erhalten eine Reihe von Anbietern aufgelistet. Die Preise sind unterschiedlich je nach Jahresabonnement der Branchendaten oder der gezielten Anforderung von Einzelauswertungen zu bestimmten Branchen oder Themen und können von mehreren hundert Euro bis zu mehreren tausend Euro reichen.

## Wirtschaftsinstitute:

Viele Wirtschaftsinstitute sind deutschen Universitäten angegliedert und bieten eine Fülle von Informationen zu Wirtschaftsdaten und Wirtschaftsforschung. Hier wurden drei große deutsche Wirtschaftsinstitute ausgewählt. Sie können auch das Wirtschaftsinstitut Ihrer örtlichen Universität für Informationen kontaktieren.

**Deutsches Institut für Wirtschaftsforschung (DIW)**
Königin-Luise-Straße 5
14195 Berlin (Dahlem)
Tel.: 030 / 89789-0
Fax: 030 / 89789-200
E-Mail: postmaster@diw.de
Internet: www.diw.de

Das unabhängige Institut ist ausschließlich gemeinnützigen wissenschaftlichen Zwecken verpflichtet und betreibt Grundlagenforschung und wirtschaftspolitische Beratung. Unter dieser Adresse sind diverse Publikationen und Gutachten abrufbar.

**Institut für Wirtschaftsforschung e.V. (Ifo)**
Poschingerstraße 5
81679 München
Tel.: 089 / 9224-0
Fax: 089 / 985369
E-Mail: ifo@ifo.de
Internet: www.ifo.de

Eines der größten deutschen Wirtschaftsforschungsinstitute, das der Öffentlichkeit Daten, Informationen und andere Serviceleistungen (Publikationen) bereitstellt. Auch hier sind verschiedene Gutachten online verfügbar.

**Hamburgisches Welt-Wirtschafts-Archiv (HWWA)**
Neuer Jungfernstieg 21
20347 Hamburg
Tel.: 040 / 42834-0
Fax: 040 / 42834-451
E-Mail: hwwa@hwwa.de
Internet: www.hwwa.de

Das Hamburgische Welt-Wirtschafts-Archiv (HWWA) ist eine wirtschaftswissenschaftliche Serviceeinrichtung der Leibniz-Gemeinschaft (WGL). Bibliothek und Presseausschnittsarchiv des HWWA gehören zu den führenden öffentlich zugänglichen Einrichtungen ihrer Art in Europa. Das HWWA erbringt Informations-, Beratungs- und Serviceleistungen für die Wissenschaft, Wirtschaftspolitik und Wirtschaft. Einige Informationen sind auch online verfügbar, z.B. Konjunkturprognosen, Konjunkturberichte und ausgewählte Konjunkturindikatoren.

# Nachwort: Rating als Chance

Wenn man sich viele kleine und mittlere Unternehmen anschaut, fällt auf, dass sie natürlich eine ausgebaute Buchhaltung mit notwendigerweise Bilanz und Gewinn- und Verlustrechnung (GuV) haben, aber hat es sich damit erschöpft: keine Kostenrechnung, kein Controlling, wenig Transparenz der betrieblichen Vorkommnisse. In der Vergangenheit ging es eben auch ohne all diese Dinge.

Rating zwingt nun diese Unternehmen zu mehr Transparenz und besseren Informationen über das betriebliche Geschehen. Für diese Unternehmen ist Rating auch eine Chance. Die Chance, endlich über bessere Daten und mehr Transparenz zu verfügen.

Können folgende Fragen beantwortet werden:
Womit, mit welchen Produkten verdienen wir unser Geld?
Was sind unsere Verlustbringer?
Sind unsere Leistungen/Produkte am Markt überhaupt noch gefragt?
Welche Kosten sind gar nicht notwendig?
Liegen wir im Plan? Gibt es überhaupt eine Planung?
Wie gut ist unser Management?

Wenn diese Fragen nicht beantwortet werden können, ist es höchste Zeit für die Einführung einer Kostenrechnung. Kostenrechnung und Controlling sind natürlich keine Wundermittel. Geht es dem Unternehmen bereits schlecht, dann nützt eine überstürzte Einführung betriebswirtschaftlicher Instrumente wahrscheinlich nicht mehr viel. Es kann zu spät sein. Transparenz der Kosten und Leistungen ist vielmehr eine Prophylaxe, das heißt eine vorbeugende Maßnahme vor Krankheiten bzw. finanziellen Miseren.

In diesem Sinne sind die neuen Anforderungen an das betriebliche Rechnungswesen und Berichtswesen durch das Rating sicher auch eine Chance gerade für kleinere und mittlere Unternehmen, endlich die Einführung z.B. einer Kostenrechnung anzupacken.

Also sollten Sie sich nicht über die zusätzlichen Anforderungen durch ein Rating ärgern, sondern es als Chance begreifen!

# Anhang 1

**Wichtige Informationsquellen für betriebswirtschaftliche Informationen**

Diese Übersicht ist als Orientierung für Unternehmen gedacht, die ein Rating anstreben. Aber auch Bankmitarbeiter bzw. Ratinganalysten können sich hier informieren, welche Berichte potenziell in einem Unternehmen verfügbar sein könnten.

Nun gibt es für die wenigsten Berichte gesetzliche Vorgaben. Letztendlich sind Unternehmen in der Gestaltung des betrieblichen Rechnungswesens frei. Lediglich für den Jahresabschluss gibt es gesetzliche Rechnungslegungsvorschriften.

*Für Mitarbeiter eines Unternehmens:*

Bereiten Sie sich darauf vor, dass ein betriebswirtschaftlich geschulter Bankmitarbeiter Sie nach einem dieser Berichte fragen könnte.

Sie müssen diese Berichte nicht im Unternehmen haben. Wie gesagt, besteht keine gesetzliche Verpflichtung hierzu mit Ausnahme des Jahresabschlusses. Aber vielleicht hilft Ihnen diese Übersicht zu überprüfen, welche Berichte in Ihrem Unternehmen schon vorhanden sind bzw. welche noch fehlen. Vielleicht gibt sie Anregungen, den einen oder anderen Bericht, wenn sinnvoll, noch zusätzlich zu erstellen.

*Für den Ratinganalysten:*

Kein Unternehmen ist verpflichtet, alle diese Berichte vorzuhalten. Sollten Sie bei dem Ratingprozess auf die eine oder andere Schwachstelle bei dem zu betreuenden Unternehmen gestoßen sein, so soll Ihnen diese Übersicht helfen, nach dem für Sie interessanten Bericht zu fragen.

| Name des Berichtes | Kurzbeschreibung der Inhalte | Quelle/ Fachabteilung | Häufigkeit |
|---|---|---|---|
| Absatz/Umsatz/ Deckungsbeiträge | Die Basisinformation aus dem Vertrieb: Absatz ist die abgesetzte Stückzahl, Umsatz ist der Wert des Absatzes in EUR, und der Deckungsbeitrag (Preis - variable Kosten) gibt an, was letztlich an den Produkten verdient wurde. | Controlling oder Vertrieb | Monatlich |
| Artikelergebnisse | Wie profitabel sind die einzelnen Produkte des Unternehmens? Womit wird eventuell nichts mehr verdient? | Controlling, evtl. Vertrieb | Quartalsweise |
| Auftragsbestände | Wie hoch ist das Auftragspolster des Unternehmens? | Controlling oder Vertrieb | Monatlich |
| Auftragseingänge | Die Auftragseingänge von heute sind die Umsätze von morgen. Wichtige Information, ob die Zukunft des Unternehmens durch Aufträge sichergestellt ist. | Controlling oder Vertrieb | Monatlich |
| Ausschuss/ Nacharbeit | Wie viel Kapazität und Kosten werden „für nichts" ausgegeben? | Controlling oder Arbeitsvorbereitung | Quartalsweise |
| Betriebsergebnisse | Im Gegensatz zum normalen Jahresabschluss untersucht das Betriebsergebnis das Ergebnis, das durch die betriebliche Leistungserstellung, also durch den Betriebszweck erwirtschaftet wurde. Gewinne oder Verluste z.B. durch Finanzanlagen (Aktien usw.) werden hier nicht gezeigt. Deshalb zeigt das Betriebsergebnis das Ergebnis des Kerngeschäftes des Unternehmens. Teilweise auch operatives Ergebnis oder operating profit o.ä. genannt. | Controlling | Monatlich, evtl. quartalsweise |
| Fehlzeiten | Neben den Fehlzeiten wie Urlaub, Feiertage usw. ist hier der Krankenstand besonders interessant. | Personalabteilung | Quartalsweise |
| Finanzplan | Planung der Einnahmen und Ausgaben kurz-, mittel- oder langfristig. Wichtige Auskunft, ob das Unternehmen liquide ist bzw. Geld für Zukunftsausgaben hat. | Finanzbuchhaltung | Quartalsweise, besser monatlich |
| Forschungs- und Entwicklungsbericht | Wie geht es weiter? | Unternehmensleitung | Jährlich |
| Hochrechnungen | Auf Basis der derzeitigen Ergebnisse (z.B. Halbjahresergebnis) wird das Endergebnis des Jahres geschätzt. | Controlling | Bei Bedarf bzw. etwa 2x jährlich |

| | | | |
|---|---|---|---|
| Investitionsberichte | Was ist geplant, welche Investitionsvorhaben sind realisiert, welche Investitionen werden evtl. gestrichen? | Controlling | Quartalsweise |
| Jahresabschluss | Bilanz, Gewinn- und Verlustrechnung, Anhang und Lagebericht. Der gesetzliche Jahresabschluss. Unverzichtbar. | Buchhaltung | Jährlich |
| Jahresplanung | Wie geht es im nächsten Jahr weiter? Aussagen über Umsätze, Kosten, Gewinnentwicklung, Personalstand, Investitionen usw. | Unternehmensleitung oder Controlling | Jährlich, etwa im November |
| Leistungsdaten | Abhängig vom Unternehmen sind hier vielfältige Auswertungen möglich. Beispiele: Produktivitätsdaten (z.B. Leistung zur Anwesenheit), Ausbringung (z.B. geplant, realisiert), Bestände (z.B. Bestandsaufbau), Kosten pro Einheit (z.B. was kostet eine Minute in der Produktion) usw. | Produktion oder Controlling | Quartalsweise |
| Liquiditätsbericht | Was ist in der Kasse? Was kann flüssig gemacht werden (z.B. Bestände)? Können Verbindlichkeiten, Löhne und Gehälter bezahlt werden? | Finanzbuchhaltung | Quartalsweise, im Krisenfall monatlich |
| Marketingbericht | Was macht der Markt, wie verhalten sich die Kunden? Fragen nach Marktanteilen der Produkte, Marktentwicklungen usw. | Marketing | Halbjährlich oder jährlich |
| Mehrjahresplanung | Wie sieht die Zukunft über das nächste Jahr hinaus aus? Dazu gehören Umsätze, Kosten, Personalentwicklungen, Investitionen usw. | Unternehmensleitung | Jährlich |
| Mitarbeiterqualifizierungsplanung | Planung von Weiterbildungsmaßnahmen, Personalförderung. | Personalabteilung | Jährlich |
| Monatsabschlüsse Buchhaltung | Buchhaltungsdaten im Detail. Wichtig, wenn sonst keine weiteren verdichteten betriebswirtschaftlichen Auswertungen vorhanden sind. | Buchhaltung | Monatlich |
| Personalbericht | Einstellungen, Versetzungen, Kündigungen, Fluktuationsquote. | Personalabteilung | Quartalsweise |
| Personalstände | Aktuelle, geplante oder hochgerechnete Personalstände, gegliedert z.B. nach Arbeiter, Angestellte oder Produktion, Vertrieb, Verwaltung o.ä. | Personalabteilung | Monatlich |
| Produktionsbericht | Z.B. Ausbringung, Auslastung der Anlagen, Leerzeiten usw. | Produktion oder Controlling | Quartalsweise |

# Anhang 2

Verhältniszahlen aus Jahresabschlüssen deutscher Unternehmen für das Jahr 2000

## I. Bilanzstrukturzahlen

| | **Alle Unternehmen** | Gewinnung von Steinen und Erden, Bergbau | Verarbeitendes Gewerbe | darunter: Ernährungsgewerbe | Textilgewerbe | Bekleidungsgewerbe | Holzgewerbe o. Möbelherst. | Papiergewerbe |
|---|---|---|---|---|---|---|---|---|
| **Bilanzstrukturzahlen** | **In % zur Bilanzsumme** | | | | | | | |
| **Vermögen** | | | | | | | | |
| Sachanlagen | 34,1 | 43,6 | 18,1 | 28,9 | 25,3 | 11,8 | 34,9 | 40,4 |
| davon Grundst./ Gebäude | 18,5 | 20,8 | 6,1 | 13,1 | 11,0 | 6,6 | 13,8 | 14,5 |
| Vorräte | 15,3 | 8,6 | 16,4 | 15,9 | 29,7 | 33,5 | 25,2 | 16,2 |
| Kasse u. Bankguthaben | 4,9 | 4,6 | 3,4 | 3,2 | 3,8 | 5,1 | 4,7 | 4,8 |
| Forderungen | 30,7 | 30,1 | 31,9 | 34,7 | 33,8 | 37,4 | 30,5 | 25,9 |
| davon kurzfristige Ford. | 27,9 | 21,4 | 29,5 | 30,3 | 30,8 | 35,0 | 26,7 | 24,9 |
| davon langfristige Ford. | 2,8 | 8,8 | 2,4 | 4,4 | 3,0 | 2,4 | 3,8 | 1,1 |
| Wertpapiere | 3,1 | 1,9 | 5,1 | 1,4 | 0,9 | 0,7 | 1,4 | 2,1 |
| Beteiligungen | 11,5 | 10,9 | 25,0 | 15,7 | 6,1 | 11,2 | 3,1 | 10,4 |
| **Kapital** | | | | | | | | |
| Eigenmittel | 24,1 | 32,2 | 27,0 | 27,4 | 25,3 | 27,5 | 17,5 | 30,0 |
| Verbindlichkeiten | 55,0 | 37,8 | 46,4 | 53,6 | 60,2 | 62,0 | 71,2 | 53,8 |
| davon kurzfristige Verb. | 38,4 | 26,7 | 38,6 | 39,6 | 42,9 | 46,3 | 47,7 | 33,9 |
| davon langfristige Verb. | 16,5 | 11,1 | 7,8 | 14,0 | 17,2 | 15,8 | 23,6 | 19,9 |
| Rückstellungen | 20,2 | 29,9 | 26,5 | 18,9 | 14,5 | 10,5 | 11,2 | 16,1 |
| davon Pensionsrückst. | 6,2 | 3,9 | 13,5 | 7,1 | 7,0 | 3,5 | 3,5 | 8,0 |
| Nachrichtlich: Umsatz | 134,2 | 91,7 | 132,2 | 195,7 | 157,3 | 199,9 | 166,3 | 141,9 |

| | noch: Verarbeitendes Gewerbe, darunter: | | | | | | | |
|---|---|---|---|---|---|---|---|---|
| | Verlags- u. Druckgewerbe | Chemische Industrie | Herst. v. Gummi- u. Kunststoffwaren | Glasgewerbe, Keramik, Verarb. v. Steinen u. Erden | Metallerzeug. u. -bearbeitung | Herstellung v. Metallerzeugnissen | Maschinenbau | Elektrotechnik |
| **Bilanzstrukturzahlen** | **In % zur Bilanzsumme** | | | | | | | |
| **Vermögen** | | | | | | | | |
| Sachanlagen | 26,6 | 16,5 | 25,0 | 22,4 | 33,3 | 26,3 | 13,6 | 9,3 |
| davon Grundst./Gebäude | 11,3 | 4,9 | 9,6 | 10,3 | 9,7 | 9,9 | 6,5 | 2,2 |
| Vorräte | 11,7 | 10,1 | 16,3 | 11,1 | 22,2 | 25,6 | 26,4 | 13,7 |
| Kasse u. Bankguthaben | 8,4 | 1,2 | 2,2 | 2,3 | 1,7 | 3,8 | 4,3 | 7,0 |
| Forderungen | 32,5 | 26,6 | 33,9 | 24,8 | 28,5 | 33,2 | 40,3 | 33,7 |
| davon kurzfristige Ford. | 28,1 | 23,2 | 31,6 | 22,1 | 26,2 | 31,2 | 38,4 | 32,6 |
| davon langfristige Ford. | 4,4 | 3,4 | 2,3 | 2,7 | 2,2 | 2,0 | 1,9 | 1,2 |
| Wertpapiere | 4,6 | 1,2 | 0,9 | 1,1 | 1,0 | 1,2 | 2,4 | 12,6 |
| Beteiligungen | 15,9 | 44,3 | 21,5 | 38,2 | 13,3 | 9,7 | 12,9 | 23,5 |
| **Kapital** | | | | | | | | |
| Eigenmittel | 25,6 | 34,6 | 27,9 | 31,4 | 32,0 | 23,5 | 26,7 | 23,1 |
| Verbindlichkeiten | 47,7 | 40,8 | 54,9 | 50,1 | 46,6 | 58,1 | 48,7 | 47,0 |
| davon kurzfristige Verb. | 36,3 | 35,4 | 42,1 | 32,3 | 34,0 | 42,7 | 40,5 | 42,9 |
| davon langfristige Verb. | 11,3 | 5,4 | 12,8 | 17,8 | 12,5 | 15,4 | 8,3 | 4,1 |
| Rückstellungen | 25,8 | 24,2 | 17,1 | 18,5 | 21,3 | 18,3 | 24,5 | 29,8 |
| davon Pensionsrückst. | 13,8 | 15,6 | 7,6 | 9,6 | 10,7 | 9,1 | 11,2 | 15,1 |
| Nachrichtlich: Umsatz | 147,9 | 79,0 | 143,7 | 77,7 | 152,3 | 153,8 | 119,1 | 99,5 |

| | noch Verarb. Gewerbe: Medizin-, Mess-, Steuer- u. Regelungstechnik, Optik | noch Verarb. Gewerbe: Herst. v. Kraftwagen u. Kraftwagenteilen | Energie- u. Wasserversorgung | Baugewerbe | Großhandel u. Handelsvermittlung | Einzelhandel (einschl. KFZ-Handel, Tankstellen) | Verkehr (ohne Eisenbahnen) |
|---|---|---|---|---|---|---|---|
| **Bilanzstrukturzahlen** | **In % zur Bilanzsumme** | | | | | | |
| **Vermögen** | | | | | | | |
| Sachanlagen | 16,8 | 17,2 | 46,3 | 14,7 | 13,8 | 19,5 | 60,4 |
| davon Grundst./ Gebäude | 7,6 | 3,6 | 8,0 | 9,9 | 8,3 | 11,0 | 24,2 |
| Vorräte | 25,7 | 10,5 | 1,8 | 41,8 | 24,6 | 33,6 | 1,7 |
| Kasse u. Bankguthaben | 4,2 | 2,1 | 2,6 | 7,6 | 4,4 | 4,0 | 2,7 |
| Forderungen | 40,2 | 28,6 | 26,6 | 27,2 | 47,8 | 33,8 | 24,6 |
| davon kurzfristige Ford. | 37,2 | 26,3 | 23,4 | 25,4 | 46,1 | 32,9 | 19,2 |
| davon langfristige Ford. | 3,0 | 2,3 | 3,2 | 1,7 | 1,6 | 0,9 | 5,4 |
| Wertpapiere | 0,6 | 8,6 | 9,6 | 2,7 | 0,5 | 0,2 | 1,7 |
| Beteiligungen | 12,3 | 32,9 | 12,6 | 5,5 | 8,6 | 8,6 | 8,3 |
| **Kapital** | | | | | | | |
| Eigenmittel | 25,8 | 26,9 | 26,7 | 12,0 | 20,2 | 17,5 | 27,0 |
| Verbindlichkeiten | 40,7 | 38,0 | 36,5 | 72,4 | 68,5 | 68,9 | 47,8 |
| davon kurzfristige Verb. | 32,1 | 34,1 | 20,9 | 64,5 | 58,3 | 55,1 | 22,0 |
| davon langfristige Verb. | 8,6 | 3,9 | 15,5 | 7,8 | 10,1 | 13,8 | 25,8 |
| Rückstellungen | 33,5 | 35,0 | 33,7 | 15,4 | 11,2 | 13,4 | 23,9 |
| davon Pensionsrückst. | 20,7 | 16,7 | 7,9 | 3,6 | 4,1 | 5,1 | 9,7 |
| Nachrichtlich: Umsatz | 119,2 | 145,3 | 63,7 | 90,2 | 316,9 | 306,5 | 94,0 |

| | Sonstige Wirtschaftszweige: | | |
|---|---|---|---|
| | Grundstücks- u. Wohnungswesen | Datenverarbeitung und Datenbanken | Erbringung v. Dienstleist. überwiegend für Unterneh. |
| **Bilanzstrukturzahlen** | **In % zur Bilanzsumme** | | |
| **Vermögen** | | | |
| Sachanlagen | 72,4 | 27,3 | 25,3 |
| davon Grundst./Gebäude | 70,5 | 7,2 | 19,3 |
| Vorräte | 9,3 | 4,6 | 10,2 |
| Kasse u. Bankguthaben | 3,0 | 9,0 | 7,3 |
| Forderungen | 9,5 | 35,3 | 40,1 |
| davon kurzfristige Ford. | 8,3 | 34,0 | 38,6 |
| davon langfristige Ford. | 1,2 | 1,3 | 1,4 |
| Wertpapiere | 0,6 | 4,1 | 4,9 |
| Beteiligungen | 5,0 | 18,5 | 11,5 |
| **Kapital** | | | |
| Eigenmittel | 25,1 | 36,0 | 17,5 |
| Verbindlichkeiten | 68,2 | 40,5 | 62,5 |
| davon kurzfristige Verb. | 18,4 | 34,1 | 45,5 |
| davon langfristige Verb. | 49,8 | 6,4 | 17,1 |
| Rückstellungen | 6,4 | 22,0 | 19,3 |
| davon Pensionsrückst. | 1,0 | 4,9 | 8,5 |
| Nachrichtlich: Umsatz | 16,6 | 135,1 | 95,1 |

## II. Strukturzahlen aus der Erfolgsrechnung

| | Alle Unter-nehmen | Gewin-nung von Stei-nen und Er-den, Bergbau | Verarbei-tendes Gewerbe | darunter: Ernäh-rungs-gewerbe | Textil-gewerbe | Beklei-dungs-gewerbe | Holzge-werbe o. Möbel-herst. | Papier-gewerbe |
|---|---|---|---|---|---|---|---|---|
| **Leistungs- und Kostendaten** | **In % der Gesamtleistung** | | | | | | | |
| Umsatz | 99,6 | 99,8 | 99,5 | 99,7 | 99,7 | 99,7 | 99,4 | 98,9 |
| Bestandsveränd./ akt. Eigen-leistungen | 0,4 | 0,2 | 0,5 | 0,3 | 0,3 | 0,3 | 0,6 | 1,1 |
| **Gesamtleistung** | 100,0 | 100,0 | 100,0 | 100,0 | 100,0 | 100,0 | 100,0 | 100,0 |
| Zinserträge | 1,1 | 1,1 | 0,9 | 0,4 | 0,5 | 0,5 | 0,5 | 0,4 |
| Übrige Erträge | 9,9 | 10,4 | 7,4 | 4,1 | 4,5 | 3,8 | 3,3 | 5,8 |
| Erträge insgesamt | 110,9 | 111,5 | 108,3 | 104,5 | 105,0 | 104,3 | 103,8 | 106,2 |
| Materialaufwand | 58,5 | 38,1 | 59,6 | 66,9 | 58,1 | 62,6 | 57,7 | 58,0 |
| Personalaufwand einschl. Sozialab-gaben | 19,5 | 27,3 | 19,2 | 11,4 | 23,6 | 15,9 | 21,3 | 17,4 |
| Abschreibungen auf Sachanl. | 6,4 | 9,6 | 3,5 | 3,2 | 3,6 | 1,3 | 4,7 | 5,3 |
| Sonstige Ab-schreibungen | 0,7 | 1,3 | 0,7 | 0,4 | 0,5 | 0,6 | 0,4 | 0,5 |
| Zinsauf-wendungen | 2,8 | 1,5 | 1,3 | 1,0 | 1,6 | 1,3 | 1,8 | 1,5 |
| Steuern | 2,6 | 1,7 | 5,6 | 2,5 | 0,8 | 1,4 | 0,8 | 1,0 |
| davon: Einkommens- u. Ertragsst. | 1,4 | 1,5 | 1,3 | 0,8 | 0,7 | 1,4 | 0,7 | 1,0 |
| Übrige Aufwen-dungen | 18,7 | 26,3 | 15,5 | 17,2 | 14,5 | 18,0 | 15,7 | 17,5 |
| **Aufwendun-gen insgesamt** | **109,2** | **105,8** | **105,3** | **102,6** | **102,8** | **101,1** | **102,4** | **101,4** |
| **Jahresüber-schuss** | **1,8** | **5,7** | **3,0** | **1,9** | **2,2** | **3,1** | **1,4** | **4,8** |
| | **In % des Umsatzes** | | | | | | | |
| Jahresergebnis | 2,2 | 8,4 | 3,4 | 2,1 | 2,5 | 3,4 | 1,5 | 5,1 |
| Jahresergebnis vor Gewinn-steuern | 3,6 | 9,9 | 4,7 | 2,9 | 3,2 | 4,8 | 2,2 | 6,1 |

| | noch: Verarbeitendes Gewerbe, darunter: | | | | | | | |
|---|---|---|---|---|---|---|---|---|
| | Verlags- u. Druckgewerbe | Chemische Industrie | Herst. v. Gummi- u. Kunststoffwaren | Glasgewerbe, Keramik, Verarb. v. Steinen u. Erden | Metallerzeug. u. Bearbeitung | Herstellung v. Metallerzeugnissen | Maschinenbau | Elektrotechnik |
| **Leistungs- und Kostendaten** | **In % der Gesamtleistung** | | | | | | | |
| Umsatz | 99,7 | 99,5 | 99,2 | 99,3 | 98,9 | 99,0 | 99,2 | 99,2 |
| Bestandsveränd./ akt. Eigenleistungen | 0,3 | 0,5 | 0,8 | 0,7 | 1,1 | 1,0 | 0,8 | 0,8 |
| **Gesamtleistung** | 100,0 | 100,0 | 100,0 | 100,0 | 100,0 | 100,0 | 100,0 | 100,0 |
| Zinserträge | 1,0 | 1,2 | 0,5 | 0,9 | 0,3 | 0,4 | 1,0 | 2,2 |
| Übrige Erträge | 8,6 | 13,5 | 6,0 | 9,4 | 4,4 | 4,4 | 6,1 | 11,4 |
| Erträge insgesamt | 109,6 | 114,7 | 106,5 | 110,3 | 104,7 | 104,8 | 107,1 | 113,5 |
| Materialaufwand | 44,0 | 52,7 | 54,2 | 43,7 | 65,1 | 51,5 | 53,0 | 64,5 |
| Personalaufwand einschl. Sozialabgaben | 28,4 | 20,9 | 23,7 | 26,9 | 18,5 | 27,7 | 27,9 | 22,8 |
| Abschreibungen auf Sachanl. | 4,4 | 4,9 | 4,4 | 6,6 | 4,2 | 4,1 | 3,0 | 3,0 |
| Sonstige Abschreibungen | 0,6 | 1,2 | 0,5 | 0,8 | 0,2 | 0,6 | 0,7 | 0,6 |
| Zinsaufwendungen | 1,6 | 2,5 | 1,4 | 2,6 | 1,1 | 1,3 | 1,3 | 1,8 |
| Steuern | 2,6 | 2,6 | 1,5 | 1,4 | 0,9 | 1,5 | 1,8 | 0,9 |
| davon: Einkommens- u. Ertragsst. | 2,5 | 2,4 | 1,4 | 1,3 | 0,9 | 1,4 | 1,8 | 0,9 |
| Übrige Aufwendungen | 24,5 | 23,0 | 18,2 | 24,4 | 12,2 | 15,1 | 16,2 | 14,8 |
| **Aufwendungen insgesamt** | **106,3** | **107,8** | **103,9** | **106,4** | **102,2** | **101,8** | **103,9** | **108,4** |
| **Jahresüberschuss** | **3,3** | **6,9** | **2,6** | **3,9** | **2,5** | **3,0** | **3,1** | **5,1** |
| | **In % des Umsatzes** | | | | | | | |
| Jahresergebnis | 3,4 | 7,9 | 3,8 | 5,6 | 2,8 | 4,0 | 3,8 | 5,3 |
| Jahresergebnis vor Gewinnsteuern | 5,9 | 10,3 | 5,3 | 6,9 | 3,7 | 5,4 | 5,6 | 6,2 |

| | noch Verarb. Gewerbe: Medizin-, Mess-, Steuer- u. Regelungstechnik, Optik | noch Verarb. Gewerbe: Herst. v. Kraftwagen u. Kraftwagenteilen | Energie u. Wasserversorgung | Baugewerbe | Großhandel u. Handelsvermittlung | Einzelhandel (einschl. KFZ-Handel, Tankstellen) | Verkehr (ohne Eisenbahnen) |
|---|---|---|---|---|---|---|---|
| **Leistungs- und Kostendaten** | **In % der Gesamtleistung** | | | | | | |
| Umsatz | 99,2 | 99,8 | 99,5 | 98,2 | 100,0 | 100,0 | 99,7 |
| Bestandsveränd./ akt. Eigenleistungen | 0,8 | 0,2 | 0,5 | 1,8 | 0,0 | 0,0 | 0,3 |
| **Gesamtleistung** | 100,0 | 100,0 | 100,0 | 100,0 | 100,0 | 100,0 | 100,0 |
| Zinserträge | 0,6 | 1,1 | 1,9 | 1,0 | 0,3 | 0,3 | 0,9 |
| Übrige Erträge | 7,3 | 8,0 | 10,0 | 6,7 | 2,6 | 3,4 | 15,3 |
| Erträge insgesamt | 107,9 | 109,1 | 111,9 | 107,7 | 102,9 | 103,7 | 116,2 |
| Materialaufwand | 45,9 | 70,5 | 66,5 | 63,3 | 84,7 | 75,9 | 56,5 |
| Personalaufwand einschl. Sozialabgaben | 32,5 | 17,3 | 12,7 | 26,2 | 6,6 | 10,1 | 24,0 |
| Abschreibungen auf Sachanl. | 3,4 | 3,6 | 8,2 | 2,3 | 0,9 | 1,4 | 7,6 |
| Sonstige Abschreibungen | 0,6 | 0,9 | 0,3 | 0,7 | 0,3 | 0,2 | 0,4 |
| Zinsaufwendungen | 1,0 | 0,9 | 1,5 | 1,3 | 0,7 | 0,8 | 1,7 |
| Steuern | 1,2 | 1,1 | 5,1 | 0,5 | 1,4 | 2,1 | 1,5 |
| davon: Einkommens- u. Ertragsst. | 1,1 | 1,1 | 2,6 | 0,4 | 0,6 | 0,3 | 1,4 |
| Übrige Aufwendungen | 20,1 | 13,3 | 14,9 | 13,2 | 7,3 | 12,5 | 22,7 |
| **Aufwendungen insgesamt** | **104,6** | **107,6** | **109,1** | **107,4** | **101,9** | **102,9** | **114,6** |
| **Jahresüberschuss** | **3,3** | **1,4** | **2,8** | **0,3** | **1,1** | **0,8** | **1,6** |
| | **In % des Umsatzes** | | | | | | |
| Jahresergebnis | 3,6 | 1,5 | 4,7 | 0,2 | 1,2 | 0,8 | -1,9 |
| Jahresergebnis vor Gewinnsteuern | 4,7 | 2,6 | 7,3 | 0,6 | 1,8 | 1,1 | -0,5 |

| | Sonstige Wirtschaftszweige: | | |
|---|---|---|---|
| | Grundstücks- u. Wohnungswesen | Datenverarbeitung und Datenbanken | Erbringung v. Dienstl. überwiegend für Unterneh. |
| **Leistungs- und Kostendaten** | **In % der Gesamtleistung** | | |
| Umsatz | 98,3 | 99,7 | 101,0 |
| Bestandsveränd./ akt. Eigenleistungen | 1,7 | 0,3 | -1,0 |
| **Gesamtleistung** | 100,0 | 100,0 | 100,0 |
| Zinserträge | 2,5 | 0,7 | 1,1 |
| Übrige Erträge | 23,6 | 7,4 | 11,9 |
| Erträge insgesamt | 126,1 | 108,1 | 113,0 |
| Materialaufwand | 54,8 | 35,4 | 50,6 |
| Personalaufwand einschl. Sozialabgaben | 10,2 | 30,1 | 28,3 |
| Abschreibungen auf Sachanl. | 18,2 | 8,0 | 4,6 |
| Sonstige Abschreibungen | 1,0 | 1,6 | 0,6 |
| Zinsaufwendungen | 16,4 | 0,7 | 1,7 |
| Steuern | 3,6 | 3,3 | 1,1 |
| davon: Einkommens- u. Ertragsst. | 2,1 | 3,2 | 1,0 |
| Übrige Aufwendungen | 19,6 | 28,4 | 26,3 |
| **Aufwendungen insgesamt** | **123,9** | **107,5** | **113,3** |
| **Jahresüberschuss** | **2,1** | **0,6** | **-0,3** |
| | **In % des Umsatzes** | | |
| Jahresergebnis | 3,2 | 1,2 | 0,8 |
| Jahresergebnis vor Gewinnsteuern | 5,3 | 4,4 | 1,8 |

### III. Sonstige Verhältniszahlen

| | **Alle Unternehmen** | Gewinnung von Steinen und Erden, Bergbau | Verarbeitendes Gewerbe | darunter: Ernährungsgewerbe | Textilgewerbe | Bekleidungsgewerbe | Holzgewerbe o. Möbelherst. | Papiergewerbe |
|---|---|---|---|---|---|---|---|---|
| **Sonst. Verhältniszahlen** | **In % des Umsatzes** | | | | | | | |
| Vorräte | 16,2 | 9,3 | 12,4 | 8,1 | 18,9 | 16,7 | 15,1 | 11,4 |
| Kurzfristige Forderungen | 27,2 | 23,2 | 22,4 | 15,5 | 19,6 | 17,5 | 16,1 | 17,5 |
| | **In % der Sachanlagen** | | | | | | | |
| Eigenmittel | 87,8 | 73,9 | 149,4 | 94,8 | 100,1 | 232,9 | 50,2 | 74,3 |
| Langfristig verfügbares Kapital | 164,9 | 108,8 | 270,3 | 171,7 | 200,8 | 398,2 | 130,7 | 145,8 |
| | **In % des Anlagevermögens** | | | | | | | |
| Langfristig verfügbares Kapital | 101,6 | 74,8 | 103,4 | 100,4 | 146,0 | 185,1 | 109,1 | 113,3 |
| | **In % der kurzfristigen Verbindlichkeiten** | | | | | | | |
| Liquide Mittel und kurzfristige Forderungen | 95,8 | 104,3 | 94,0 | 87,1 | 82,0 | 88,2 | 68,8 | 93,4 |
| Liquide Mittel, kurzfristige Forderungen und Vorräte | 130,4 | 136,4 | 136,6 | 127,2 | 151,2 | 160,6 | 121,6 | 141,2 |
| | **In % der Bilanzsumme** | | | | | | | |
| Jahresergebnis und Zinsaufwendungen | 4,0 | 9,1 | 6,1 | 6,0 | 6,5 | 9,6 | 5,6 | 9,5 |

| | noch: Verarbeitendes Gewerbe, darunter: | | | | | | | |
|---|---|---|---|---|---|---|---|---|
| | Verlags- u. Druckgewerbe | Chemische Industrie | Herst. v. Gummi- u. Kunststoffwaren | Glasgewerbe, Keramik, Verarb. v. Steinen u. Erden | Metallerzeug. u. Bearbeitung | Herstellung v. Metallerzeugnissen | Maschinenbau | Elektrotechnik |
| **Sonst. Verhältniszahlen** | **In % des Umsatzes** | | | | | | | |
| Vorräte | 7,9 | 12,7 | 11,4 | 14,3 | 14,6 | 16,7 | 22,1 | 13,8 |
| Kurzfristige Forderungen | 19,0 | 29,4 | 22,0 | 28,5 | 17,2 | 20,3 | 32,2 | 32,7 |
| | **In % der Sachanlagen** | | | | | | | |
| Eigenmittel | 96,2 | 209,8 | 111,8 | 140,5 | 96,2 | 89,3 | 197,0 | 248,0 |
| Langfristig verfügbares Kapital | 191,5 | 340,5 | 195,9 | 266,4 | 169,3 | 184,1 | 341,9 | 459,2 |
| | **In % des Anlagevermögens** | | | | | | | |
| Langfristig verfügbares Kapital | 104,5 | 87,4 | 100,3 | 93,7 | 115,1 | 125,8 | 158,5 | 124,9 |
| | **In % der kurzfristigen Verbindlichkeiten** | | | | | | | |
| Liquide Mittel und kurzfristige Forderungen | 107,8 | 72,3 | 82,5 | 77,9 | 84,7 | 83,5 | 109,1 | 121,0 |
| Liquide Mittel, kurzfristige Forderungen und Vorräte | 139,9 | 100,7 | 121,3 | 112,2 | 149,8 | 143,5 | 174,4 | 153,0 |
| | **In % der Bilanzsumme** | | | | | | | |
| Jahresergebnis und Zinsaufwendungen | 7,5 | 8,2 | 7,5 | 6,4 | 6,0 | 8,3 | 6,0 | 7,1 |

| | noch Verarb. Gewerbe: Medizin-, Mess-, Steuer- u. Regelungstechnik, Optik | noch Verarb. Gewerbe: Herst. v. Kraftwagen u. Kraftwagenteilen | Energie u. Wasserversorgung | Baugewerbe | Großhandel u. Handelsvermittlung | Einzelhandel (einschl. KFZ-Handel, Tankstellen) | Verkehr (ohne Eisenbahnen) |
|---|---|---|---|---|---|---|---|
| **Sonst. Verhältniszahlen** | **In % des Umsatzes** | | | | | | |
| Vorräte | 21,5 | 7,3 | 2,9 | 46,4 | 7,8 | 11,0 | 1,8 |
| Kurzfristige Forderungen | 31,2 | 18,1 | 36,7 | 28,2 | 14,6 | 10,7 | 20,4 |
| | **In % der Sachanlagen** | | | | | | |
| Eigenmittel | 153,6 | 156,8 | 57,6 | 81,8 | 145,8 | 89,5 | 44,8 |
| Langfristig verfügbares Kapital | 329,8 | 277,2 | 113,5 | 161,1 | 250,5 | 188,5 | 106,4 |
| | **In % des Anlagevermögens** | | | | | | |
| Langfristig verfügbares Kapital | 171,6 | 82,3 | 77,1 | 107,1 | 142,2 | 126,2 | 86,4 |
| | **In % der kurzfristigen Verbindlichkeiten** | | | | | | |
| Liquide Mittel und kurzfristige Forderungen | 130,4 | 92,5 | 141,6 | 55,2 | 87,0 | 67,1 | 106,3 |
| Liquide Mittel, kurzfristige Forderungen und Vorräte | 210,3 | 123,4 | 150,4 | 120,0 | 129,2 | 128,2 | 113,8 |
| | **In % der Bilanzsumme** | | | | | | |
| Jahresergebnis und Zinsaufwendungen | 5,6 | 3,5 | 4,0 | 1,4 | 6,2 | 4,9 | -0,2 |

| | Sonstige Wirtschaftszweige: Grundstücks- u. Wohnungswesen | Datenverarbeitung und Datenbanken | Erbringung v. Dienstleist. überwiegend für Unterneh. |
|---|---|---|---|
| **Sonst. Verhältniszahlen** | **In % des Umsatzes** | | |
| Vorräte | 56,0 | 3,4 | 10,7 |
| Kurzfristige Forderungen | 50,0 | 25,2 | 40,6 |
| | **In % der Sachanlagen** | | |
| Eigenmittel | 34,6 | 131,6 | 68,9 |
| Langfristig verfügbares Kapital | 105,7 | 173,3 | 171,2 |
| | **In % des Anlagevermögens** | | |
| Langfristig verfügbares Kapital | 97,1 | 98,5 | 103,4 |
| | **In % der kurzfristigen Verbindlichkeiten** | | |
| Liquide Mittel und kurzfristige Forderungen | 63,4 | 135,4 | 103,8 |
| Liquide Mittel, kurzfristige Forderungen und Vorräte | 114,1 | 148,8 | 126,2 |
| | **In % der Bilanzsumme** | | |
| Jahresergebnis und Zinsaufwendungen | 3,3 | 2,5 | 2,3 |

(Quelle: Deutsche Bundesbank, Statistische Sonderveröffentlichung 6, Februar 2003)

# Anhang 3: Rating-Lexikon

Im Folgenden werden die wichtigsten Fachbegriffe im Zusammenhang mit dem Thema Rating erläutert.

## Anerkennungsverfahren: Anforderungen an eine Ratingagentur

Eine Ratingagentur muss folgende sechs Anforderungen erfüllen, damit ihre Ratingeinstufung im Rahmen des Standardansatzes für das interne Rating der Banken zugelassen und anerkannt wird:

- Objektivität
- Unabhängigkeit
- Internationaler Zugang/Transparenz
- Veröffentlichung
- Ausreichende Ressourcen
- Glaubwürdigkeit

## Ausfallwahrscheinlichkeit

Im Rahmen der Einschätzung eines Kreditrisikos wird auch die Ausfallwahrscheinlichkeit geschätzt. Sie gibt die Wahrscheinlichkeit dafür an, dass ein Unternehmen innerhalb der nächsten Jahre „ausfällt", d.h., seinen Zahlungsverpflichtungen nicht nachkommt. Jede Ratingklasse korrespondiert mit einer statistischen Ausfallwahrscheinlichkeit. Ratingagenturen veröffentlichen Erfahrungswerte für die Ausfallwahrscheinlichkeit, die mit der Einstufung in eine bestimmte Ratingklasse verbunden ist.

## Balanced Scorecard

Der Balanced-Scorecard-Ansatz ist eine brandaktuelle neue Denkmethode in der Unternehmensführung. Es geht darum, sich nicht allein auf die Finanzzahlen zu konzentrieren, sondern das Unternehmensgeschehen ganzheitlich zu betrachten. „Balanced" heißt ausgeglichen, im Gleichgewicht, und „Scorecard" ist eigentlich ein Begriff aus dem Sport, eine „Punktekarte", in der die Ergebnisse eines Sportlers aus verschiedenen Spielen oder verschiedenen Sportdisziplinen „gepunktet", also bewertet werden. „Balanced Scorecard" könnte man also frei übersetzen mit „in verschiedenen Gebieten gleichmäßig gut sein".

Die vier Sichtweisen/Perspektiven der Balanced Scorecard sind:

- Finanzperspektive
- Kundenperspektive
- Interne Prozessperspektive
- Lern- und Entwicklungsperspektive

Für die Beurteilung der Qualität des Managements und die Bewertung unternehmerischer Entscheidungen im Rahmen des Rating ist die Diskussion von neuen Unternehmenssteuerungsinstrumenten – wie der Balanced Scorecard – auch Thema eines Ratinggesprächs mit der Bank oder einer Ratingagentur.

### Basel I

Die Basler Eigenkapitalvereinbarung von 1988 (Basler Akkord oder Basel I) legt fest, dass die Mindest-Eigenkapitalausstattung einer Bank pauschal acht Prozent bezogen auf die standardisiert risikogewichteten Kreditpositionen einer Bank beträgt. Jede Bank muss zur Absicherung der von ihr erteilten Kredite mit Eigenkapital in der Höhe von acht Prozent der Kreditsumme ausgestattet sein. Bei einem Kredit von einer Million Euro muss das Kreditinstitut z.B. 8% der Summe, also 80.000 Euro, an Eigenkapital vorhalten. So soll das Insolvenzrisiko der Bank selbst begrenzt werden.

### Basel II

Künftige Nachfolgeregelung von Basel I. Basel I soll durch eine risikogerechtere Regelung ersetzt werden. Dies soll Basel II erreichen. Nach Basel II kann der Prozentsatz von 8% für die Mindest-Eigenkapitalausstattung einer Bank (Basel I) durch Rating erhöht oder gesenkt werden. Wie viel Eigenkapital die Bank in Zukunft für die Unterlegung der von ihr gewährten Kredite einsetzen muss, soll wesentlich stärker von der Bonität der Kreditnehmer abhängen und diese wird durch Rating ermittelt.

### Basler Ausschuss für Bankenaufsicht

Der Baseler Ausschuss für Bankenaufsicht ist ein Gremium der Zentralbanken und Bankenaufsichtsinstanzen der wichtigsten Industrieländer. Der Ausschuss tagt bei der Bank für Internationalen Zahlungsausgleich (BIZ) in Basel. Seine Regelwerke werden daher vereinfachend „Basel I“ und „Basel II“ genannt. Der Basler Ausschuss verabschiedet Richtlinien, die das Ziel haben, für Sicherheit, Solidität und Effizienz im internationalen Bankenwesen zu sorgen.

## Benchmarking

Das Motto des Benchmarking heißt: „Von anderen bzw. von den Besten lernen". Ein Unternehmen vergleicht seine Produkte, Methoden, Prozesse, Kostensätze etc. mit denen eines anderen Unternehmens oder anderen internen Stellen. Ziel ist die eigene Verbesserung durch Orientierung an den Unternehmen, die branchenführend sind.

## Bewertungskriterien

Die in Basel II genannten Bewertungskriterien stellen die Mindestanforderungen an die zu prüfenden Informationen im Rahmen eines internen Rating dar. Mindestens diese Kriterien muss eine Bank im Rahmen des Ratingprozesses prüfen, um die Risikoeinschätzung für ein kreditsuchendes Unternehmen und die Einstufung in eine Ratingklasse vornehmen zu können.
Die Bewertungskriterien nach Basel II sind:

- Ertragskraft
- Kapitalstruktur
- Qualität der Einkünfte
- Information
- Fremdkapital und Absatzmarkt
- Finanzielle Flexibilität
- Management
- Branche
- Land

## Branchenrating

Beurteilung der Kreditwürdigkeit einer Branche insgesamt hinsichtlich ihrer Entwicklungschancen und Konjunkturabhängigkeit.

## Cashflow

Der Kassenzufluss. Stark vereinfacht: Gewinn + Abschreibungen, d.h., der Gewinn wird um diejenigen Kosten erhöht, die keine Ausgaben sind. Der Cashflow ist ein entscheidendes Kriterium innerhalb der Bewertungskriterien nach Basel II, da der Cashflow die Finanzkraft eines Unternehmens aufzeigt. Der Cashflow verdeutlicht, welche Mittel zur Bewältigung aktueller und zukünftiger Zahlungsverpflichtungen zur Verfügung stehen.

### Corporate Governance

Corporate Governance heißt übersetzt Unternehmensleitung. Eine von der Bundesregierung eingesetzte Kommission hat hierzu den „Deutschen Corporate Governance Kodex“ herausgegeben, der Verhaltensstandards und Offenlegungspflichten speziell für börsennotierte Unternehmen enthält. Die Unternehmen sollen sich freiwillig dazu verpflichten, diesen Kodex einzuhalten. Die im Kodex enthaltenen klaren Regeln für Vorstände und Aufsichtsräte börsennotierter Gesellschaften erhöhen die Transparenz für die Anleger und verbessern den Zugang der Unternehmen zu den internationalen Finanzmärkten. Der Kodex schafft auf diese Weise eine Art „Gütesiegel“ für Aktiengesellschaften. Ob ein Unternehmen die Regelungen des Deutschen Corporate Governance Kodex einhält oder nicht einhält, wird damit ein zusätzliches Bewertungskriterium für ein Rating.

### Corporate Rating

Unternehmensrating. Bonitätseinstufung eines Unternehmens.

### Credit Rating

Credit Rating geht noch einen Schritt weiter als Corporate Rating. Neben der Bonitätseinstufung des Unternehmens werden zudem die Wahrscheinlichkeit und der Umfang eines Kreditausfalls bewertet. Für das Credit Rating sind daher über die Bewertungskriterien für das Unternehmensrating hinaus auch die Sicherheiten, die das Unternehmen vorweisen kann, maßgeblich für die Ratingeinstufung.

### Credit Spreads

Die Auswirkungen von Basel II heißen vereinfacht:

- Gute Bonität – gutes Ratingergebnis – gute Kreditkonditionen
- Schlechte Bonität – schlechte Ratingeinstufung – schlechte Kreditkonditionen oder gar kein Kredit

Unterschiedliche Konditionen für unterschiedlich eingestufte Unternehmen nennt man Konditionenspreizung bzw. Credit Spreads. Allgemein wird davon ausgegangen, dass sich die Konditionenspreizung bzw. die Credit Spreads durch Basel II wesentlich verstärken werden, d.h., dass die Kreditkonditionen weit auseinander liegen werden.

### Debt-Ratings

Debt-Ratings beurteilen die Wahrscheinlichkeit der rechtzeitigen und vollständigen Bezahlung von Zins- und Tilgungsverpflichtungen.

### Downgrade

Ein Downgrade bedeutet, dass ein Unternehmen seine Ratingklassifizierung verliert und eine schlechtere Ratingbeurteilung erhält. Das Unternehmen steigt innerhalb der Ratingklasse in der Bewertung ab oder wird in eine schlechtere Ratingklasse eingestuft. Gegenteil = Upgrade.

### Drei-Säulen-Konzept von Basel II

Basel II basiert auf drei Säulen.

1. Säule: Mindestkapitalanforderungen:
   Aufsichtsrechtliche Mindeststandards für die Eigenkapitalausstattung bei Kreditinstituten.
2. Säule: Aufsichtliches Überprüfungsverfahren:
   Überprüfung der Eigenkapitalausstattung durch die Bankenaufsicht, d.h., Kreditinstitute werden sich künftig einer laufenden Prüfung unterziehen müssen.
3. Säule: Marktdisziplin (erweiterte Offenlegung):
   Diverse weitere Empfehlungen und Vorschriften zur Offenlegung der Eigenkapitalausstattung und der Risikoeinlagen der Institute.

### ECAI = External Credit Assessment Institution

ECAI heißt übersetzt: Externes Bonitätsbeurteilungsinstitut. Siehe Ratingagentur.

### Eigenkapitalunterlegung

Sicherheitspuffer einer Bank, um durch Zahlungsausfall ihrer Kreditnehmer nicht in Schwierigkeiten zu geraten. Nach den Regelungen von Basel II müssen sich Banken wie bisher verpflichten, für das von ihnen gewährte Kreditvolumen eine Eigenkapitalunterlegung von mindestens 8% vorzuhalten. Diese 8% Eigenkapitalausstattung gelten allerdings nicht mehr pauschal, sondern sind abhängig vom Risikograd des Kreditgeschäfts.

**Emissions-Rating**
Rating einer ganz bestimmten Zahlungsverpflichtung eines Unternehmens.

**Emittenten-Rating**
Rating eines Unternehmens. Hat das Unternehmen als Emittent verschiedene Schuldverschreibungen, so erhält es für jede einzelne Zahlungsverpflichtung ein Emissions-Rating (s.o.).

**Equity-Rating**
Equity-Rating beurteilt die Fähigkeit eines Unternehmens, langfristig den Unternehmenswert zu erhöhen.

**Erst-Rating (Initial-Rating)**
Erstmalige Bewertung eines Unternehmens durch eine Bank oder Ratingagentur und Einstufung in eine Ratingklasse. In regelmäßigen Abständen erfolgt dann ein sog. Re-Rating, d.h. die Überprüfung der Ratingeinstufung.

**Externes Rating**
Rating durch eine Ratingagentur (Gegenteil zu internem Rating).

**Konditionenspreizung**
Siehe Credit Spreads.

**KonTraG**
Gesetz zur Kontrolle und Transparenz im Unternehmensbereich (KonTraG), das zum 1. Mai 1998 in Kraft getreten ist. KonTraG fordert die Einführung eines Überwachungssystems, das es ermöglicht, frühzeitig Risiken für das Unternehmen zu erkennen und Gegenmaßnahmen zu ergreifen. Hierzu wird auch die Kontrolle der Unternehmensführung durch den Aufsichtsrat und die Wirtschaftsprüfungsgesellschaften stärker in den Vordergrund gerückt.

**Kreditwürdigkeitsprüfung**
Bewertung der Bonität eines Unternehmens im Vorlauf einer Kreditvergabe. Die traditionelle Kreditwürdigkeitsprüfung stützt sich im Wesentlichen auf die Auswertung des Jahresabschlusses, d.h. im Wesentlichen auf die Bilanz und die Ge-

winn- und Verlustrechnung. Der neue Begriff „Rating“ bezeichnet im Zusammenhang mit der Kreditvergabe auch eine Kreditwürdigkeitsprüfung eines Unternehmens, wobei die Bewertungskriterien durch das Regelwerk Basel II um qualitative Kriterien (z.B. Managementqualität) und einen stärkeren Fokus auf die zukünftige Entwicklung eines Unternehmens erweitert wurden.

### Insolvenz

Zahlungsunfähigkeit eines Unternehmens.

### Internes Rating

Rating durch eine Bank (Gegenteil zu externem Rating).

### Investment Grade

Mit Ratingklassen verbundene Anlageempfehlungen. Die Ratingklassen von AAA bis einschließlich BBB- gelten auch als Investment Grade, d.h., hier wird die Investition in das Unternehmen mittels Aktien oder anderer Finanztitel empfohlen.

### IRB-Ansatz

IRB-Ansatz = Internal Ratings Based Approach. Der IRB-Ansatz baut auf internen Ratings durch die Bank auf. Die Bank selbst stuft das Unternehmen in eine Ratingklasse ein, im Gegensatz zum „Standardansatz“, bei dem sich die Bank auf das Ratingurteil einer externen Ratingagentur verlässt.

### Länderrating

Bewertung der spezifischen Chancen und Risiken eines Landes. Im Vordergrund stehen dabei die politische Stabilität eines Landes, die gesetzlichen, steuerlichen, wirtschaftlichen und wirtschaftspolitischen Rahmenbedingungen, die Stabilität der Währung und das soziale Klima. Das Rating für ein Unternehmen kann nicht besser ausfallen als das Rating für das Land, in dem das Unternehmen seiner Geschäftstätigkeit nachgeht.

### Operationelles Risiko

Eine Neuheit bei den Bestimmungen nach Basel II ist, dass Banken jetzt ihr eigenes operationelles Risiko mit in die Berechnungen der Mindestkapitalausstattung einbeziehen müssen. Eine Bank muss also nicht nur für die von ihr vergebenen

Kredite Eigenkapital als Sicherheit vorhalten, sondern auch für das Risiko aus der eigenen Geschäftstätigkeit. Operationelles Risiko heißt: Gefahr von unmittelbaren oder mittelbaren Verlusten, die infolge der Unangemessenheit oder des Versagens von internen Verfahren, Menschen und Systemen oder von externen Ereignissen eintreten.

### Qualitative Kriterien

Die qualitativen Kriterien fragen nach den „soft facts", die insbesondere die Qualität des Managements bestimmen. Wer die Diskussionen der letzten Jahre verfolgt, bemerkt, dass den „soft facts" immer mehr Beachtung geschenkt wird. Es geht nicht mehr nur um die fachliche Beherrschung von Arbeitsgebieten, sondern vielmehr um deren Vermittlung, um den menschlichen Austausch, um die Sozialkompetenz. Diese Anforderungen gelten ganz besonders für Führungskräfte. So wird im Ratingprozess auch nach dem Persönlichkeitsprofil, der fachlichen, sozialen und unternehmerischen Kompetenz des Managements gefragt.

### Quantitative Kriterien

Die quantitativen Kriterien für die Bonitätsbeurteilung eines Unternehmens sind die sog. „hard facts". Trotz der Erweiterung der Bewertungskriterien im Rahmen von Basel II um qualitative Kriterien werden doch die „hard facts" weiterhin ein wesentlicher Analysebestandteil bei der Beurteilung eines Unternehmens bleiben. Die Analyse der quantitativen Kriterien umfasst alle Daten des internen und externen Rechnungswesens, insbesondere die Auswertung der Bilanz und der Gewinn- und Verlustrechnung.

### Rating

Ein Rating ist die Einschätzung einer Bank oder Ratingagentur der Fähigkeit eines Schuldners zur termingerechten und rechtzeitigen Erfüllung seiner Zahlungsverpflichtungen.

### Rating Advisor

Berater, der ein Unternehmen auf ein Rating – sei es durch ein Kreditinstitut oder eine externe Ratingagentur – vorbereitet. Der Rating Advisor führt das Rating nicht selbst durch, sondern trainiert das Unternehmen für den Ratingprozess und zeigt Schwachstellen und Verbesserungspotenziale auf.

### Ratingagentur

Im Rahmen von Basel II werden Ratingagenturen auch ECAI genannt = External Credit Assessment Institution, zu deutsch: Externes Bonitätsbeurteilungsinstitut. Eine Ratingagentur führt das Rating eines Unternehmens als unabhängige Institution durch und agiert damit ähnlich wie eine Wirtschaftsprüfungsgesellschaft. Das Rating durch eine große, möglichst internationale Ratingagentur wie Moody's, Standard & Poor's oder Fitch ist ein „Muss" für jedes größere, internationale Unternehmen, um auf dem internationalen Finanzmarkt agieren zu können.

### Ratinganalyst

Mitarbeiter einer Ratingagentur oder eines Kreditinstituts, der das Unternehmensrating durchführt.

### Ratingarten

Bei den Ratingarten unterscheidet man meist zwischen internem und externem Rating. Ein Rating kann auf zwei Arten erfolgen: Ein Unternehmen kann sich intern, d.h. durch das kreditgebende Institut (internes Rating), oder aber extern durch eine unabhängige Ratingagentur beurteilen lassen (externes Rating).

Es gibt jedoch noch viele weitere Unterscheidungsmerkmale und Begriffe für Ratingarten, z.B.

- Corporate Rating/Credit Rating (siehe dort)
- Debt-Rating/Equity-Rating (siehe dort)
- Emissions-Rating/Emittenten-Rating (siehe dort)
- Erst-Rating/Re-Rating (siehe dort)
- Solicited/Unsolicited Rating (siehe dort)

usw.

### Ratingklassen

Für die Ratingbeurteilung werden international anerkannte Ratingsymbole mit Buchstaben von A bis D verwendet. Diese werden auch Ratingklassen genannt. Das System der Ratingklassen reicht vom AAA-Rating für ein als absolut solide erachtetes Unternehmen, also der besten Einschätzung, bis D, der schlechtesten Einschätzung für ein Unternehmen, das bereits zahlungsunfähig ist. Die Ratingklasse sagt aus, inwieweit der Kreditschuldner voraussichtlich in der Lage sein wird, seinen finanziellen Verpflichtungen nachzukommen.

## Ratingprozess

Der Ratingprozess beschreibt den Ablauf eines Rating. Folgende Phasen werden durchlaufen:

- Vorbereitungsphase
- Bestandsaufnahme
- Bewertungsphase
- Ergebnispräsentation
- Pflege und Überwachung

## Re-Rating

Das Re-Rating ist das jährlich von Seiten der Ratingagentur, evtl. auch von der Bank durchgeführte Folge-Rating. Die Einstufung des Unternehmens in eine Ratingklasse wird überprüft und bei Abweichungen zu früheren Einschätzungen erfolgt eine Herabsetzung oder Verbesserung der Ratingeinstufung.

## Retail-Portfolio bzw. Retailklasse

Das dritte Konsultationspapier zu Basel II enthält die Definition und Behandlung von Retail-Portfolios. In dieses Retail-Portfolio bzw. in diese Retailklasse fallen Kredite an Privatkunden, aber auch Kredite an Kleinunternehmen, Gewerbetreibende und freie Berufe, deren Kreditvolumen 1 Mio. EUR nicht übersteigt. Für diese Kredite muss das Kreditinstitut eine geringere Eigenkapitalunterlegung vornehmen und die Kreditkonditionen können folglich günstiger für das kreditsuchende Unternehmen ausfallen. Entscheidend für das Rating bleibt aber auch für diese Unternehmen der Retailklasse die Einschätzung der Bonität des Unternehmens.

## Risikomanagement

Risikomanagement bedeutet die Identifikation von Risiken für die Geschäftstätigkeit eines Unternehmens, die Analyse und Bewertung dieser Risiken, die Einleitung von Korrekturmaßnahmen und die Überwachung des Erfolgs der eingeleiteten Maßnahmen gegen die Risiken. Risikomanagement und Rating schlagen in dieselbe Kerbe. Ein qualifiziertes Rating benötigt Erkenntnisse des Risikomanagements eines Unternehmens.

### Shareholder Value

Der Shareholder Value ist eine Rechenformel, die den aktuellen Unternehmenswert aus der Prognose der zukünftigen Cashflow-Ströme eines Unternehmens berechnet. Letztendlich ist der Shareholder-Value-Ansatz jedoch mehr Denkhaltung als Rechenformel. Bei diesem Ansatz steht der Shareholder, also der Aktionär bzw. Anteilseigner eines Unternehmens, im Mittelpunkt. Die Bedürfnisse der Aktionäre sollen befriedigt werden. Dies erreicht ein Unternehmen durch einen ständig steigenden Unternehmenswert, der letztendlich auch zu steigenden Aktienkursen führen soll.

### Solicited/Unsolicited Ratings

Solicited Rating ist ein Rating, das ein Unternehmen zur Durchführung in Auftrag gegeben hat. Unsolicited Rating ist ein unbeauftragtes Rating, das eine Ratingagentur anhand der allgemein über das Unternehmen verfügbaren Daten vornimmt.

### Speculative Grade (Non-Investment Grade)

Mit Ratingklassen verbundene Anlageempfehlungen. Die Ratingklassen schlechter als BBB- gelten als risikoreiche Kandidaten für die Anlagewünsche von Investoren.

### Standardansatz

Die Bank verlässt sich bei der Kreditvergabe auf die Ratingeinstufung des Unternehmens durch eine externe Ratingagentur. Je nach Bonitätsbeurteilung der Ratingagentur sind laut Basel II bestimmte Zu- und Abschläge auf die generelle Mindestanforderung von 8% Eigenkapitalunterlegung der Kreditsumme durch die Bank erlaubt.

### Upgrade

Ein Upgrade bedeutet, dass ein Unternehmen seine Bonität in der Einschätzung der Ratingagentur oder Bank verbessert hat und somit eine bessere Ratingeinstufung erhält.

### Watchlist

Eine Watchlist ist eine Liste der Unternehmen, die unter besonderer Beobachtung stehen („to watch“ = beobachten). Die Unternehmen stehen unter besonderer Beobachtung, wenn sich die Marktgegebenheiten der Branche, der sie angehören, wesentlich geändert haben oder sich das Unternehmen insgesamt verändert hat (z.B. durch Unternehmenszusammenschluss oder Verkauf von Betriebsteilen etc.).

Ratingagenturen veröffentlichen regelmäßig eine Watchlist der von ihnen gerateten Unternehmen, bei denen aufgrund von verschiedenen Hinweisen eine Änderung der Ratingeinstufung möglich erscheint.

# Anhang 4

Bewertungskriterien für Spezialfinanzierungen

## Aufsichtliche Kriterien zur Untergliederung des Segments „Spezialfinanzierungen“

**Tabelle 1: Aufsichtsrechtliche Ratingklassen für Projektfinanzierungen**

| | Ausgezeichnet | Gut | Ausreichend | Schwach |
|---|---|---|---|---|
| **Finanzielle Stärke** | | | | |
| Marktbedingungen | Geringe Anzahl von Wettbewerbern oder nachhaltiger deutlicher Standort-, Kosten- oder Technologievorteil. Große und wachsende Nachfrage. | Geringe Anzahl von Wettbewerbern oder Vorteile in Standort, Kosten oder Technologie, die jedoch nicht von Dauer sind. Große stabile Nachfrage. | Das Projekt besitzt keine Standort-, Kosten- oder Technologievorteile. Die Nachfrage ist angemessen und stabil. | Das Projekt wird hinsichtlich Standort, Kosten oder Technologie schlechter als der Durchschnitt eingestuft. Schwache, abnehmende Nachfrage. |
| Finanzielle Kennzahlen (z. B. *Schuldendienstdeckungsquote [loan life coverage ratio (LLCR), project life coverage ratio (PLCR)] und Verschuldungsgrad/ Fremdfinanzierungsanteil* | Starke finanzielle Kennzahlen unter Berücksichtigung des Risikogehalts des Projekts; sehr robuste wirtschaftliche Annahmen. | Starke bis akzeptable finanzielle Kennzahlen unter Berücksichtigung des Risikogehalts des Projekts; robuste wirtschaftliche Annahmen. | Marktübliche finanzielle Kennzahlen unter Berücksichtigung des Risikogehalts des Projekts. | „Aggressive“ finanzielle Kennzahlen unter Berücksichtigung des Risikogehalts des Projekts. |
| Krisenverhalten | Das Projekt kann seinen finanziellen Verpflichtungen auch unter andauernden, ernsthaft angespannten wirtschaftlichen oder sektoralen Bedingungen nachkommen. | Das Projekt kann seinen finanziellen Verpflichtungen auch unter durchschnittlich angespannten wirtschaftlichen oder sektoralen Bedingungen nachkommen. Das Projekt fällt voraussichtlich nur unter ernsthaft angespannten wirtschaftlichen Bedingungen aus. | Das Projekt ist anfällig hinsichtlich solcher Belastungen, die innerhalb eines Konjunkturzyklusses nicht ungewöhnlich sind und kann im Zuge eines gewöhnlichen Abschwunges ausfallen. | Das Projekt wird ausfallen, wenn sich die Bedingungen nicht bald verbessern. |
| Liquiditätsreserven (Schuldendienst, Unterhalts- und Wartungsvertrag, Reparaturen und Erneuerung, unvorhergesehene Ereignisse, usw.) | Länger als der durchschnittliche Deckungszeitraum, alle Liquiditätsreserven stehen vollständig bar oder mit Akkreditiven von bestens gerateten Banken zur Verfügung. | Durchschnittlicher Deckungszeitraum, alle Reserven stehen vollständig zur Verfügung. | Durchschnittlicher Deckungszeitraum, alle Reserven stehen vollständig zur Verfügung. | Kürzer als der durchschnittliche Deckungszeitraum, die Liquiditätsreserven werden aus den operativen Cash Flows gefüllt. |

| | Ausgezeichnet | Gut | Ausreichend | Schwach |
|---|---|---|---|---|
| **Politisches und regulatorisches Umfeld** | | | | |
| Politisches Risiko, einschließlich Transferrisiko, unter Berücksichtigung des Projekttyps und der Möglichkeiten der Risikominderung | Sehr geringes Volumen; falls nötig, sehr wirksame Instrumente zur Risikominderung vorhanden. | Geringes Volumen; falls nötig, wirksame Instrumente zur Risikominderung vorhanden. | Angemessenes Volumen; angemessene Instrumente zur Risikominderung vorhanden. | Hohes Volumen; keine oder geringe Möglichkeiten zur Risikominderung vorhanden. |
| Gefahr durch höhere Gewalt (Krieg, Unruhen, etc.) | Geringes Volumen. | Angemessenes Volumen. | Normale Absicherung. | Signifikantes Risiko, nicht vollständig gemildert. |
| Unterstützung durch die Regierung und die langfristige Bedeutung des Projekts für das Land | Das Projekt ist von strategischer Bedeutung für das Land (möglichst exportorientiert). Starke Unterstützung durch die Regierung. | Das Projekt wird für das Land als bedeutend eingestuft. Ausdrückliche Unterstützung durch die Regierung. | Das Projekt ist nicht von strategischer Bedeutung stiftet dem Land aber fraglos Nutzen. Keine ausdrückliche Unterstützung durch die Regierung. | Das Projekt nimmt für das Land keine Schlüsselstellung ein; keine oder nur geringe Unterstützung durch die Regierung. |
| Stabilität im Gesetzgebungs- und regulatorischen Umfeld (Risiko von Gesetzesänderungen) | Langfristig hervorragende und stabile regulatorische Rahmenbedingungen. | Auf mittlere Sicht hervorragende und stabile regulatorische Rahmenbedingungen | Regulatorische Veränderungen können mit angemessener Sicherheit vorher gesagt werden. | Aktuelle oder zukünftige regulatorische Bestimmungen können das Projekt beeinflussen. |
| Zugang zu sämtlicher notwendiger Unterstützung und Befürwortung, wie die Erleichterung oder Befreiung von örtlichen Bestimmungen | Sehr gut. | Zufriedenstellend. | Angemessen. | Schwach. |
| Durchsetzbarkeit von Verträgen, Sicherheiten und Bürgschaften | Verträge, Sicherheiten und Bürgschaften sind durchsetzbar. | Verträge, Sicherheiten und Bürgschaften sind durchsetzbar. | Verträge, Sicherheiten und Bürgschaften werden als durchsetzbar eingestuft, selbst wenn offene untergeordnete Fragen bestehen. | Es bestehen ungelöste Kernfragen hinsichtlich der aktuellen Durchsetzbarkeit von Verträgen, Sicherheiten und Bürgschaften. |

| | Ausgezeichnet | Gut | Ausreichend | Schwach |
|---|---|---|---|---|
| **Transaktionsmerkmale** | | | | |
| *Planungs- und Technologierisiko* | Vollständig bewährte Technologie und Planung. | Vollständig bewährte Technologie und Planung. | Bewährte Technologie und Planung – Startprobleme werden durch ein starkes Bündel von Fertigstellungsarbeiten reduziert. | Unerprobte Technologie und Planung; Technologie-Probleme und/oder komplexe Planungen bestehen. |
| *Konstruktionsrisiko* | | | | |
| Zulassungen | Alle Zulassungen sind erteilt. | Einige Zulassungen stehen noch aus, das Erhalten dieser wird als sehr wahrscheinlich eingestuft. | Einige Zulassungen stehen noch aus, aber das Zulassungsverfahren ist gut definiert und die Zulassungen werden als routinemäßig eingestuft. | Wichtige, nicht nur Routinezulassungen, stehen noch aus; bedeutende Bedingungen können verlangt werden. |
| Art der Vertragsgestaltung | Werkvertrag mit Festpreis und fixem Fertigstellungszeitpunkt (schlüsselfertige Übergabe). | Werkvertrag mit Festpreis und fixem Fertigstellungszeitpunkt (schlüsselfertige Übergabe). | Werkvertrag mit Festpreis und fixem Fertigstellungszeitpunkt mit mehreren Vertragspartnern. | Kein oder nur teilweiser Festpreis, schlüsselfertige Übergabe und/oder gegenseitige Abhängigkeiten zwischen vielen Partnern. |
| Fertigstellungsgarantien | Umfangreiche Konventionalstrafen sind durch die Finanzkraft abgedeckt **und/oder** starke Fertigstellungsgarantien durch Betreuer mit exzellenter Finanzlage. | Umfangreiche Konventionalstrafen sind durch die Finanzkraft abgedeckt **und/oder** starke Fertigstellungsgarantien durch Betreuer mit gute Finanzlage. | Angemessene Konventionalstrafen sind durch die Finanzkraft abgedeckt **und/oder** starke Fertigstellungsgarantien durch Betreuer mit guter Finanzlage | Unangemessene Konventionalstrafen bzw. die Konventionalstrafen sind nicht durch die Finanzkraft abgedeckt oder geringe Fertigstellungsgarantien. |
| Referenzen und Finanzkraft des Vertragspartners bei der Durchführung vergleichbarer Projekte. | Sehr gut. | Gut. | Zufriedenstellend. | Kaum vorhanden. |

| | Ausgezeichnet | Gut | Ausreichend | Schwach |
|---|---|---|---|---|
| *Betriebsrisiko* | | | | |
| Umfang und Beschaffenheit der Betriebs- und Wartungsverträge | Sehr lange laufende Betriebs- und Wartungsverträge, wünschenswerter Weise mit vertraglichen Leistungsanreizen und/oder Instandhaltungsrücklagen. | Lange laufende Betriebs- und Wartungsverträge und/oder Instandhaltungsrücklagen. | Begrenzt laufender Betriebs- und Wartungsvertrag oder Instandhaltungsrücklagen. | Kein Betriebs- und Wartungsvertrag: Risiko hoher operationaler Kosten, welche die Möglichkeiten zur Reduzierung übersteigen. |
| Fachliche Kompetenz des Ausführenden, Referenzen und Finanzkraft des Durchführenden | Sehr gut, oder verpflichtende Unterstützung des Betreuers. | Gut. | Zufriedenstellend. | Eingeschränkt/kaum vorhanden, oder örtlich ansässige Ausführende sind von den Kommunalbehörden abhängig. |
| *Abnahmerisiko* | | | | |
| (a) Bei Vorhandensein einer Abnahmevereinbarung zum Festpreis (bzw. einer Ausgleichszahlung): | Ausgezeichnete Kreditwürdigkeit des Abnehmers; verbindliche Fertigstellungsklauseln; die Laufzeit des Vertrags überschreitet großzügig die Fälligkeit der Schulden. | Gute Kreditwürdigkeit des Abnehmers; verbindliche Fertigstellungsklauseln; die Laufzeit des Vertrags überschreitet die Fälligkeit der Schulden. | Annehmbare Finanzkraft des Abnehmers; angemessene Fertigstellungsklauseln; die Laufzeit des Vertrags stimmt grundsätzlich mit der Fälligkeit der Schulden überein. | Schwacher Abnehmer; weit gefasste Fertigstellungsklauseln; Laufzeit des Vertrags überschreitet die Fälligkeit der Schulden. |
| (b) Ohne Vorhandensein einer Abnahmevereinbarung zum Festpreis (bzw. einer Ausgleichszahlung): | Das Projekt erzeugt dringend benötigte Dienste oder Massenware, die überwiegend weltweit verkauft wird. Die Produktion wird, auch bei geringeren als den Historischen Wachstumsraten, bereitwillig zu den geplanten Preisen abgenommen. | Das Projekt erzeugt dringend benötigte Dienste oder Massenware, die überwiegend regional verkauft wird. Bei historischen Wachstumsraten nimmt der Markt die Produktion zu den geplanten Preisen ab. | Massenware wird auf einem engen Markt verkauft, der die Produktion nur zu niedrigeren als den geplanten Preisen abnimmt. | Die geplante Produktion wird nur von einem oder wenigen Käufern nachgefragt oder wird grundsätzlich nicht auf einem organisierten Markt verkauft. |

| | Ausgezeichnet | Gut | Ausreichend | Schwach |
|---|---|---|---|---|
| *Beschaffungsrisiko* | | | | |
| Preis-, Mengen- und Transportrisiko hinsichtlich des notwendigen Materials; Referenz und Finanzkraft der Zulieferer | Langfristige Zulieferverträge mit Zulieferern, die über eine exzellente Finanzkraft verfügen. | Langfristige Zulieferverträge mit Zulieferern, die über ein gute Finanzkraft verfügen. | Langfristige Zulieferverträge mit Zulieferern, die über ein gute Finanzkraft verfügen; es besteht ein gewisses Preiserhöhungsrisiko | Kurzfristige Zulieferverträge oder langfristige Zulieferverträge mit Zulieferern von schlechter Finanzkraft; die Möglichkeit von Preiserhöhungen ist definitiv gegeben. |
| Rohstoffrisiko | Unabhängig geprüfte, gesicherte und erschlossene Reserven, die weit über den Bedarf der Projektdauer hinausgehen. | Unabhängig geprüfte, gesicherte und erschlossene Reserven, die über den Bedarf der Projektdauer hinausgehen. | Gesicherte Reserven, die das Projekt bis zur Fälligkeit des Kredits angemessen versorgen. | Das Projekt ist zum Teil auf mögliche und unerschlossene Reserven angewiesen. |
| *Finanzierungsstrukur* | | | | |
| Kreditlaufzeit im Vergleich zur Projektlaufzeit | Nutzungsdauer des Projekts übersteigt die Kreditlaufzeit deutlich. | Nutzungsdauer des Projekts übersteigt die Kreditlaufzeit. | Nutzungsdauer des Projekts übersteigt die Kreditlaufzeit. | Nutzungsdauer übersteigt die Kreditlaufzeit wahrscheinlich nicht. |
| Tilgungsplan | Tilgungsdarlehen. | Tilgungsdarlehen. | Tilgungsdarlehen mit kurzzeitigem Tilgungsaufschub. | Tilgungsaufschub oder Tilgungsdarlehen mit langem Tilgungsaufschub. |

| | Ausgezeichnet | Gut | Ausreichend | Schwach |
|---|---|---|---|---|
| **Stärke des Betreuers** | | | | |
| Referenzen, Finanzkraft und Länder-, Branchenerfahrung des Betreuers | Starker Betreuer mit ausgezeichneten Referenzen und guter Finanzlage. | Guter Betreuer mit zufriedenstellenden Referenzen und angemessener Finanzlage. | Angemessener Betreuer mit angemessenen Referenzen und angemessener Finanzlage. | Schwacher Betreuer mit keinen oder fragwürdigen Referenzen und/oder schwacher Finanzlage. |
| Unterstützung durch den Betreuer, nachgewiesen durch Eigenkapital, „ownership clause“ und Anreiz zusätzliche Mittel bereitzustellen | Stark. Das Projekt ist für den Betreuer von hoher strategischer Bedeutung (Kerngeschäft – Langfriststrategie). | Gut. Das Projekt hat für den Betreuer strategische Bedeutung (Kerngeschäft – Langfriststrategie). | Angemessen. Das Projekt wird für den Betreuer als wichtig erachtet (Kerngeschäft) | Eingeschränkt. Das Projekt hat für den Betreuer keine unmittelbare Bedeutung hinsichtlich Strategie und Kerngeschäft. |
| **Sicherheiten** | | | | |
| Abtretung von Verträgen und Guthaben | Vollumfassend. | Umfassend. | Annehmbar. | Schwach. |
| Verpfändung von Aktiva, unter Berücksichtigung von Qualität, Wert und Liquidität der Vermögensgegenstände | Erstklassige Sicherheiten über alle Vermögensgegenstände, Verträge, Zulassungen und Konten, um das Projekt zu betreiben. | Sehr gute Sicherheiten über alle Vermögensgegenstände, Verträge, Zulassungen und Konten, um das Projekt zu betreiben. | Akzeptable Sicherheiten über alle Vermögensgegenstände, Verträge, Zulassungen und Konten, um das Projekt zu betreiben. | Geringe Sicherheiten für den Darlehensgeber; schwache pledge clause. |
| Überwachung der Cash Flows durch den Darlehensgeber (bspw. Bargeldumsätze, unabhängige Anderkonten) | Sehr gut. | Zufriedenstellend. | Angemessen. | Schwach. |
| Stärke der rechtsverbindlichen Zusagen (bindende Vorschüsse, Zahlungsverschiebungen, Zahlungspyramide, Beschränkungen bzgl. der Dividende, ...) | Bzgl. der Art des Projekts sind die rechtsverbindlichen Zusagen stark.<br>Das Projekt erzeugt wahrscheinlich keine zusätzlichen Verbindlichkeiten. | Bzgl. der Art des Projekts sind die rechtsverbindlichen Zusagen zufriedenstellend.<br>Das Projekt erzeugt eng begrenzte zusätzliche Verbindlichkeiten. | Bzgl. der Art des Projekts sind die rechtsverbindlichen Zusagen angemessen.<br>Das Projekt erzeugt begrenzte zusätzliche Verbindlichkeiten. | Die rechtsverbindlichen Zusagen sind hinsichtlich der Art des Projekts unzureichend.<br>Das Projekt erzeugt möglicherweise unbegrenzte zusätzliche Verbindlichkeiten. |

**Tabelle 2: Aufsichtsrechtliche Ratingklassen für gewerbliche Immobilienfinanzierungen**

| | Ausgezeichnet | Gut | Ausreichend | Schwach |
|---|---|---|---|---|
| **Finanzielle Stärke** | | | | |
| Marktlage | Angebot und Nachfrage nach Objekten dieser Art und Lage sind gegenwärtig im Gleichgewicht. Die Zahl der an den Markt kommenden konkurrierenden Immobilien ist gleich oder niedriger als die prognostizierte Nachfrage. | Angebot und Nachfrage nach Objekten dieser Art und Lage sind gegenwärtig im Gleichgewicht. Die Zahl der an den Markt kommenden konkurrierenden Immobilien entspricht in etwa der prognostizierten Nachfrage. | Die Marktverhältnisse sind annähernd im Gleichgewicht. Weitere konkurrierenden Immobilien kommen auf den Markt bzw. sind in Planung. Gestaltung und Leistungsfähigkeit des Objekts entsprechen nicht mehr dem aktuellsten Stand verglichen mit neuen Projekten. | Die Marktlage ist schlecht. Es ist nicht absehbar, wann sich die Verhältnisse bessern werden und ein Gleichgewicht eintritt. Das Objekt verliert Mieter bei Auslaufen der Verträge. Die neuen Mietbedingungen sind schlechter als die der auslaufenden Verträge. |
| Finanzielle Kennzahlen und Fremdfinanzierungsanteil | Das Verhältnis der Zinszahlungen zur Gesamtleistung des Objekts kann als gut bezeichnet werden (nicht relevant während der Bauphase), der Grad der Fremdfinanzierung ist niedrig in Anbetracht der Art des Objekts. Bei Bestehen eines Sekundärmarktes erfolgt die Geschäftsabwicklung zu marktüblichen Bedingungen. | Das Verhältnis der Zinszahlungen zur Gesamtleistung (nicht relevant während der Bauphase) und der Grad der Fremdfinanzierung sind ausreichend. Bei Bestehen eines Sekundärmarktes erfolgt die Geschäftsabwicklung zu marktüblichen Bedingungen. | Das Verhältnis der Zinszahlungen zur Gesamtleistung hat sich verschlechtert und der Wert des Objektes ist gefallen, der Grad der Fremdfinanzierung steigt. | Das Verhältnis der Zinszahlungen zur Gesamtleistung hat sich deutlich verschlechtert, der Grad der Fremdfinanzierung liegt deutlich über den bei Neukreditvergabe üblichen Standards. |
| Krisenverhalten | Die Mittel-, Risiko- und Haftungsstruktur des Objekts erlauben auch bei sehr schweren finanziellen Bedingungen (z. B. Zinsen, Wirtschaftswachstum) eine Erfüllung der finanziellen Verpflichtungen. | Das Projekt kann auch während einer anhaltenden Zeit schwerer finanzieller Bedingungen (z. B. Zinsen, Wirtschaftswachstum) seine finanziellen Verpflichtungen erfüllen. Ein Ausfall ist nur bei sehr schweren Wirtschaftsbedingungen zu erwarten. | Ein Konjunkturabschwung wird einen Rückgang der Erträge auslösen, der die Fähigkeit zur Finanzierung der Investitionsaufwendungen einschränken wird und die Wahrscheinlichkeit eines Ausfalls deutlich steigen lässt. | Die finanzielle Lage ist angespannt und ein Ausfall ist wahrscheinlich sofern sich nicht die Bedingungen in nächster Zeit ändern. |

| | Ausgezeichnet | Gut | Ausreichend | Schwach |
|---|---|---|---|---|
| Vorhersagbarkeit des Cash Flow | | | | |
| (a) für fertiggestellte und etablierte Immobilien | Die Mietverträge sind langfristig mit bonitätsmäßig einwandfreien Mietern und deren Ablauf ist gestaffelt. Auslaufende Mietverträge werden erfolgreich verlängert. Der nicht vermietete Anteil ist gering. Die Ausgaben (Instandhaltung, Versicherungen, Gebäudeschutz, Steuern) sind prognostizierbar. | Die meisten Mietverträge sind langfristig, die Mieter sind bonitätsmäßig gut. Mieterwechsel bei auslaufenden Mietverträgen finden im üblichen Rahmen statt. Der nicht vermietete Anteil ist gering. Die Ausgaben sind prognostizierbar. | Die meisten Mietverträge sind eher mittel als langfristig, die Mieter sind bonitätsmäßig gut. Mieterwechsel bei auslaufenden Mietverträgen sind noch angemessen. Der nicht vermietete Anteil ist angemessen. Die Ausgaben sind einigermaßen vorhersehbar, schwanken aber im Verhältnis zu den Erträgen. | Die Mietverträge sind von unterschiedlicher Dauer, die Mieter sind bonitätsmäßig gut. Mieterwechsel bei auslaufenden Mietverträgen erfolgen sehr oft. Der nicht vermietete Anteil ist hoch. Bedeutende Kosten sind bei der Renovierung von Räumen für neue Mieter angefallen. |
| (b) für fertiggestellte, aber noch nicht etablierte Immobilien | Vermietungen erreichen oder übertreffen die Prognosen. Die Immobile wird sich bald etabliert haben. | Vermietungen erreichen oder übertreffen die Prognosen. Die Immobile wird sich bald etabliert haben. | Vermietungen sind nahezu im Plan. Eine Etablierung wird in nächster Zeit noch nicht erfolgen. | Die Marktmieten erreichen nicht die Erwartungen. Trotz Erreichung der vorgesehenen Vermietungsquote decken die Erträge die Aufwendungen nicht ab. |
| (c) für im Bau befindliche | Die Immobilie ist vollständig vorvermietet an einen erstklassigen Mieter für die Laufzeit der Finanzierung oder vorverkauft an einen erstklassigen Käufer oder die Bank hat eine bindende Zusage für die Ablösung der Finanzierung durch einen erstklassigen Kreditgeber. | Vermietungen erreichen oder Übertreffen die Prognosen. Die Immobile wird sich bald etabliert haben. | Der Mietmarkt entspricht den Planungen, aber das Gebäude kann nicht vorvermietet werden. Eine Ablösung des Kredits wird nicht erfolgen. Die Bank wird dauerhaft Kreditgeber bleiben. | Die Immobilie verschlechtert sich durch Kostenüberschreitung, Verschlechterung der Marktlage, Storno von Mietverträgen oder anderen Einflussfaktoren. Ggf. gibt es Auseinandersetzungen mit der Partei, die für die Bereitstellung einer dauerhaften Finanzierung zuständig ist. |
| **Merkmale des Objekts** | | | | |
| Lage | Die Immobilie hat eine sehr gute Lage mit guter Infrastruktur, die von den Mietern gewünscht wird. | Die Immobilie hat eine gute Lage mit guter Infrastruktur, die von den Mietern gewünscht wird. | Die Lage der Immobilie bietet keinen Wettbewerbsvorteil. | Die Lage, Gestaltung, Ausstattung und Zustand haben zu den Problemen des Objekts beigetragen. |

| | Ausgezeichnet | Gut | Ausreichend | Schwach |
|---|---|---|---|---|
| Gestaltung und Beschaffenheit | Die Immobilie wird wegen ihrer Gestaltung, Ausstattung und ihrem Zustand bevorzugt und ist sehr konkurrenzfähig gegenüber neuen Immobilien. | Die Immobilie ist sachgerecht in Gestaltung, Ausstattung und Zustand. Gestaltung und Leistungsfähigkeit sind wettbewerbsfähig gegenüber neuen Immobilien. | Die Immobilie ist ausreichend bezüglich Gestaltung, Ausstattung und Zustand. | Die Immobilie weist Schwachstellen hinsichtlich Gestaltung, Ausstattung und Zustand auf. |
| Immobilen während der Bauphase | Das Budget wurde vorsichtig geschätzt und bautechnische Risiken sind begrenzt. Die Vertragspartner sind sehr kompetent. | Das Budget wurde vorsichtig geschätzt, bautechnische Risiken sind begrenzt. Die Vertragspartner sind sehr kompetent. | Das Budget ist angemessen und die Vertragspartner sind qualifiziert. | Das Budget wurde überschritten oder ist unrealistisch angesichts der bautechnischen Risiken. Die Vertragspartner sind ggf. nicht ausreichend qualifiziert. |
| **Stärke der Kostenträger/Bauträger** | | | | |
| Finanzielle Möglichkeit und Bereitschaft, das Objekt zu unterstützen | Der Geldgeber/Bauträger bringt eine bedeutende Bareinlage in den Bau oder den Kauf der Immobilie ein. Der Geldgeber/Bauträger hat erhebliche Ressourcen und begrenzte Schulden und Eventualverbindlichkeiten. Die Immobilien des Geldgebers/ Bauträgers sind regional und nach Art der Objekte diversifiziert. | Der Geldgeber/Bauträger bringt eine wesentliche Bareinlage in den Bau oder den Kauf der Immobilie ein. Die finanzielle Lage des Geldgebers/Bauträgers erlauben ihm eine Stützung des Objekts bei einem defizitärem Cash Flow. Die Immobilien des Geldgeber/Bauträgers sind in unterschiedlichen Regionen. | Der Beitrag des Geldgebers/Bauträgers ist unwesentlich oder nicht monetär. Die finanziellen Ressourcen des Geldgebers/Bauträgers sind durchschnittlich bis unterdurchschnittlich. | Der Geldgeber/Bauträger ist nicht bereit oder außerstande, das Objekt zu unterstützen. |
| Referenzen und Erfahrungen mit vergleichbaren Immobilien | Erfahrenes Management und hohe Geldgeberqualität. Sehr guter Ruf und langjährige und erfolgreiche Erfahrungen in vergleichbaren Objekten. | Angemessene(s) Management/ Geldgeberqualität. Der Geldgeber oder das Management haben erfolgreiche Erfahrungen in vergleichbaren Objekten. | Mittelmäßiges Management/ Geldgeberqualität. Das Management oder die Erfahrung der Geldgeber verursachen keine schwerwiegenden Bedenken. | Ineffizientes Management und unterdurchschnittliche Geldgeberqualität. Probleme bei Management und Geldgebern haben in der Vergangenheit zu Schwierigkeiten bei der Verwaltung von Immobilien geführt. |

| | Ausgezeichnet | Gut | Ausreichend | Schwach |
|---|---|---|---|---|
| Beziehung zu bedeutenden Akteuren auf dem Immobilienmarkt | Enge Zusammenarbeit mit den führenden Akteuren wie z. B. Maklern. | Bewährte Zusammenarbeit mit den führenden Akteuren wie z. B. Maklern. | Ausreichende Zusammenarbeit mit Immobilienmaklern und anderen Beteiligten, die Dienstleistungen rund um gewerbliche Immobilien anbieten. | Schlechte Zusammenarbeit mit Immobilienmaklern und/oder anderen Beteiligten, die Dienstleistungen rund um gewerbliche Immobilien anbieten. |
| **Absicherung** | | | | |
| Art des Grundpfandrechts | Erstrangiges Grundpfandrecht.[153] | Erstrangiges Grundpfandrecht.[92] | Erstrangiges Grundpfandrecht.[92] | Die Möglichkeit des Darlehensgebers einer Zwangsvollstreckung ist beschränkt. |
| Mietabtretung (für Immobilien, die an Langzeit-Mieter vermietet sind) | Forderungen wurden an den Darlehensgeber abgetreten. Diese beinhalten Informationen über die Mietverträge die es ermöglichen würden, dass die Miete direkt an die Darlehensgeber überwiesen werden könnte, z. B. eine aktuelle Mietübersicht und Kopien der Mietverträge. | Forderungen wurden an den Darlehensgeber abgetreten. Diese beinhalten Informationen über die Mietverträge, die eine Benachrichtigung der Mieter ermöglichen würde, die Miete direkt an die Darlehensgeber zu überweisen, z. B. eine aktuelle Mietübersicht und Kopien der Mietverträge. | Forderungen wurden an den Darlehensgeber abgetreten. Diese beinhalten Informationen über die Mietverträge, die eine Benachrichtigung der Mieter ermöglichen würde, die Miete direkt an die Darlehensgeber zu überweisen, z. B. eine aktuelle Mietübersicht und Kopien der Mietverträge. | Forderungen wurden nicht an den Darlehensgeber abgetreten oder die notwendigen Informationen für eine rechtzeitige Benachrichtigung der Mieter wurden nicht zur Verfügung gestellt. |
| Qualität des Versicherungsschutzes | Angemessen. | Angemessen. | Angemessen. | Substandard. |

[153] In manchen Märkten nutzen die Darlehensgeber intensiv Kreditstrukturen, die auch nachrangige Grundpfandrechte beinhalten. Nachrangige Grundpfandrechte können ein Beispiel für diese Risikoklasse sein, wenn der gesamte Grad der Fremdfinanzierung einschließlich aller vorrangigen Positionen nicht den typischen Grad der Fremdfinanzierung eines erstrangigen Darlehens übersteigt.

**Tabelle 3: Aufsichtsrechtliche Ratingstufen für Objektfinanzierungen**

| | Ausgezeichnet | Gut | Ausreichend | Schwach |
|---|---|---|---|---|
| **Finanzielle Stärke** | | | | |
| Marktbedingungen | Nachfrage ist ausgezeichnet und wachsend, hohe Markteintrittsbarrieren, geringe Sensitivität hinsichtlich Veränderungen im technologischen und wirtschaftlichen Ausblick. | Nachfrage ist ausgezeichnet und stabil. Gewisse Markteintrittsbarrieren, geringe Sensitivität hinsichtlich Veränderungen im technologischen und wirtschaftlichen Ausblick. | Nachfrage ist angemessen und stabil, begrenzte Markteintrittsbarrieren, deutliche Sensitivität hinsichtlich Veränderungen im technologischen und wirtschaftlichen Ausblick. | Schwache und abnehmende Nachfrage, anfällig gegenüber Veränderungen im technologischen und wirtschaftlichen Ausblick, sehr unsicheres Umfeld. |
| Finanzierungskennzahlen (Schuldendienstfähigkeit und Grad der Fremdfinanzierung) | Ausgezeichnete Finanzkennzahlen hinsichtlich der Art der Vermögenswerte. Sehr konservative wirtschaftliche Modellannahmen. | Ausgezeichnete/akzeptable Finanzkennzahlen hinsichtlich der Art der Vermögenswerte. Konservative projektbezogene wirtschaftliche Annahmen. | Übliche Finanzkennzahlen für die betreffende Art von Vermögenswerten. | „Aggressive" Finanzkennzahlen für die betreffende Art von Vermögenswerten. |
| Krisenverhalten | Stabile langfristige Erträge, in der Lage starke Schwankungen im Konjunkturzyklus zu überstehen. | Ausreichende kurzfristige Erträge. Kredit kann auch unter gewissen widrigen finanziellen Umständen bedient werden. Ein Ausfall ist nur unter sehr schlechten wirtschaftlichen Bedingungen wahrscheinlich. | Ungewissheit über die kurzfristige Ertragslage. Cash Flows sind anfällig gegenüber typischen Abschwächungen im Konjunkturzyklus. Kreditausfall in einem verschlechterten wirtschaftlichen Umfeld möglich. | Erträge mit hoher Ungewissheit; sogar unter normalen wirtschaftlichen Umständen ist ein Ausfall möglich, sofern sich nicht die Bedingungen verbessern. |
| Marktliquidität | Weltweiter Markt; Vermögenswerte sind sehr liquide. | Handelbarkeit an weltweiten oder regionalen Märkten; Vermögenswerte sind relativ liquide. | Markt nur regional, kurzfristiger Ausblick nur begrenzt möglich; verbunden mit einer geringeren Liquidität. | Lokal begrenzter Markt und/oder geringe Markttiefe. Geringe oder keine Liquidität, spezieller Nischenmarkt. |

| | Ausgezeichnet | Gut | Ausreichend | Schwach |
|---|---|---|---|---|
| **Politische und rechtliche Rahmenbedingungen** | | | | |
| Politisches Risiko, inklusive Transferrisiken | Sehr gering; ausgezeichnete Verfügbarkeit von Instrumenten zur Kreditrisikominderung, sofern benötigt. | Gering; ausreichende Instrumente zur Kreditrisikominderung, sofern benötigt. | Moderat; wenige Instrumente zur Kreditrisikominderung. | Hoch; keine oder nur schwache Instrumente zur Kreditrisikominderung |
| Rechtliche und regulatorische Risiken | Rechtssprechung begünstigt die Durchsetzbarkeit von Eigentumsansprüchen und Verträgen. | Rechtssprechung begünstigt die Durchsetzbarkeit von Eigentumsansprüchen und Verträgen. | Rechtssprechung begünstigt prinzipiell die Durchsetzbarkeit von Eigentumsansprüchen und Verträgen, auch wenn die Durchsetzung von Eigentumsrechten langwierig und/oder schwierig sein dürfte. | Schwaches oder unstabiles rechtliches und regulatorisches Umfeld. Rechtssprechung macht ggf. die Durchsetzung von Eigentumsrechten und der Vertragserfüllung langwierig oder unmöglich. |
| **Charakteristika der Transaktion** | | | | |
| Finanzierungszeitraum im Vergleich zur wirtschaftlichen Nutzungsdauer | Volle Abdeckung durch Tilgungsplan/minimale Restzahlung. Kein Tilgungsaufschub. | Etwas bedeutendere Abschlusszahlung, in der Höhe aber akzeptabel. | Bedeutende Restzahlung am Ende der Finanzierungsperiode, mit möglichem Tilgungsaufschub. | Tilgung am Ende der Laufzeit oder hohe Schlussrate. |
| **Betriebsrisiko** | | | | |
| Erlaubnis / Zulassung | Alle Erlaubnisse wurden erteilt; Objekte erfüllen gegenwärtige und vorhersehbare Sicherheitsbestimmungen. | Alle Erlaubnisse wurden erteilt bzw. der Genehmigungsprozess verläuft positiv; Objekte erfüllen gegenwärtige und vorhersehbare Sicherheitsbestimmungen. | Die meisten Erlaubnisse wurden erteilt bzw. befinden sich im Genehmigungsprozess, ausstehende Genehmigungen sind Routine; Objekte erfüllen gegenwärtige Sicherheitsbestimmungen. | Probleme beim Erhalt der benötigten Genehmigungen; ein Teil der Planungen bezüglich Konfiguration und / oder Betrieb muss eventuell überarbeitet werden |

| | Ausgezeichnet | Gut | Ausreichend | Schwach |
|---|---|---|---|---|
| Umfang und Charakter der Unterhalts- und Wartungsvereinbarung | Ausgezeichnete langfristige Unterhalts- und Wartungsvereinbarung, bevorzugt mit vertraglich vereinbarten Durchführungsanreizen, und/oder Konten mit Rücklagen für Unterhalt und Wartung (sofern erforderlich). | Langfristige Unterhalts- und Wartungsvereinbarung, und/oder Konten mit Rücklagen für Unterhalt und Wartung (sofern erforderlich). | Begrenzte Unterhalts- und Wartungsvereinbarung und/oder Konto mit Rücklagen für Unterhalt und Wartung (sofern erforderlich). | Keine Unterhalts- und Wartungsvereinbarung: es besteht das Risiko, dass die Betriebskosten über das besicherte Maß hinausgehen. |
| Finanzielle Stärke des Betreibers, Referenzen/Erfahrung bezüglich des Managements dieses Objekttyps und Fähigkeit zur Weitervermarktung des Objekts am Ende der Leasingperiode | Ausgezeichnete Referenzen und ausgezeichnete Fähigkeit zur Vermarktung. | Ausreichende Referenzen und Fähigkeit zur Weitervermarktung. | Mäßige oder nur wenige Referenzen und ungewisse Fähigkeit zur Weitervermarktung. | Keine oder unbekannte Referenzen und nicht in der Lage, das Objekt weiterzuvermarkten. |
| **Merkmale des Objekts** | | | | |
| Ausstattung, Größe, Gestaltung und Zustand (z. B. Alter, Größe bei einem Flugzeug) im Vergleich zu anderen Objekten auf dem selben Markt. | Starke Vorteile in Gestaltung und Zustand. Standardausstattung, das Objekt bedient einen liquiden Markt. | Überdurchschnittliche Gestaltung und Zustand. Standardausstattung – evtl. mit geringen Abweichungen –, so dass das Objekt einen liquiden Markt bedient. | Durchschnittliche Gestaltung und Zustand. Ausstattung ist etwas spezieller, und könnte folglich einen engeren Markt bedingen. | Unterdurchschnittliche Gestaltung und Zustand. Objekt ist fast am Ende seiner wirtschaftlichen Lebensdauer. Ausstattung ist sehr spezifisch, der Markt für das Objekt ist sehr eng. |
| Wiederverkaufswert | Gegenwärtiger Wiederverkaufswert deckt die Schulden gut ab. | Wiederverkaufswert liegt etwas über den Schulden. | Wiederverkaufswert liegt kaum über den Schulden. | Wiederverkaufswert liegt unter den Schulden. |
| Anfälligkeit des Vermögenswerts und der Liquidität gegenüber Konjunkturzyklen. | Vermögenswert und Liquidität reagieren kaum auf Konjunkturzyklen. | Vermögenswert und Liquidität reagieren auf Konjunkturzyklen. | Vermögenswert und Liquidität reagieren ziemlich auf Konjunkturzyklen. | Vermögenswert und Liquidität reagieren stark auf Konjunkturzyklen. |

| | Ausgezeichnet | Gut | Ausreichend | Schwach |
|---|---|---|---|---|
| **Stärke des Sponsors** | | | | |
| Finanzielle Stärke des Sponsors, Referenzen/Erfahrung bezüglich des Managements dieses Objekttyps und Fähigkeit zur Weitervermarktung des Objekts am Ende der Leasingperiode | Ausgezeichnete Referenzen und ausgezeichnete Fähigkeit zur Weitervermarktung. | Ausreichende Referenzen und Fähigkeit zur Weitervermarktung. | Mäßige oder nur wenige Referenzen und ungewisse Fähigkeit zur Weitervermarktung. | Keine oder unbekannte Referenzen und nicht in der Lage, das Objekt weiterzuvermarkten. |
| Referenzen und Finanzkraft des Sponsors | Sponsor mit ausgezeichneter Erfahrung und gutem finanziellen Leumund | Sponsor mit guter Erfahrung und gutem finanziellen Leumund | Sponsor mit angemessener Erfahrung und gutem finanziellen Leumund | Sponsor ohne Erfahrung bzw. fragwürdig und/oder schwachem finanziellen Leumund |
| **Absicherung** | | | | |
| Kontrolle über das Finanzierungsobjekt | Rechtliche Dokumentation bietet dem Kreditgeber eine effektive Kontrolle über das Finanzierungsobjekt (z. B. ein zuerst vereinbarter Besicherungsvertrag oder eine Leasing-Struktur, die eine solche Besicherung beinhaltet) oder die besitzende Firma. | Rechtliche Dokumentation bietet dem Kreditgeber eine effektive Kontrolle über das Finanzierungsobjekt (z. B. ein vereinbarter Besicherungsvertrag oder eine Leasing-Struktur, die eine solche Besicherung beinhaltet) oder die besitzende Firma. | Rechtliche Dokumentation bietet dem Kreditgeber eine effektive Kontrolle über das Finanzierungsobjekt (z. B. ein zuerst vereinbarter Besicherungsvertrag oder eine Leasing-Struktur, die eine solche Besicherung beinhaltet) oder die besitzende Firma. | Der Vertrag bietet dem Kreditgeber wenig Sicherheit und lässt dem Risiko Raum, die Kontrolle über das Finanzierungsobjekt zu verlieren. |
| Rechte und Möglichkeiten des Kreditgebers, Ort und Zustand des Finanzierungsobjekts zu verfolgen | Der Kreditgeber kann Ort und Zustand des Finanzierungsobjekts verfolgen zu jeder Zeit, an jedem Ort (regelmäßige Berichte, Möglichkeit zur eigenen Inspektion). | Der Kreditgeber kann Ort und Zustand des Finanzierungsobjekts verfolgen, fast zu jeder Zeit, an jedem Ort. | Der Kreditgeber kann Ort und Zustand des Finanzierungsobjekts verfolgen, fast zu jeder Zeit, an jedem Ort. | Der Kreditgeber hat nur begrenzte Möglichkeiten, Ort und Zustand des Finanzierungsobjekts zu verfolgen. |
| Versicherung des Objekts | Ausgezeichnete Versicherung (mit Deckung bei mittelbarer Beschädigung) bei erstklassigen Versicherungsunternehmen. | Ausreichende Versicherungsdeckung (ohne Deckung für mittelbare Beschädigung) bei guten Versicherungsunternehmen. | Durchschnittliche Versicherungsdeckung (ohne Deckung für mittelbare Beschädigung) bei Versicherungsunternehmen. | Unvollständige Versicherung (ohne Deckung für mittelbare Beschädigung) bei als schwach einzustufenden Versicherungsunternehmen. |

**Tabelle 4: Aufsichtliche Ratingstufen für Rohstoffhandelsfinanzierung**

| | Ausgezeichnet | Gut | Ausreichend | Schwach |
|---|---|---|---|---|
| **Finanzkraft** | | | | |
| Überdeckung durch Besicherung | Hoch. | Gut. | Ausreichend. | Schwach. |
| **Politisches und rechtliches Umfeld** | | | | |
| Länderrisiko | Kein Länderrisiko. | Begrenztes Länderrisiko (speziell: Offshore-Rücklagen befinden sich in Schwellenland). | Länderrisiko (speziell: Offshore-Rücklagen befinden sich in Schwellenland). | Hohes Länderrisiko (speziell: Rücklagen befinden sich in Schwellenland in lokaler Währung). |
| Absicherung/Übertragung des Länderrisikos | Ausgezeichnete Absicherung:<br>Ausgezeichnete „Offshore-Mechanismen“<br>Strategisches Gut<br>Erstklassiger Käufer | Gute Absicherung:<br>„Offshore-Mechanismen“<br>Strategisches Gut<br>Starker Käufer | Akzeptable Besicherung:<br>„Offshore-Mechanismen“<br>Wenig strategisches Gut<br>Akzeptabler Käufer | Nur teilweise Besicherung:<br>Keine „Offshore-Mechanismen“<br>Unstrategisches Gut<br>Schwacher Käufer |
| **Merkmale des Finanzierungsobjekts** | | | | |
| Liquidität und Anfälligkeit gegen Schaden | Ware wird an Märkten gehandelt und kann mit Futures oder OTC Instrumenten gehedgt werden. Ware ist nicht schadensanfällig. | Ware wird an Märkten gehandelt und kann mit OTC Instrumenten gehedgt werden. Ware ist nicht schadensanfällig. | Ware wird nicht an Märkten gehandelt, ist aber liquide. Es besteht Unsicherheit bezüglich der Hedgemöglichkeiten. Ware ist nicht schadensanfällig | Ware wird nicht an Märkten gehandelt. Liquidität ist begrenzt wegen Marktgröße bzw. Markttiefe. Keine geeigneten Hedge-Instrumente. Ware ist schadensanfällig. |

| | Ausgezeichnet | Gut | Ausreichend | Schwach |
|---|---|---|---|---|
| **Stärke des Sponsors/Initiators** | | | | |
| Finanzielle Stärke des Händlers | Ausgezeichnet hinsichtlich Handels-Philosophie und Risiken. | Gut. | Angemessen. | Schwach. |
| Referenzen (inklusive der Bewältigung der logistischen Aufgaben) | Ausführliche Erfahrungen mit der betreffenden Art von Transaktionen. Beste Referenzen hinsichtlich erfolgreichem Betrieb und Kosteneffizienz. | Ausreichend Erfahrungen mit der betreffenden Art von Transaktionen. Überdurchschnittliche Referenzen hinsichtlich erfolgreichem Betrieb und Kosteneffizienz. | Beschränkte Erfahrungen mit der betreffenden Art von Transaktionen. Durchschnittliche Referenzen hinsichtlich erfolgreichem Betrieb und Kosteneffizienz. | Allgemein begrenzte oder unsichere Erfahrungen. Volatile Betriebskosten und Erträge. |
| Überwachung des Handels und Hedge-Strategien | Ausgezeichnete Standards bezüglich Auswahl der Kontrahenten, dem Hedgen und dem Überwachen. | Ausgezeichnete Standards bezüglich Auswahl der Kontrahenten, dem Hedgen und dem Überwachen. | Die letzten Geschäfte verliefen ohne oder mit nur geringen Problemen. | Der Händler hat bedeutende Verluste bei seinen letzten Geschäften erfahren. |
| Qualität der finanziellen Offenlegung | Ausgezeichnet. | Gut. | Ausreichend. | Offenlegung der finanziellen Verhältnisse beinhaltet Unsicherheiten bzw. ist ungenügend. |
| **Absicherung** | | | | |
| Kontrolle über die Objekte | Vorher getroffene Sicherheitenvereinbarung ermöglicht dem Finanzierungsgeber jederzeitigen rechtlichen Zugriff auf die Objekte, sofern nötig. | Vorher getroffene Sicherheitenvereinbarung ermöglicht dem Finanzierungsgeber jederzeitigen rechtlichen Zugriff auf die Objekte, sofern nötig. | An wenigen Punkten in der Prozesskette gibt es eine Durchbrechung der rechtlichen Zugriffsmöglichkeiten des Finanzierungsgebers auf die Objekte. Dieser Bruch ist dadurch vermindert, dass der Handelsablauf bekannt ist oder gegebenenfalls ein Dritter eingeschaltet wird. | Vertragsgestaltung lässt Spielraum für das Risiko, die Kontrolle über die Finanzierungsobjekte zu verlieren. Die Wiedergewinnung (der Kontrolle) ist gefährdet. |
| (Sach-)Versicherung des Objekts | Ausgezeichnete Versicherung (mit Deckung bei mittelbarer Beschädigung) bei erstklassigen Versicherungsunternehmen. | Ausreichende Versicherungsdeckung (ohne Deckung für mittelbare Beschädigung) bei guten Versicherungsunternehmen. | Durchschnittliche Versicherungsdeckung (ohne Deckung für mittelbare Beschädigung) bei als akzeptabel einzustufenden Versicherungsunternehmen. | Unvollständige Versicherung (ohne Deckung für mittelbare Beschädigung) bei als schwach einzustufenden Versicherungsunternehmen. |

Quelle: Deutsche Bundesbank, nachzulesen unter www.bundesbank.de

# Stichwortverzeichnis